层流机翼设计应用的逐步推进
——搭载层流机翼的双体实验机

邓一菊 赵 彦 丁兴志 艾梦琪 等编著

宁 宇 审定

西北工业大学出版社

西安

【内容简介】 本书的主要内容包括：层流与转捩，主要介绍层流流动的特点及层流认知的发展历程；层流减阻，基于现代绿色航空理念，介绍层流流动控制技术的发展及应用；层流数值研究方法与应用，介绍飞机设计中主流自然层流和混合层流数值计算方法及优化设计方法；层流风洞试验方法与应用，以自然层流和混合层流试验为例，系统介绍风洞试验技术及数据处理方法；层流飞行试验与数据处理方法，介绍层流飞行试验方法及数据处理方法；层流机翼设计应用的实例，将上述方法论应用于工程实践，详细介绍层流专用双体实验机的具体方案、设计过程及试验情况。

本书可供从事飞机总体、气动、模型自由飞等工作的工程技术人员参考使用，也可供有一定空气动力学基础且对层流理论与应用、气动试验验证技术感兴趣的高校学生学习使用。

图书在版编目(CIP)数据

层流机翼设计应用的逐步推进：搭载层流机翼的双体实验机 / 邓一菊等编著. — 西安 ：西北工业大学出版社，2023.7
ISBN 978 - 7 - 5612 - 8823 - 8

Ⅰ. ①层… Ⅱ. ①邓… Ⅲ. ①层流-机翼-设计-研究 Ⅳ. ①V224

中国国家版本馆 CIP 数据核字(2023)第 125233 号

CENGLIU JIYI SHEJI YINGYONG DE ZHUBU TUIJIN
——DAZAI CENGLIU JIYI DE SHUANGTI SHIYANJI

层 流 机 翼 设 计 应 用 的 逐 步 推 进
——搭载层流机翼的双体实验机
邓一菊　赵彦　丁兴志　艾梦琪　等编著

责任编辑：朱晓娟		策划编辑：杨　军	
责任校对：张　友		装帧设计：李　飞	
出版发行：西北工业大学出版社			
通信地址：西安市友谊西路 127 号		邮编：710072	
电　　话：(029)88491757，88493844			
网　　址：www.nwpup.com			
印 刷 者：陕西博文印务有限责任公司			
开　　本：787 mm×1 092 mm		1/16	
印　　张：19		彩插：18	
字　　数：499 千字			
版　　次：2023 年 7 月第 1 版		2023 年 7 月第 1 次印刷	
书　　号：ISBN 978 - 7 - 5612 - 8823 - 8			
定　　价：128.00 元			

如有印装问题请与出版社联系调换

《层流机翼设计应用的逐步推进

——搭载层流机翼的双体实验机》

编著者名单

（按姓氏笔画排序）

丁兴志	王　伟	王　猛	毛仲君	邓一菊	邓　枫
艾梦琪	史亚云	白俊强	刘　存	刘学强	李少鹏
李　杰	李　聪	杨　钊	杨体浩	肖锋康	余建虎
张　旭	张　恒	张铁军	罗来彬	罗　巍	周若君
赵冬强	赵建东	赵　彦	祝茂林	黄振威	雷国东
谭玉婷	魏自言				

前　言

　　21世纪,技术发展可谓日新月异,在航空领域,飞机设计的各种新概念层出不穷。民用航空倡导"绿色航空"理念,更加追求经济性、环保性,对于飞机设计来说,主要途径就是采用环保的能源动力,减少飞机的排放,或者在飞机的气动布局上做文章,提高飞机的升阻比。从动力能源角度看,电动飞机、混合动力飞机、分布式动力飞机,甚至氢能源飞机、太阳能飞机,是近年的热点,研究者众多;从创新布局的角度看,追求高升阻比以达到更高的巡航效率,以翼身融合布局、飞翼布局、盒式翼布局等为代表,部分技术已达到一定成熟度,在中小型飞行器上有所应用;从持续聚焦到气动设计上看,减小阻力,尤其是高亚声速飞机的摩擦阻力,层流机翼则始终是飞机设计师难以割舍的爱。

　　对于大型高亚声速民用客机,摩擦阻力约占全机总阻力的50%,其中大约40%来自机翼,40%来自机身,5%来自发动机短舱,15%来自其他结构。相关研究表明,采用层流机翼设计技术可以降低摩擦阻力30%以上,使现代民用飞机升阻比提高10%左右,每年为航空公司节约10%～20%的运营成本。这对民用飞机来说,将是非常可观的经济收益。因此,近年来,随着可持续发展和"绿色航空"需求的增长,层流技术的研究持续受到关注。

　　实现大面积、稳定的层流,是飞行器浸润于空气中最直接的减阻方式。但是,层流的实现与保持又受诸多条件限制,包括飞机表面的外形要求,飞行的速度、高度与姿态变化,大气湍流度的影响,等等,因此,必须要对层流的稳定性、层流发生转捩的机理、层流应用的适用性进行研究。中国航空工业集团公司第一飞机设计研究院(简称一飞院)作为大中型军民用飞机研发单位,集合了国内在层流理论研究、试验研究、应用研究方面颇有实力的科研院所,牵头组成了层流机翼设计飞行验证项目团队(简称联合团队),从基本原理到数值仿真,从风洞试验验证到飞行验证,设计了专用的层流机翼双体实验机,探索研究可应用于工程实践的层流机翼设计技术。

　　工欲善其事,必先利其器。技术要达到可应用的程度,必须经过逐渐提升成熟度的技术验证过程,回答数据可信度的问题。飞行试验是检查新技术成熟度和可靠性、推动技术创新的强有力手段,对新技术、新系统的验证较数值仿真和地面试验更有说服力,许多关键性的技术数据、物理现象只能通过飞行试验才能获得合理的解释。早期技术验证机一般用现役飞机改装而成,如早期开展的层流机翼飞行验证项目大多采用加装"翼套"的方式,逐步发展为研制专用技术验证机的思路,如 X-56 多用途技术验证平台。层流机翼设计技术飞行验证,不光是层流机翼设计技术往工程应用上的关键一步,也是我国专用技术无人验证机开创性的一步。联合团队首次专门为层流机翼设计技术的验证设计了 1 t 量级的双体无人实验机(Twin-body Flying test Facility,TFF)——全新气动布局、高空高速试验实施、验证段模块化换装、流场显示与阻力测量,攻下了一个个技术难题,实现了"零"的突破。TFF 是为层流技术验证研制,执行飞行试验任务,具有真实飞行条件的试验平台。试验是过程,验证是目标,究竟是"飞行试验"还是"飞行验证",是"验证机"还是"实验机",本书不去进行严格区分,由读者见仁见智。

对层流的研究已有超过 100 年的历史,层流研究的著作浩如烟海。笔者在开展项目研究的同时,还对研究成果进行了总结,将工程经验、研制过程、问题处理、成果总结形成档案文字,希望能够给后来者一定的认知基础。笔者有幸承担起层流机翼飞行验证技术的探索任务,开创性地完成了双体实验机的设计工作,希望能够给从事相关工作的技术人员一个继续前进的接力棒。4 年的付出,联合团队的心血,都将在本书文字中呈现。本书的阅读对象设定为从事飞机总体、气动、模型自由飞等工作的工程技术人员,以及有一定空气动力学基础且对层流理论与应用、气动试验验证技术感兴趣的高校学生。

相对其他层流研究著作,本书主要有以下两点不同:

一是工程师视角。层流机翼设计飞行验证项目团队将项目工作与相关型号的工作经验相结合,从飞机设计师的角度来开展技术研究,论述层流机翼设计技术以及实验机的理论与设计实践。笔者希望以此增加内容的可读性。西北工业大学、南京航空航天大学、北京航空航天大学、中国空气动力研究与发展中心、中国航空研究院、航空工业空气动力研究院、航空工业试飞中心等单位教授、专家的支持,保证了本书内容具有较高的学术性。

二是丰富的数据。本书的主要计算数据、试验试飞数据、数据相关性分析,均来自联合团队 4 年的研究。踏踏实实做试验,认认真真做分析,形成了相对完整的相关性数据体系。从数据、图表中可以明显看出联合团队对科研工作的热情与严谨;整个数据体系涵盖了设计、计算到试验验证等一系列工作,一脉相承、翔实、可靠。

本书在章节安排上由基础到工程,由通用到专用。第 1 章"层流与转捩",由雷国东、谭玉婷执笔,引入层流流动的概念;第 2 章"层流减阻",由杨体浩、艾梦琪主笔,将笔触投进飞机设计的减阻研究;第 3 章"层流数值研究方法与应用",

由邓枫、祝茂林、杨体浩、周若君执笔,进行层流的仿真分析;第4章"层流风洞试验方法与应用",由王猛、赵彦执笔,更加具体地展现出层流试验的研究成果;第5章"层流飞行试验与数据处理方法",对飞行试验技术进行描述,由赵彦、王伟、王猛、罗来斌、李少鹏执笔。至此,层流设计技术的基础研究内容告一段落,应用需求逐步提升到飞行试验研究。本书后半段(第6～10章)的内容都用来阐述笔者的双体实验机,描述双体实验机的具体方案、设计与试验情况。该部分的主执笔人为邓一菊、丁兴志、王伟、赵彦、刘存、黄振威、张旭、王猛、杨钊等。

　　本书的出版得到了工业和信息化部、航空工业集团各级领导专家的鼎力支持,得到一飞院预研主管部门提供的各种帮助,在此一并致谢!除已在编著者名单中出现的人员以外,还有很多未能具名的领导、专家,以及做出贡献的项目团队成员,在此致以诚挚的感谢!

　　在写作本书的过程中,曾参阅了相关文献资料,在此谨对其作者表示感谢。

　　由于笔者的水平有限,书中的不妥之处在所难免,请各位读者批评指正。

编著者

2023 年 4 月

目　　录

第1章 层流与转捩

人类开启对流体层流和转捩的研究已超过 100 年,但是从物理学和数学上彻底解析层流与转捩的本质机理尚需时日。与其他许多科学原理一样,尽管没有从物理本质上彻底解释其演化机制,但是却并不妨碍这些科学原理的工程化应用。人类可以通过经验统计和科学近似等方法,构造一系列在工程上实用的数学物理模型,从而"部分"科学地将层流与转捩的科学原理应用于工程技术之中。

层流与转捩是航空航天领域的前沿科研方向。尽量延迟转捩以扩大飞行器表面的层流区,能够为返回式飞船、空天飞机等再入飞行器降低气动加热造成的热流威胁,也能够为民航飞机带来显著的减阻效益,取得燃油消耗、结构重量的显著减小或者商载的相应增大,带来经济性、环保性的显著改善,从而为"碳达峰、碳中和"目标的顺利达成提供有力支撑。

1.1 日常生活中的层流现象

日常生活中,物质主要以 3 种形态存在,即固体、液体、气体。典型固体如岩石、冰雪等,典型液体如常温下的水、汞、汽油等,典型气体如最常见的混合气体——空气、单纯的 CO_2、单纯的 N_2 等。其中,液体与气体没有固定的外形,其微小团体能够在各种表面力(如压力)、质量力(如重力)等的外力作用下产生连续变形、旋转与迁移,气体甚至可以收缩或者膨胀,而一般液体(例如水)的可压缩性较小,但在极大压力下仍然可以收缩。液体和气体由于具有可流动性而被统称为流体。可流动性是流体的一个重要特性。流体在流动的过程中往往伴随着连续变形、旋转甚至收缩或膨胀。日常生活中所见流体的流动主要以层流、湍流,以及介于二者之间的转变形式"转捩"状态存在。

层流与湍流是日常生活中非常常见的自然现象。当我们打开普通的家用水龙头时,如果以较小水量下泻,水流上端就可能呈现一种静止状态,这就是层流状态,水柱极为稳定地呈现丝线状平滑向下流动,感觉不到明显的抖动,就好像长条状的固体保持不动的状态;当我们把水量加大时,就可以看到水柱显著地抖动,而且水柱面也呈现明显的凸凹不平、幅度显著的激烈抖动状态,这就是典型的湍流状态。如果不观察水流的末端状态,某些娱乐性的喷泉也可以在一定条件下表现为似乎冰冻静止,这就是进入了层流状态,如图 1-1 所示。

图 1-1　貌似静止的层流水流

如图 1-2 所示,当我们将点着的香烟匀速直线移动时,可以看到一幅典型的立体图像:在靠近香烟燃烧点的一段距离内,烟气呈现近似直线的运动状态,这就是典型的层流状态;烟气的后段部分则呈现出杂乱无章、毫无规则的动态发展变化的景象,这就是典型的湍流状态。当我们将蜂蜜等这类特别黏稠的物质倾倒时,也可发现流动呈现出丝滑静止状态,这也是一种层流状态。

图 1-2　匀速直线移动的香烟烟气

如图 1-3 所示,当我们人类的血管和血液处于健康状态时,人体心情平静状态下血液的正常流动是呈现层流状态的,这样我们的心脏需要的搏动和输送的流动阻力较小,但是一旦某处发生粥状硬化,此处血液的流动横截面积减小,同时堵塞与硬化部分附近血液的层流流动转变成湍流状态,血液流动的阻力增加,我们的心脏的搏动负担随之加重,营养物质和氧气等的供给、代谢废物和 CO_2 等的排泄机能亦会受到一定程度的阻碍,人体就可能会产生一系列疾病,这些疾病会危及生命或者降低生活质量。

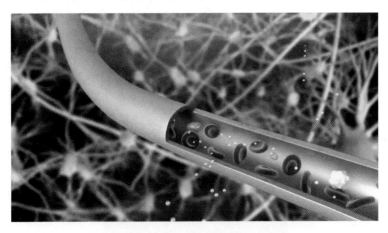

图 1-3　人类血管中血液的层流与湍流

如图 1-4 所示,当我们点燃蜡烛时,燃烧一般是处于层流状态的。尤其是在无风的环境中,我们可以看到火焰面保持稳定不动,火焰内部处于非常明显的分层上升流动状态。但当我们打开并点燃火焰喷枪时,除了能听到"滋滋呼呼"的声音,还能看到燃烧着的火焰明显抖动,而且火焰面也是不规则变化着的运动曲面,这就是典型的湍流状态。

图 1-4　蜡烛火焰

当我们驾驶汽车以较低速度行驶时,在无风状态下,打开车窗,我们几乎听不到外部空气流动产生的噪声,也感受不到外部空气的明显脉动,这就是处于层流状态;而一旦我们加快汽车的速度,可以感受到窗外明显的空气脉动和"滋滋呼呼"的外流空气噪声,以及由于相对运动造成的抖动风力,这也是典型的湍流状态。

如图 1-5 所示,当郊外水渠中的水流速较低时,落入其中的树叶就会缓慢、稳定地随着水流直线前进,这时水渠的水就处于层流状态;而一旦水渠流动加速,落入其中的树叶就会呈现上下翻动、旋转、抖动、曲线前进等不稳定状态,这时水渠中的水就进入了典型的湍流状态。平缓流动的河流呈现一种静止状态,这也是典型的层流现象。

图 1-5 镜面般的水渠飘落叶

大型猛禽(如各种鹰类、秃鹫等)的高空翱翔状态(见图 1-6)便于其在高空大范围监视、搜寻猎物,这些禽类翅膀可以长时间保持稳定不动的状态,流经猛禽翅膀的气流此时即是处于层流状态。翱翔状态可以使大型猛禽消耗极少的能量、维持极长时间的"航时"或"航程",是一种高效率的飞行状态,甚至可以捕捉和利用自然界的上升气流,巧妙地大幅度延长高空搜寻的"航时",这是生物体进化得到的一种"节能减排"生存技能。而猫头鹰的翅膀在滑翔时不仅具有大面积的层流,甚至也具有静音功能。

图 1-6 秃鹫的层流翱翔技能

1.2　层流的概念

利用日常生活中常见的现象只能定性地描述层流与湍流现象,科学上必须给出它们精准且量化描述的定义。层流(laminar flow)是指黏性流体的一种流动状态。在该状态下,流体做分层状的流动而且流体微团轨迹没有明显的不规则脉动,相邻流体层间仅仅只有分子热运动造成的动量交换。而黏性是指流体微团之间、微团与壁面等之间相互吸引引起的一种剪切应力与变形速率相关的物理作用,其本质上来源于分子间的吸引力和分子不规则运动引起的动量交换。

这里的流体微团是一种宏观的抽象化概念,而流体分子则是一种微观的物理概念。流体微团由足够多的流体分子组成,一般并不考虑其具有的微观属性;微团的不规则脉动传递动量,造成湍流黏性力和对流热交换,而流体分子的热运动动量交换造成层流黏性力和热传导,湍流黏性力显著大于层流黏性力,且对流换热也要显著强于流体的热传导。

层流状态只出现在雷诺数 $Re = \rho UL/\mu$ 小于一定阈值的情况下,即流体密度 ρ、特征速度 U 和物体特征长度 L 都很小,或流体黏度 μ 很大的情况下,这种大小是相对的。这里的雷诺数是一种人为定义的无量纲特征数,"无量纲"指该物理量没有物理单位或物理单位被抵消掉。雷诺数的物理本质是表征了流体的质量惯性力与黏性力的相对比例,利用这个物理量可以定性且定量地判定流体流动是处于层流、湍流还是转捩状态。只需给定一个临界雷诺数,这个阈值一般可以通过物理试验得到,也可通过一定的数值试验得到。当 Re 超过某一临界雷诺数 Re_{cr} 时,层流状态因受到扰动开始向不规则的湍流状态过渡,即流体不再保持分层流动状态而且流体微团轨迹产生明显的不规则脉动,相邻流体层之间存在微团脉动造成的大尺度动量交换,同时黏性阻力急剧增大。临界雷诺数的大小取决于流动形式,例如对于圆管内部流动, $Re_{cr} \approx 2\,100$,这里的特征速度是圆管横截面上的平均速度,特征长度是圆管内径。

"边界层"是一种人为定义的贴近物面流动区域。此区域的流动速度变化极为剧烈,可认为物面的流体切向流速为零。离开物面一定法向距离的切向速度达到主流区切向速度的99%时认为已经与主流区无异。这个法向距离定义为边界层厚度,这个区域内的流动称为边界层流动。流体的黏性效应主要体现在边界层内。以河流流动为例,该流动可以近似为一种二维流。中央区域可以视为主流区,认为流速是最大的;靠近岸边一定距离的区域可以视为河流的"边界层"区域,其中的流速相对中央区域就小很多。边界层可分为层流边界层与湍流边界层,湍流边界层的黏性效应相对层流边界层大很多,黏性来源于流体微团或者分子的动量交换,由于流体微团造成的动量交换相对分子热运动要强得多,所以湍流边界层的黏性效应较强。

临界雷诺数的大小是通过雷诺试验得到的。雷诺试验装置与现象如图 1-7 所示。顶部水槽注入的有色流体,随着注入速度的变化在试验管中呈现 3 种不同流动状态:保持稳定的直线状态,即层流;出现轻微脉动状态,即过渡状态;出现剧烈脉动掺混状态,即湍流状态(或者紊流状态)。对于特定的流体,例如水:当流速大于上临界流速时,流动状态为湍流;当流速小于下临界流速时,流动状态为层流;当流速介于上、下临界流速之间时,流动状态可能是层流也可能是湍流,这与试验的起始状态、有无扰动等因素有关,不过实践证明,是湍流的可能性更多些。在相同的玻璃管径下用不同的液体进行试验,所测得的临界流速也不同,黏性大的液体临界流速也大。若用相同的液体在不同玻璃管径下进行试验,所测得的临界流速也不同,管径大的临界流速反而小。

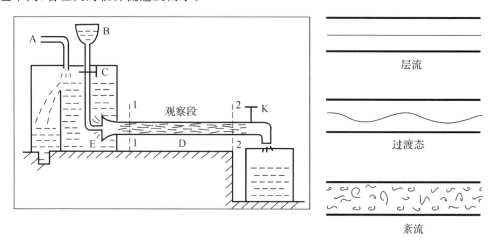

图 1－7　雷诺试验装置与现象

流体的流动状态是层流还是湍流,与流速、管径和流体的黏性等物理性质有关。雷诺(Osborne Reynolds)根据大量的试验数据证明,流体的临界流速与流体的动力黏度成正比,与管内径和流体的密度成反比。雷诺试验和雷诺以后的许多学者〔如席勒(Ludwig Schiller)〕的精密试验结果证明,无论流速大小,管内径大小,流体的运动黏度大小,只要雷诺数相等,它们的流动状态就相似,因此雷诺数成为判别流体流动状态的准则数:

(1) $Re < 2\,100$,流体的流动状态为层流;

(2) $Re > 4\,000$,流体的流动状态为湍流;

(3) $Re = 2\,100 \sim 4\,000$,流体的流动状态为层流与湍流间的过渡流态。

雷诺数是惯性力与黏性力的比值。雷诺数的大小表示了流体在流动过程中惯性力与黏性力哪个起主导作用。雷诺数小,表示黏性力起主导作用,流体质点受黏性的约束,处于层流状态;雷诺数大,表示惯性力起主导作用,黏性力不足以约束流体质点的紊乱运动,流动便处于湍流状态。

1.3　层流的特点与作用

1.2 节给出了层流的精确量化定义,可将其用于归纳层流的特点,进而分析层流的作用,尤其是在工业上的应用。流体做分层状的流动而流体微团轨迹没有明显的不规则脉动,相邻流体层间只有分子热运动造成的动量交换,流线非常平稳、有序,没有旋涡与横向抖动。层流状态是平滑、有序的,而湍流状态是脉动而且动态变化的。例如,前面提到的烟气,在靠近燃点的区域平滑、有序,属于层流状态,中间段开始抖动,即开始过渡转捩,而后半段则杂乱无章,呈现随机变化,发展为湍流状态,出现非常显著的横向抖动,各种尺度的旋涡结构不断演变,如图 1-8 所示。

图 1-8　层流到湍流的演变

由于层流的流体分层之间仅有分子热运动造成的动量交换,故其是一种扩散效应、动量交换效应较弱的运动,因而宏观上的摩擦力和热扩散均相对较小;而相邻层之间的流体微团运动带来剧烈的动量交换,这种动量交换宏观上即是湍流摩阻/湍流换热,因此层流现象具有低阻和低热流交换的优点。在航空航天工业中,维持外流低阻或者低热流会带来飞行器巡航经济性、安全性的显著改善。对于民航飞机来说,增升(力)减阻(力)是"永恒"的目标,自 20 世纪 70 年代"石油危机"多次爆发以来,大型民航飞机自然层流减阻技术的研究就一直持续开展,而近年来,全球非正常极端气候的频繁爆发,人类对于"低碳绿色"的呼吁已经付诸行动,自然层流技术再次被寄予厚望,成为主要航空航天强国重点研究的航空航天科技之一。

民用飞机的阻力可分为压差阻力、摩擦阻力(简称摩阻)、激波阻力、诱导阻力等,对于亚声速民航客机来说,摩阻占总阻力的比例约为 50%,减小摩阻的方法主要有两类,即减小浸湿面积与减小摩阻系数。前者主要通过先进的气动布局设计实现,例如采用翼身融合布局设计、更薄的翼型等;后者主要通过扩大层流区域面积,以层流摩阻系数相对湍流摩阻系数较小的优势降低总阻力。由于层流摩阻系数比湍流摩阻小 90% 左右,因此通过扩大层流区域有望使民航飞机减阻 25%。

层流技术可分为以下 3 类。

(1)自然层流(Natural Laminar Flow,NLF)技术:未施加主动控制技术,仅靠气动外形设计"自然"形成的层流技术。

(2)层流控制(Laminar Flow Control,LFC)技术:利用"吸气"等主动控制技术将本应该转捩为湍流的边界层流动转变为层流状态。

（3）混合层流控制（Hybrid Laminar Flow Control，HLFC）技术：综合了自然层流技术和层流控制技术，但是降低了主动"吸气"技术要求，是一种结合主动"吸气"技术和气动外形设计技术来维持层流状态的设计技术。

当飞行速度增大，雷诺数超过了某一阈值时，仅通过优化气动外形难以维持足够大面积的自然层流状态，可以通过主动"吸气"控制技术强制降低逆压梯度，人为制造层流状态，但是主动"吸气"等技术需要消耗一定的功率，这些额外的功率消耗等价于额外飞行阻力的增加，抵消了层流技术减阻的效果。因此，通过结合自然层流与气动外形优化设计、降低"吸气"技术功率消耗的混合层流技术适应性更强，更加适合高亚声速飞机的气动设计。

层流技术实际上很早就被应用于飞机设计之中，例如著名的"NACA6"（NACA 为美国国家航空咨询委员会）系列翼型应用广泛，发展了很多改进型，早期的低马赫数飞机（如第二次世界大战时美国先进的 P - 51 野马战斗机）就采用了自然层流翼型。类似的还有 DY4 "彗星"俯冲轰炸机、霍克"海怒"战斗机和苏联的 La - 9 战斗机等，尽管此类飞机的螺旋桨滑流会破坏自然层流，但在滑流影响不到的机翼区域仍然可实现较好的层流减阻状态。20 世纪 90 年代，美国兰利研究中心的 F - 16XL 验证机进行了超声速自然层流飞行验证。美国波音公司持续 30 多年对层流技术进行了研究，包括 B757 飞机的层流风洞与飞行试验、B787 - 9 飞机的垂尾、平尾、短舱设计等层流技术验证。2003 年，日本的"本田喷气"飞机成功进行了自然层流机翼飞行验证，大幅度降低了飞行阻力。对于高马赫数的民航客机，在其机翼上保持较大范围的自然层流区域比较困难。欧洲的空客公司近年来利用 A320 和 A340 验证机进行了混合层流（HLFC）技术验证，结果表明可减阻 3% 以上。我国的 C - 919 客机采用了低阻力层流短舱设计。美国的爱锐航（Aerion）公司研发的超声速商务机（SBJ）采用了超声速自然层流专利技术，设计了一种新型双凸型翼型，将层流区面积优化提升超过 70%。

现代民航飞机的机翼、机身、短舱等部件采用层流气动外形设计会显著降低民航飞机的巡航阻力，减少飞机燃油消耗，节约的燃油重量可用于增加商载或者航程。民航飞机由于巡航速度相对较低，一般没有较为显著的气动加热现象，但是在航天工业中，例如返回式飞船或者航天飞机的表面，维持再入飞行器表面的层流状态可以显著降低高超声速气动加热造成的热流密度，以及热流密度对再入飞行器的威胁。在再入阶段，此类飞行器减阻并非设计目标，再入飞行器一般需要增大阻力用于快速减速，例如返回式飞船用较宽的底部冲击来流形成弓形激波增阻减速，而航天飞机一般会采用大攻角姿态增阻减速，同样是用宽大的腹部冲击来流形成的弓形激波增阻减速，但是在发射阶段，层流状态却可以降低上升阶段的气动阻力与热流密度。国外曾发生过航天飞行器表面由于某种凸起造成的转捩导致热流密度剧增，进而导致飞行器损坏的事故。

1.4　边　界　层

对于飞行器而言，层流向湍流的转变主要发生在边界层内。边界层理论是 1904 年由德国著名物理学家普朗特在海德尔堡第三届国际数学家学会上宣读的《关于摩擦极小的流体运动》中首先提出的。他根据理论研究和试验观察,证实了水和空气等黏性系数很小的流体在大雷诺数下绕物体流动时,黏性对流动的影响主要作用于紧贴物面的一个薄层之中,薄层外的黏性影响很小,近似可以忽略不计。普朗特将这一薄层称作"边界层",或者"附面层"(本书中统一称为"边界层")。由于边界层内的流动是渐进地趋近于外部主流区,所以边界层内、外的界限是不明显的,一般规定与外部主流区速度相差 1% 的位置作为边界层的外边界,即离物面达到外部主流区速度的 99% 的垂直距离,定义为边界层厚度。以机翼为例,一般边界层厚度仅为弦长的几百分之一,可见边界层厚度远小于物体的特征长度。为了避免速度测量误差引起的差异,工程上一般采用 3 种与边界层内速度分布相关并具有一定物理意义的边界层厚度,分别为位移厚度、动量损失厚度、能量损失厚度。位移厚度是指,设想边界层内为无黏流体流动时,以主流速度流过物面,而实际流体有黏性,因此设想中的无黏流体流过该区域时的质量流量有损失,将损失量折算成无黏流体以主流速度流过边界层时损失质量流量的厚度;动量损失厚度与能量损失厚度与位移厚度的定义类似,是将动量损失与能量损失折算成无黏流体以主流速度流过时损失动量或能量流量的厚度。

边界层并不一定总是紧贴物面,当流动压力沿流动方向增加足够快(逆压梯度过大)时,边界层可能脱离物面形成回流区,这就是分离流动。边界层分离后,边界层理论不再适用。边界层内的流动在较低雷诺数时是层流,随着雷诺数的增大以及流动中不可避免的扰动,流动出现不稳定现象,使层流状态发生变化,向湍流状态过渡,最终完全转变为湍流。层流状态向湍流状态的过渡称为转捩。

1.5　转捩与流动稳定性

转捩可以分为 3 种:第一种为自然转捩,是发生在低湍流度(<1%)下的最普遍的一种转捩形式;第二种称为旁路转捩或诱导转捩,是指由外部流动的强干扰引起的转捩,流体不经过小扰动增长而直接由层流状态突变为湍流状态;第三种为分离流转捩,是由分离流动引发的一种转捩形式,例如某种逆压梯度(几何原因或者物理原因,如突然出现的凸凹外形、激波等)造成层流边界层脱离物面形成分离流动,进而发生转捩。

根据层流本身的特点,前方来流均匀的条件下,流场中的物体(见图 1-9 中的平板)表面存在一个很薄的剪切层,即边界层,此区域速度梯度变化十分剧烈。前方均匀来流经过平板边界层时即演变为速度梯度剧烈变化的状态,边界层之外的流动基本可以视作是无黏的,流速即主流区速度。而紧挨着固体表面的流体分子被吸附在固体表面上,流速为零。于是,在固体表面附近,必然存在着一个法向速度梯度很大的区域,该区域被称作边界层(见图 1-9)。在雷诺试验中,速度的增大会使得流体从层流过渡到湍流,同样根据流体的流态,边界层也可以分为层流边界层和湍流边界层,如图 1-9 所示:在起始阶段,扰动会被衰减,流动表现为层流;越往后则扰动越被放大,最终转捩为湍流边界层。当然,在层流和湍流之间还存在转捩,转捩来源于壁面对流体的黏滞作用而产生的扰动,而这种扰动在壁面附近具有一定的累积效应,在一定的距离之后仍不能衰减,进而诱发转捩。

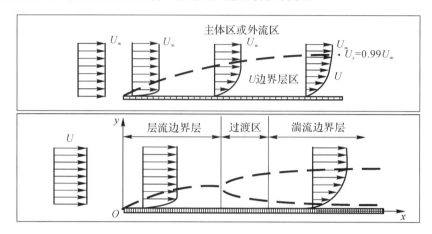

图 1-9 平板边界层区域示意图

湍流边界层内的速度呈现明显的脉动特性,但是如果用平均速度的观点来看的话,大致符合图 1-9 中所示的速度分布。湍流边界层内部的速度分布极其复杂,可以按照受壁面影响的程度分为内层和外层。其中,外层受主流区的影响更大,也称为尾流层。而湍流边界层的内层则受壁面影响很大,又可分为线性底层、过渡层和交叠层。线性底层的流动由黏性力主导,部分书中也称之为黏性底层,这个区域的流动基本表现为层流。过渡层,也称缓冲层,这里的速度脉动已经较强,但平均速度梯度仍然很高,因此强烈的剪切会在此处产生非常高能的小规模湍流,是湍动能产生的主要区域。再往外即为湍流边界层的内层和外层的交叠区域,也称为交叠层。这里的速度分布满足对数率,也称对数层。用于湍流模拟的许多软件中的壁面函数模型就是在这里生效的。在湍流边界层的底部,尤其是在过渡层,由强烈的剪切而产生湍动能。而处于中间的对数层,湍动能的生成约等于耗散。最外层则大致为湍流边界层的尾流层,湍动能主要体现为耗散,生成率很小。因此,在湍流边界层内部,湍动能由内向外逐步传递,由小涡传递给大涡,这与自由湍流中的能级串恰好相反,称之为能量的反向传递。

墨尔本大学的学者曾做过一个精巧的试验,将一个 5 m 长的平板置入水槽中并以一定的速度移动,同时从一个固定的窗口观察平板边界层的细节。试验中,在平板的头部附近,添加了一个直径为 1 mm 的线条,强制层流边界层转捩为湍流边界层,从该位置释放荧光物质,然后用激光照亮并用高速相机拍摄,便能清晰地看到湍流边界层内的"风起云涌"。

流动稳定性理论是用于分析与控制边界层流动与转捩的重要理论基础。对层流流动施加外部干扰,扰动如果会自动衰减,那么原先的流动就是稳定的,而如果外部的扰动造成的状态变化不断发展,直至不规则发展演化转变为新的流动状态,这就是一种典型的流动失稳现象,如图 1-10 所示。日常生活中,将自来水龙头开大,水柱就会呈波状,最后破碎成一串离散的小水滴。阵风吹过水面,将原本平静的水面搅动成不规则流动状态,这是剪切流的开尔文-海姆霍兹(Kelvin - Helmholtz)不稳定引起的。轻、重介质界面上扰动的瑞利-泰勒不稳定性,两个同心圆柱间扰动的泰勒涡,薄层液态金属扰动的贝纳对流,晶体的树枝状生长、注水驱油中的指进现象等都是流动不稳定现象。但流动稳定性理论最重要、最困难的研究方向仍是从层流到湍流的转捩。

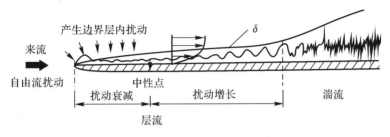

图 1-10　层流-湍流转捩过程

流动稳定性的研究始于 20 世纪初,英国和奥地利物理学家联合推导出了研究平行流的奥尔-索末菲(Orr-Sommerfeld)方程。到 20 世纪 40 年代,华裔科学家林家翘获得了该方程的渐近解,并将其应用于槽道流、边界层的研究,给出了中性曲线和临界雷诺数。这个渐近解被低湍流度风洞试验证实。由于线性理论只能预测流动不稳定的初始状态,60 年代发展了非线性理论。非线性理论可对各种具体流动导出相应的朗道方程,并由该方程中朗道系数的符号判定流动是亚临界不稳定的还是超临界不稳定的。应用三波共振、二次不稳定等理论,可解释观测到的流动向湍流演化的一些物理现象,如三维扰动的发展、高剪切层的形成、湍流斑发生、流动紊乱化、对外界扰动的感受性及旁路转捩等。能量法也属于非线性理论,主要从能量角度或用李雅普诺夫函数估计扰动的发展,对初始扰动幅度并无限制,但其结果往往偏于保守。

数值技术是预测从层流到湍流转捩全过程的有效途径,结合流动显示技术可形象、直观地反映流动演化的过程,但对机理认识的贡献往往不如理论分析方法的贡献大。虽然流动稳定性理论无论从理论上,还是实际应用上都需要进一步深入,但是数值技术却是预测层流转捩全过程的现实途径,从最简单的统计经验模型(e^N 模型),到大涡模拟(LES),甚至直接数值模拟(DNS),尽管目前其应用受制于计算量过大,仍可以采用这类方法用于改进传统的转捩简化数学模型,甚至提出更好的转捩简化数学模型。

1.6　层流的认知历程

追溯人类对层流的认知历程,可以更好地理解边界层与转捩原理以及转捩试验方法,以便更加深入地研究与应用层流技术。19 世纪末的流体力学沿着两个方向发展:一个方向是理论流体力学,是从无摩擦、无黏性流体的欧拉方程出发并发展起来的,达到了高度完善的程度;另一个方向则是试验流体力学。但是,由理论流体力学发展起来的一些结果却与试验观测到的一些结果,尤其是管道与渠道总压力损失这个非常重要的问题,以及一些外流物体的阻力问题差异较大。20 世纪初期,德国物理学家普朗特提出了边界层理论,修正了流体力学的两个貌似矛盾的方向,这表明理论流体力学的问题在于忽略了流体内部的摩擦效应;尽管人们早就知道考虑黏性的流体力学控制方程(NS 方程),但那个年代人类的计算技术(包括数值方法理论和计算设备硬件两方面)较为落后,无法对此方程组进行普适性求解,因此从理论上处理黏性流动的困难很大。对于空气与水这两种典型流体,黏性力的影响相对于压力与重力等的影响较小，一般认为由黏性产生的摩擦力显著小于典型的表面力或质量力，但是被理论流体力学忽略的黏性效应为何会产生如此之大的实际影响呢？1904 年，在一次"数学家"大会上，普朗特在《关于摩擦极小的流体运动》中指出，可以将绕固体的流动分解成两个不同区域：一是固体表面很薄的一层区域（即边界层），其中黏性效应对该区域的速度分布起着主要作用；二是该层以外的区域（可称为主流区），该区域黏性对速度分布的影响可以近似忽略不计。

基于该理论，普朗特成功地对黏性流体运动的求解做了极大的简化，同时这个理论也得到了一些典型的简单试验的支持。普朗特的边界层理论衔接了理论与试验流体力学并修正与解释了二者分别存在的重要问题，成为流体动力学重要的基础之一。不可压缩流体的层流边界层理论可以直接使用斯托克斯定律解决。对于湍流边界层理论，普朗特引入了混合长度理论为这类研究铺平了道路，但是彻底解决湍流问题道路还比较长。目前对于湍流边界层的数值解析主要是基于一些湍流模型即经验加简化理论的数学模型，或者 LES（即大涡模拟），实际上也利用了一些简化模型。对于一些简单的低雷诺数流动，如平板边界层，现代的高性能计算机已经可以对其进行直接数值模拟，即直接求解 NS 方程的 DNS 方法，但是对于较为复杂外形且较高雷诺数的外流问题，如真实飞机的高空外流计算、分析与设计，DNS 需要的计算时间难以接受，即便是 LES 也较难获得广泛应用，这需要从计算机软/硬件和计算流体力学理论方法两个方向持续努力。

1.7　飞机获得层流的方法

对于飞行器外流问题，层流化机翼或者其他部件例如短舱，能够使飞行阻力得到显著降低，因为摩擦阻力在飞行器总阻力中所占比例为 $25\% \sim 50\%$（见表 1-1），而且主要是湍流摩擦阻力，而一旦转变为层流模式，摩擦阻力将可获得可观的收益。但是如何获得层流呢？目前主要有两个实用设计思路：一是自然层流气动外形设计；二是混合层流控制，这是一种主动流动控制。前者是通过巧妙的数值设计方法改变机翼的气动外形，使其上的层流边界层尽可能地延长，从而延迟转捩（见图 1-11），层流区域的范围扩大了，自然摩擦阻力也就显著减小了；后者则是通过在机翼表面布置一定的吸气装置，或者可控表面微结构，人为改变机翼表面的压力分布，从而延缓转捩，实现较大区域的层流，这类方法尤其适用于马赫数、雷诺数相对较大的飞行器在自然层流下难以维持的状况。

表 1-1　典型交通工具的摩擦阻力占据比例量级

交通工具	摩擦阻力占总阻力的比例/（%）
超声速战斗机	$25 \sim 30$
大型运输机	40
小型公务机	50
水下物体	70
水面船舶	90

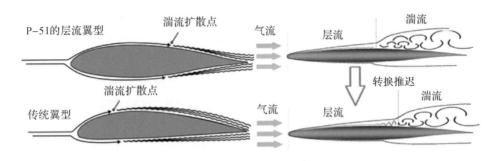

图 1-11　典型自然层流机翼与非层流翼型对比及优化示意

自然层流气动外形设计的大型客机已进入试飞验证阶段(见图 1-12)。空客 A340"刀锋"层流验证机,率先开展了跨声速层流机翼的测试飞行。第一架验证飞机(由 A340 的 MSN001 原型机改装)于 2017 年 9 月成功首飞。2018 年 4 月,空客公司成功地完成第二阶段长达 150 h 的试飞。该项目通过更换 A340-300MSN001 飞机的外翼,探索用于智能机翼的自然层流技术,旨在采用新的 NLF 机翼实现自然层流。根据报道,A340"刀锋"层流验证机具有两个测试机翼部分:一个采用集成上盖和由碳纤维增强塑料制成的前缘;另一个采用由碳纤维增强塑料制成的独立上盖和金属前缘。飞机机翼没有任何接头处使用铆钉,机翼翼盒的连接点是由复合材料制成的。A340"刀锋"层流验证机翼展 8 m,其形状和尺寸与短程单通道客机类似。为配合新的机翼设计,空客公司 A340"刀锋"层流验证机除了结构改造之外,在包括燃料、液压和电力系统等系统上也做了改变。

图 1-12　空客的层流机翼试验

本田喷气公务机采用了独特的 NLF 机翼和 NLF 机头设计,以及发动机安置在主翼上方的最佳配置,极大地减小了飞机的阻力,最大限度地扩大了舱内空间。发动机的位置充分体现了本田喷气公务机在结构开发过程中的主要设计理念。本田喷气公务机工程师发现,与传统的后机身安置发动机相比,将发动机安装在机翼上方,可以最大限度地削弱激波,减小飞行空气阻力。虽然空间设计比较紧凑,但本田喷气公务机乘务舱内部仍有充裕的空间提供 6～7 个舒适的座位。将发动机安置在机翼上方,这一获得专利的设计消除了安装在机身后的空间需要,最大限度地扩大了乘务舱和行李舱的空间。如今,它已经成为同类中最快的飞机,其最高巡航速度已经达到 486 mile/h(782 km/h),飞行高度也是同类中最高的 43 000 ft(13 106 m)(1 ft=0.304 8 m)。同时,它也是同类飞机中最节省燃料的。这些优点均归功于自然层流机翼的使用。

NLF 机翼应用于高亚声速飞机时将存在一定的局限性,因为随着雷诺数增大,较大面积的 NLF 区域将难以维持。为了进一步扩大层流技术减阻的应用范围,层流主动控制和混合层流控制技术应运而生,辅以吸气等主动控制技术延长层流区域,同时在这种环境下优化层流区域的气动外形,综合利用主动吸气与气动外形优化技术可较大程度地延长层流区域。目前国内外这类技术已经进入飞行演示验证阶段。

1.8 用双体布局实验机的原因

双体布局实验机可以作为优良的"飞行风洞"用以解决地面风洞试验雷诺数不足的问题,而采用常规布局运输机将实验机机翼布置于机翼外侧难以消除翼尖涡等三维干扰效应对层流区的影响。同时,机翼外侧的强烈的展向流动更是恶化了层流试验段的试验状态。而采用了双体布局,将试验段置于双机身中间,不仅试验可以达到试验雷诺数,而且削弱常规布局运输机带来的翼尖涡和展向流对试验段流动的干扰。这种试验技术不仅可以用于本课题的研究试验,也可用于其他类型研究翼型、试验段等的试验,比如某些先进超临界翼型、超临界机翼试验段等的试验研究,而地面风洞试验一般很难获得匹配的雷诺数,而且试验成本相对风洞建设和风洞试验可以实现数量级的降低。当然,双体布局实验机因其特殊气动和结构特点还可以用于其他类型的研究和应用。

双体布局实验机是一种较为"古老"的亚声速飞机布局,是第二次世界大战后螺旋桨战斗机的优秀气动布局,比如著名的 P-38 战斗机和 F-82 战斗机。双体布局实验机的优势是在不必刻意减重的条件下仍然可以保持优秀的航程和载油量及载弹量,P-38 战斗机和 F-82 战斗机以足够翼展制造的升力可以平衡较大自重,确保安全防护质量,并确保足够的远航燃油与充足的载弹量(见图 1-13)。

图 1-13 P-38"双体恶魔"与 F-82"双体野马"战斗机

双体布局实验机因机翼的展弦比较大,可以获得较大的升阻比,因而在现代的新能源飞机获得一定应用,属于一种以气动设计弥补新能源缺陷的设计思路。同时,双体设计提供了足够的新能源装载空间,例如德宇航的氢能源双体实验机,液氢燃料密度极低,温度极低,只能存储于机身之中,而双机身布局正好可以提供充足的低温燃料装载空间(见图 1-14)。

另一种应用是作为空基发射的载机,从而实现低成本的天地往返设计。双体布局机翼中间的中央"翼桥"可以作为挂载重型发射物的优良场所,而不至于因为单侧不平衡挂载引发空射危险。空基发射因为高空的稀薄大气环境十分有利于提高火箭发动机的推力和比冲,因此可以大幅度地提高空天发射的商载系数,例如将陆基和海基火箭发射 3% 的商载系数提高至 12%,并且因水平起降不需要特制的发射场地和台架,维珍航空的布兰森利用双体载机实现了低成本的"太空旅游"商业应用(见图 1-15)。美国的平流层发射器公司规划了多种用途的高超和空天飞行器空射计划,而其双体载机已经试飞成功(见图 1-16)。

图 1-14　德宇航的氢能源双体实验机

图 1-15　维珍航空的水平起降"太空旅游飞船"

图 1-16　美国的"平流层发射器"空射空天飞行器载机

1.9 层流技术在现代航空业未获广泛应用的原因

尽管层流技术在早期的一些平直翼低马赫数飞机上获得了一定的应用,甚至一些现代涡扇通航飞机也采用了自然层流机翼技术,一些涡扇民航飞机也采用了层流短舱设计,某些军用大展弦比无人机机翼也采用了自然层流机翼技术,但是在现代高亚声速民航飞机上并未获得广泛应用,尤其是在高亚声速机翼上并未获得广泛的实际工程应用,其主要原因有:

(1)大雷诺数下的自然层流区域较小且维持十分困难,这个物理限制极难突破。

(2)层流控制和混合层流控制技术需要复杂精密且成本相对较高的附加装置以实现"吸气"功能等。

(3)层流机翼设计会在一定程度上降低飞机的起降性能,而起降性能关系到飞机的安全性,大攻角状态下层流机翼比湍流机翼更易产生分离,从而降低了可用最大升力系数和飞机的安全性。

(4)相对于一般的湍流翼型,层流翼型前缘半径较小,头部厚度相对较小,造成实际机翼的内部空间相对较小,不利于机翼内部设备和燃料等的存储。

(5)应用层流技术的飞行器日常维护要求较高,需要保证设计层流区域的表面十分清洁,而在机场和实际飞行环境下,各种灰尘、液滴、昆虫等微小颗粒会破坏层流区域的清洁性,这些污染物清理起来比较麻烦,也会造成自然层流机翼提前转捩。对于层流控制和混合层流控制等技术来说,数量众多的"吸气"孔直径极小,甚至连人类肉眼都难以观察到,极易被各种难以观察到的微小颗粒堵塞,而且清理、疏通比较困难。尤其是起飞和爬升初始阶段,要穿越昆虫密度最大区域,即便是地勤处理过后十分清洁的机翼表面或者众多吸气孔隙也会在这一过程中遭到各类昆虫比较严重的污染,导致自然层流和混合层流效果急剧降低。此外,飞机穿越云层中的冰粒或其他类型颗粒物区域也会导致层流表面的污染破坏以及吸气孔隙的堵塞,造成层流状态的严重破坏。

当今,石油能源价格居高不下,碳排放造成的极端气候直接威胁西欧、北美、亚太等人口稠密区域,例如西欧的反常高温、北美的反常干旱与反季节龙卷风、亚太地区的反常暴雨等,人类对"低碳绿色"的认识已经从呼吁升级到行动,碳排放税、碳排放交易已经在现实生产生活中开展,对于超限额的碳排放工业生产活动,欧美国家已经策划并开展附加"碳税"等贸易制裁手段,"低碳绿色"已经成为现代交通工具和工业生产的大趋势。"绿色航空"无论在国际上还是国内工业界将不再是一个倡议,而是一项必须去做而且必须做好的工业科技。

尽管航空行业的碳排放量相对较小,但是随着国内外船舶、汽车等行业开展的持续"减碳"措施实施,航空行业也必将随之开展"低碳绿色"技术的工程应用。层流技术因具有极佳的"低碳绿色"效果自然在近年来成为民用航空科技发展的重点研究方向之一,自然层流(NLF)、层流(LFC)、混合层流(HLFC)等技术将会在航空工业领域逐步稳定推广并应用。

参 考 文 献

[1]　KHALID K. Updates on laminar flow nozzle [EB/OL]. (2011 - 06 - 11)[2023 - 08 - 20]. https://my-woodcarving. blogspot. com/2011_06_11_archive. html.

[2]　MOGIL. Burning cigarette background [EB/OL]. (2016 - 11 - 16)[2023 - 08 - 20]. https://depositphotos. com/vector/burning-cigarette-background-130634984. html.

[3]　IDAHO. Blood Video Short [EB/OL]. (2015 - 01 - 20)[2023 - 08 - 20]. https://video. idahoptv. org/video/blood-video-short-plzfgf/.

[4]　FOSIN. Candles realistic 3d set isolated on transparent background [EB/OL]. (2017 - 02 - 13)[2023 - 08 - 20]. https://depositphotos. com/vector/candles-realistic-3d-set-isolated-on-transparent-background-vector-illustration-141738124. html.

[5]　副关. 水中的落叶 [EB/OL]. (2017 - 10 - 26)[2023 - 08 - 20]. https://www. douban. com/note/642631388/? _i=2970718DkEi7W.

[6]　CHRISW. Bearded vulture(African) [EB/OL]. (2018 - 08 - 2)[2023 - 08 - 20]. https://cdn. download. ams. birds. cornell. edu/api/v1/asset/111578981/1200.

[7]　ROB W. A cup filled with smoke sitting on top of a table [EB/OL]. (2022 - 01 - 02)[2023 - 08 - 20]. https://unsplash. com/photos/FMARk9s_20s.

[8]　BEN S. Airbus tests laminar flow wing [EB/OL]. [2023 - 08 - 20]. https://www. aerospacetestinginternational. com/videos/airbus-tests-laminar-flow-wing. html.

[9]　朱自强,吴宗成,丁举春. 层流流动控制技术及应用[J]. 航空学报,2011,32(5): 765 - 784.

[10]　WIKIMEDIA C. F82 twin mustang [EB/OL]. [2023 - 08 - 20]. https://commons. wikimedia. org/wiki/File:F82_twin_mustang. jpg.

[11]　DLR. Zero-emission air transport - first flight of four-seat passenger aircraft Hy4 [EB/OL]. (2016 - 09 - 29)[2023 - 08 - 20]. https://www. dlr. de/en/latest/news/2016/20160929 _ zero-emission-air-transport-first-flight-of-four-seat-passenger-aircraft-hy4_19469.

[12]　JON F. Stratolaunch's new satellite carriers include a reusable space plane [EB/OL]. (2018 - 08 - 20)[2023 - 08 - 20]. https://www. engadget. com/2018 - 08 - 20 - stratolaunch-introduces-new-launch-vehicles. html.

[13]　JOHN A. Virgin galactic: rocket reaches space again in test flight (Update) [EB/OL]. (2019 - 02 - 22)[2023 - 08 - 20]. https://phys. org/news/2019 - 02 - virgin-galactic-rocket-space-flight. html.

第2章 层 流 减 阻

减阻是飞机设计者永恒的追求。对于飞机而言,气动阻力的减小意味着更优的气动效率、更低的燃油消耗、更长的航程以及更低的运行成本。尤其是在"绿色航空"的需求日益迫切、航空运输市场竞争日益激烈的当今,减阻设计在飞机气动设计中的重要性愈发突出。对于常规布局的运输类飞机来说,摩擦阻力占全机总阻力的50%左右,是减阻设计的重点关注对象。相较湍流而言,层流表面具有更小的摩擦阻力,因此通过层流减阻成为对飞机设计师极具诱惑力的研究方向,由此推动了层流流动控制技术的快速发展与应用。

本章将从减阻设计的角度回顾民用飞机的发展、演变历程,介绍飞行器气动阻力的构成及减小各类阻力的有效方法;以减小摩擦阻力为研究对象,重点介绍层流流动控制技术及层流机翼设计技术的发展现状;通过部分工程应用案例,对层流流动控制技术在飞机设计中的应用情况及减阻收益进行总结、说明;从试验验证技术、鲁棒设计技术、污染防护、系统集成等方面介绍层流机翼应用面临的一些挑战。

2.1 减 阻

自由飞翔是人类千百年来的美好愿望,我国作为5 000年源远流长的文化大国更是留下了"仍羽人于丹丘兮,留不死之旧乡""夫列子御风而行,泠然善也"等千古华章。而直到1903年莱特兄弟的"飞行者一号"(见图2-1)首飞成功,人类才在真正意义上进入了可操作的有动力飞机时代。

自有动力飞机诞生以来,减阻便成了飞机气动设计的核心。对于包括民机在内的运输类飞机,气动阻力的增大等同于减小飞机的有效载荷或缩短航程。例如,利用Breguet航程公式进行估算,若保持航程不变,增加1 count(注:count为阻力单位)阻力($C_D = 0.000\ 1$),相当于要减少8位乘客(每位乘客按250 lb计算,1 lb = 0.454 kg)。因此,气动阻力的大小对民用飞机经济性具有显著影响。气动减阻作为一条设计主线,贯穿于民用飞机的整个发展、演变历程。

20世纪20年代,民用航空运输业逐渐兴起并开始快速发展。随着B247、DC-2、DC-3等机型的出现,航空客运业务蓬勃发展。第二次世界大战结束后,英国将喷气式发动机技术用于民用飞机,研制了历史上第一架喷气式民航客机"彗星"号(见图2-2)。该型飞机的问世使当时的英国成为世界航空界的翘楚,并引领民航客机设计进入喷气式时代。同时期的喷气式客机还有法国的"快帆",美国的B707、DC-8,苏联的图-104等。这一时期的飞机从气动设计上看,采用了大展弦比后掠机翼以实现减阻,在机翼后缘加装大面积襟翼以提高低速高升力特性。为了减小发动机和机翼之间的干扰阻力,翼吊发动机短舱布局形式开始兴起。

图 2-1　"飞行者一号"

图 2-2　"彗星"号

进入 20 世纪 60 年代,新一代喷气式客机开始投入使用。这一时期美国的代表机型有 B727、B737(见图 2-3)和 DC-9 等,英国的代表机型有"三叉戟"(见图 2-4),苏联的代表机型有图-154 等。这一时期客机的主要市场定位为中短程航线,和上一代客机形成市场互补关系。因此,相比于上一代客机,这一阶段客机的载客量下降,尺寸也有所减小。目前,该阶段诞生的客机的改型仍然是世界范围内中短程航线上的主力机型。该阶段喷气式客机确立了悬臂式下单翼的气动布局,注重减小各部件之间的干扰阻力。同时,为了提高飞机的经济性,降低耗油率,在气动设计上主要采用了新的尖峰翼型和低涵道比的涡轮风扇发动机。增升装置的布置上主要以多段开缝式襟翼为主。值得注意的是,这一时期喷气式客机开始出现复合材料,这使得飞机的结构重量大幅减轻。

图 2-3　B737

图 2-4　"三叉戟"

20 世纪 70 年代,喷气式客机得到了进一步发展,这一时期的客机多以宽体客机为主,目的是满足日益增长的载客量需求。该时期的代表机型有欧洲的 A300(见图 2-5),美国的 B747(见图 2-6)、DC-10 和苏联的伊尔-86 等。为了进一步提高经济性,该阶段客机开始采用具有更大推力、更低耗油率的高涵道比涡轮风扇发动机。相比于涡喷发动机,涡扇发动机噪声更小,振动水平更低,因此,乘客的乘坐舒适性也得到了显著提升。B747 作为这一时期客机中的标杆机型,自其投入运营以来,一直垄断着大型运输机市场。B747 在气动减阻上应用了大量先进技术,其中包括增加翼梢小翼减少诱导阻力等。

图 2 - 5　A300

图 2 - 6　B747

20 世纪 80 年代,出现了新一批经济性更高的喷气式客机型号。该时期的代表机型有美国的 B757、B767(见图 2 - 7),欧洲的 A310、A320(见图 2 - 8)和苏联的伊尔-96、图-204等。虽然这一阶段的客机采用的是和上一代客机相同的高涵道比涡扇发动机,但是发动机的性能再次得到提升,耗油率进一步降低。由于发动机性能的提升,这一阶段客机不再需要装配 4 台发动机,普遍使用双发布局。在气动减阻设计上,最大的创新在于应用了超临界机翼技术。不同于尖峰翼型,超临界翼型上表面较为平坦,下表面鼓起并在后缘出现后加载。超临界翼型在跨声速状态下的性能较尖峰翼型有较大改善,升阻特性大幅提高,巡航速度也因此变大。同时,这一时期的客机继承了上一代客机的翼梢小翼减阻技术。

图 2 - 7　B767

图 2 - 8　A320

20 世纪 90 年代后,出现了新一代喷气式客机。具有代表性的机型有美国的 B777(见图 2 - 9)、MD - 11,欧洲的 A330、A340(见图 2 - 10),俄罗斯的图-96 等。这时期喷气式飞机的主要设计理念在于增大载客量、提高航段适应性,并继续探索降低油耗、提高经济性。在发动机方面,安装了具有更小耗油率、更小排污量、更低噪声水平、更大推力、更高涵道比、更好维护性的涡扇发动机。在结构设计方面,进一步加大了复合材料的使用量。为进一步减小飞机气动阻力,采用了大展弦比超临界机翼并结合不同类型的翼梢小翼,力图将气动性能提升至极致。目前,基于 B777 改型机型的 B777X 采用了折叠翼梢技术,显著增大了机翼展弦比。

图 2-9 B777

图 2-10 A340

截至目前,波音公司和空客公司最先进的客机分别为 B787 和 A350,两者在气动减阻设计上均引入了诸多新技术。B787 的机翼设计在传统超临界机翼设计基础上引入了基于后缘襟翼偏转的变弯度技术。除变弯度超临界机翼技术外,其余减小气动阻力的设计还有保形机头设计、自然层流短舱以及鲨鱼鳍式翼梢小翼等。这些设计约可提高全机 5% 的气动力效率。

2.2 飞行器气动阻力划分及减阻手段

从飞行器设计角度而言,气动阻力一般可分为型阻、诱导阻力和激波阻力,如图 2-11 所示,其中型阻包含摩擦阻力和压差阻力。摩擦阻力几乎完全取决于边界层的状态(层流、转捩或湍流),并且在亚声速和超声速速域内变化不大。按照与升力相关与否,气动阻力又可分为零升阻力和升致阻力。当飞机表面为附着流时,摩擦阻力对迎角的变化不敏感。因此,摩擦阻力一般被划归为零升阻力部分。激波阻力在超声速速域可再细分为体积波阻和升致波阻,在跨声速速域较难分割开来。诱导阻力由尾涡(如翼尖涡)产生,与升力的产生密切相关。

1. 诱导阻力减阻

诱导阻力又称升致阻力,是从阻力与升力关系的角度来定义的。经典空气动力学中的 Biot-Savart 定律表明,翼尖涡下洗会改变有限展长机翼表面的压力分布,其下洗的速度则与翼尖涡的涡量分布和涡核位置密切相关。由于下洗的影响,机翼在翼剖面上产生垂直于局部流向的合力,该合力的轴向分量即为诱导阻力。更直接地理解诱导阻力与升力之间的关系可以从普朗特理论的角度去思考,由 $C_{D_i} = C_l^2/\pi e \mathrm{AR}$($C_{D_i}$ 为诱导阻力系数,C_l 为升力系数,e 为效率因子,AR 为机翼展弦比)可知,诱导阻力系数正比于升力系数的二次方。

升力与诱导阻力的联系在于,翼尖涡等尾迹涡结构的产生,受升力的直接影响,这些涡结构可以称为升致涡。攻角增大,升力增大,翼尖涡的涡旋强度同样增大,诱导阻力也增大。升力影响涡强度,从而影响诱导阻力。一般通过翼梢装置(见表 2-1)、大展弦比机翼并结合变弯度技术实现诱导阻力的降低。

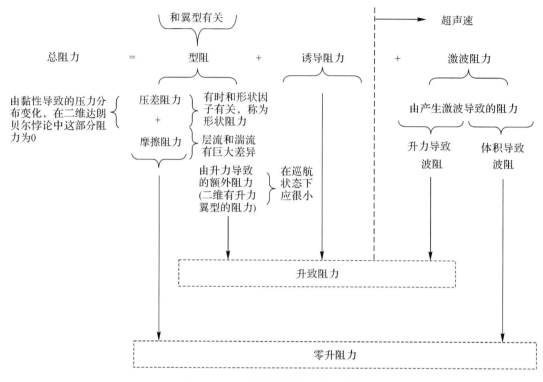

图 2 - 11　飞行器气动阻力成分划分

表 2 - 1　翼尖装置形式及应用

翼尖小翼形式	形状特点	应用机型
惠特科姆小翼	上翻,也可部分下翻	A330、A340、B747 - 400
翼尖帆片	上下两方向延伸的垂直板	A300、A310、A320
斜削式翼尖	几乎无垂向弯曲	B777、B787、B747 - 8
融合式小翼	上翻,主翼与小翼无明显界限	B737NG、B757、B767、C919
鲨鱼鳍式小翼	弯曲的融合式上翻小翼	A320neo、A350
双叉弯刀式小翼	将斜削式小翼融合成上下斜翻的双小翼	B737 Max

除了采用翼尖装置外,增大机翼展弦比是另一种更为直接的诱导阻力减阻方式。由 $C_{D_i} = C_l^2/\pi e \mathrm{AR}$ 可知,诱导阻力与机翼展弦比成反比。随着先进复合材料机翼技术的快速发展,现代民用客机机翼展弦比呈逐步增大的发展趋势。早前典型客机机翼展弦比只有 7.0 左右,现在包括 B787、A350 在内的新一代远程宽体客机机翼展弦比达到 9.0 以上。为了增大 B777 的机翼展弦比,波音公司采用折叠翼梢技术实现机翼展长增大近 7.0 m,推出了经济性更高的 B777X 机型,如图 2 - 12 所示。

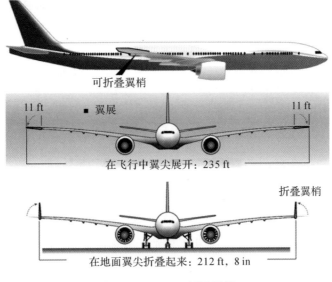

可折叠翼梢

11 ft　■翼展　11 ft

在飞行中翼尖展开：235 ft

折叠翼梢

在地面翼尖折叠起来：212 ft，8 in

图 2-12　B777X 折叠翼梢

注：1 ft≈30.48 cm，1 in≈2.54 cm。

2. 摩擦阻力减阻

对于典型喷气式客机，摩擦阻力约占全机总阻力的 50%，其中摩擦阻力大约 40% 来自机翼，40% 左右来自机身，5% 左右来自发动机短舱，15% 来其他结构，如图 2-13 所示。对比平板层流边界层和湍流边界层，层流边界层的摩擦阻力是湍流边界层的 1/10，因而在机翼表面维系可观的层流，可有效地减小摩擦阻力。对于支线客机，在机翼、短舱、平垂尾表面使用自然层流技术，可减阻 14% 左右，直接节省 10% 的燃油。

总阻力　　　　　　　　摩擦阻力

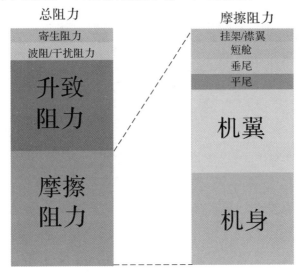

寄生阻力
波阻/干扰阻力

升致阻力

摩擦阻力

挂架/襟翼
短舱
垂尾
平尾

机翼

机身

图 2-13　典型喷气式客机各气动部件摩擦阻力贡献占比

注：见彩插第 1 页。

层流减阻通过采用主/被动的层流流动控制技术,在机翼表面维持大面积层流,实现气动减阻,显著提升飞行器气动性能。常见的层流控制技术有自然层流(NLF)、层流控制(LFC)以及混合层流控制(HLFC)3种,如图2-14所示。

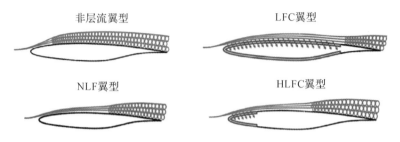

图 2 - 14　各种层流流动控制概念示意图

NLF通过形面设计,利用有利的压力分布形态实现层流化。LFC通过吸气控制吸除边界层内的气流,改变边界层的速度型来提高流动的稳定性,实现层流化。借助LFC可在整个弦向方向上实现层流流动。HLFC在某种程度上为NLF和LFC技术的结合。HLFC仅在机翼前缘进行吸气控制(吸气区域在前梁以前的机翼盒段内)抑制横流以及附着线转捩;借助形面设计,利用有利的压力分布形态特征维持层流流动的稳定。相比LFC,虽然吸气控制区域范围显著减小,但是理论上依旧可以实现$50\%c$以上的层流段。目前,面向民用客机,NLF和HLFC是两种最为常见的层流流动控制技术。

除层流减阻技术外,改善近壁区湍流结构是减小湍流边界层区域壁面摩擦阻力的一种有效方法。湍流减阻实质是对近壁区大尺度拟序结构的控制。受鲨鱼皮沟槽减阻机制的启发,出现了小肋减阻技术,并得到了较为广泛的关注。汉莎航空计划将小肋减阻技术应用在B777机身上,如图2-15所示。

图 2 - 15　采用机身小肋减阻技术的 B777

3. 激波阻力减阻

减小激波阻力的常见手段包括增大机翼后掠角、采用跨/超声速面积律设计、减少机翼厚度,以及采用先进的超临界机翼技术推迟临界马赫数等。此外,在激波边界层主/被动流动控制研究领域内,激波鼓包减阻是一种有望应用于实际的激波减阻技术。该技术通过对翼面激波波角附近形面进行调控,将翼面波系由原来的较强的激波转变为一组连续的压缩波,从而减小熵增,削弱激波强度,达到减阻目的。

2.3　层流流动控制技术及层流翼设计

2.3.1　适用于喷气式客机的层流流动控制技术

喷气式客机的典型经济巡航速度处于 $0.7\sim0.85Ma$ 的高亚声速范围,机翼前缘后掠 $10°\sim38°$ 之间。图 2-16 给出了运营中的典型公务机、支线客机以及干线客机的平面布局对比。除了如 Honda Jet 这类巡航速度在 $0.7Ma$ 左右的公务机具有小机翼前缘后掠角外,经济巡航速度在 $0.75Ma$ 以上的客机均具有中等大小的机翼前缘后掠角。因此,典型喷气式客机机翼后掠角较大,流动具有跨声速、高雷诺数特征。

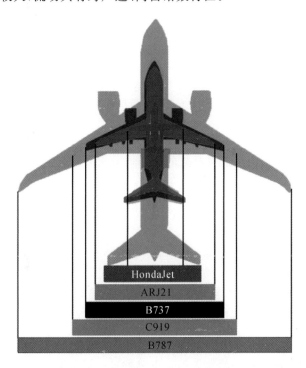

图 2-16　典型喷气式客机平面参数对比

注:见彩插第 1 页。

喷气式客机的流动属性以及机翼几何参数,导致其具有流动现象复杂、多种转捩机制并存的物理特征。图 2-17 汇总了超临界机翼表面不同位置存在的典型转捩现象。受机身湍流边界层流动的影响,翼身结合处为附着线转捩。远离翼身结合处,超临界机翼较大的后掠角,使得翼面上同时存在托尔明-施利希廷(Tollmien-Schlichting,TS)波以及横流(Cross Flow,CF)涡失稳触发转捩的现象。超临界机翼具有的沿展向方向雷诺数逐渐减小的变化趋势,以及压力分布形态渐变特征,使得中内翼,以及外翼段的转捩现象通常分别由 CF 涡和 TS 波的稳定性主导。此外,机翼表面还存在由于加工制造以及昆虫尸体污染等因素造成的几何缺陷引起的旁路转捩现象。

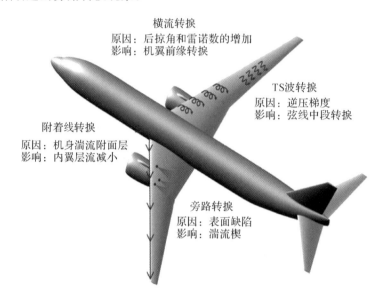

图 2 - 17　喷气式客机超临界机翼典型转捩机制

层流-湍流转捩过程可视为层流边界层在外界扰动下的稳定性问题。四阶微分方程(Orr - Sommerfeld 方程)以特征值问题的形式刻画层流边界层中小扰动沿流向的线性放大阶段。不可压流动的 Orr - Sommerfeld 方程为

$$(\alpha\bar{u} + \alpha\bar{v} - \omega)(\tilde{\omega}'' - \gamma^2\tilde{\omega}) - (\alpha\bar{u}'' + \beta\bar{v}'')\tilde{\omega} = -\frac{i}{Re}(\tilde{\omega}''' - 2\gamma^2\tilde{\omega} + \gamma^4\tilde{\omega}) \qquad (2-1)$$

对于低雷诺数流动,黏性力($\nu - Re^{-1}$,其中 ν 为运动黏度, Re 为雷诺数)的存在有利于抑制边界层内扰动波的放大。但是随着雷诺数的增大,黏性阻尼效应减弱。对于二维无黏流动,不可压 Orr - Sommerfeld 方程转变为瑞利方程。该简化的稳定性方程从理论上给出了边界层内扰动的稳定性与流场特征的内在关联:速度型存在拐点($\partial^2 u/\partial^2 z = 0$)是边界层内扰动不稳定的充分条件,即当 $\partial^2 u/\partial^2 z < 0$ 时,边界层流动是稳定的。

层流流动控制技术抑制扰动波发展的基本原理可通过壁面附近边界层的动量方程中各项的物理意义体现。对于二维不可压流动来说,壁面附近沿流向的动量方程可写成如下形式:

$$\mu_w\left(\frac{\partial^2 u}{\partial z^2}\right)_w = \frac{\mathrm{d}p}{\mathrm{d}x} + \left[\alpha\omega_w - \frac{\mathrm{d}\mu}{\mathrm{d}x}\left(\frac{\partial T}{\partial z}\right)_w\right]\left(\frac{\partial u}{\partial z}\right)_w \qquad (2-2)$$

式中: ω_w 表示垂直物面的吸气速度。当不出现分离流动时, $(\partial u/\partial z)_w > 0$ 。显然,为了抑制 TS 波的发展,维持边界层流动的稳定性,需要式(2-2)等号右端项为负值,并且其绝对值越大越好。

　　NLF 减阻技术通过形面设计维持很大的顺压梯度 $\mathrm{d}p/\mathrm{d}x < 0$，以有效抑制 TS 波的发展。但是，与抑制 TS 波相反，顺压梯度会促使 CF 涡快速失稳，需提高逆压梯度来抑制 CF 涡的发展。对于前缘附着线转捩，给定机翼后掠角，NLF 机翼可通过控制翼剖面前缘半径使附着线动量厚度雷诺数小于给定临界值来抑制转捩。总之，NLF 技术通过合理的形面设计，维持有利的压力分布特征来推迟转捩，从而实现可观的层流区，同时有效权衡激波阻力、诱导阻力等阻力成分，获得可观的减阻收益。

　　Orr - Sommerfeld 方程式[见(2 - 2)]表明，采用物面吸气控制(即 $\omega_w < 0$)有利于维持边界层流动的稳定性。HLFC 在机翼前缘附近进行吸气控制，抑制机翼前缘附近区域 TS 波、CF 涡的发展，以及附着线转捩，可视为 NLF 与 LFC 的结合。但是与 LFC 不同的是：HLFC 并不在整个翼面上，而仅仅在前梁以前区域进行吸气控制；在非吸气控制区域通过形面设计维持有利的压力分布特征，抑制扰动波的发展。HLFC 不会破坏现有机翼的翼盒结构，同时可极大减小需用吸气体积流量。因此，HLFC 是目前最具工程实践性的主动层流控制技术之一。

　　HLFC 的工作原理决定了整个控制系统由理想的气动外形、透气吸气壁板以及吸气辅助系统组成(包括管道、吸气泵等)，如图 2 - 18 所示。虽然 HLFC 是从气动学科提出的层流流动控制概念，但是其实现过程呈现出明显的多学科属性，涵盖气动、结构、系统等学科。使用 HLFC 带来的净收益需要综合考虑气动减阻收益、吸气控制功率消耗代价以及吸气控制系统的重量惩罚。

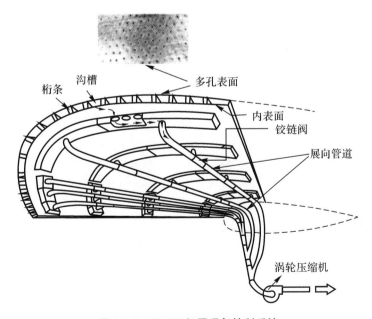

图 2 - 18　HLFC 机翼吸气控制系统

　　图 2 - 19 和图 2 - 20 分别面向中短程客机(如 B737、A320 等)和远程客机(如 A340

等),借助总体估算方法给出了相比全湍流设计,采用 HLFC 后的航程增加量(如图中圆点所示),以及从敏度分析角度显示了气动减阻收益、功率消耗及吸气控制系统重量惩罚变化对 HLFC 综合收益的影响规律。航程估算采用布雷盖航程公式。参数敏度分析结果显示,一定范围内,相比吸气功耗及控制系统重量惩罚,气动减阻大小对 HFLC 综合收益影响更为显著。此外,对于主要在巡航段使用的 HLFC,由于远程客机巡航段在整个任务剖面中占有更大比例,因此该技术在远程客机上具有更大的综合收益。

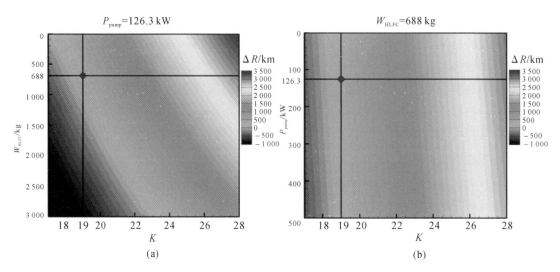

图 2 - 19 面向中短程客机的 HLFC 机翼综合收益参数分析

(a)$K - W_{HLFC}$; (b)$K - P_{pump}$

注:见彩插第 1 页。

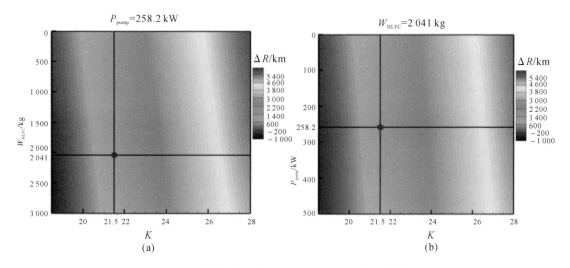

图 2 - 20 面向远程客机的 HLFC 机翼综合收益参数分析

(a)$K - W_{HLFC}$; (b)$K - P_{pump}$

注:见彩插第 1 页。

总之,面向喷气式客机机翼,NLF 以及 HLFC 是两种最为有效的层流流动控制技术。虽然 HLFC 工程实现过程呈现明显的多学科属性,但是从最大化综合收益角度出发,以较小的吸气功耗、较低的系统重量惩罚代价,显著提高其气动效率是 HLFC 发展的重要趋势。

2.3.2　层流流动控制技术发展现状

早在 20 世纪 30—40 年代,工程师围绕层流流动控制技术便开展了大量研究。这一时期美国国家航空咨询委员会(National Advisory Committee for Aeronautics,NACA)设计、发展了"NACA 6"系列、"NACA 7"系列的自然层流翼型,并提出了利用吸气缝道实现主动层流流动控制的概念。

20 世纪 70 年代石油危机的爆发,促使层流流动控制技术在 20 世纪 80—90 年代期间得到航空工业界的广泛关注,相关突破性研究不断涌现,并且主动层流流动控制开始转向效率更高的混合层流控制概念。图 2 - 21 为国际上面向喷气式客机的 NLF、HLFC 发展的主要历程。

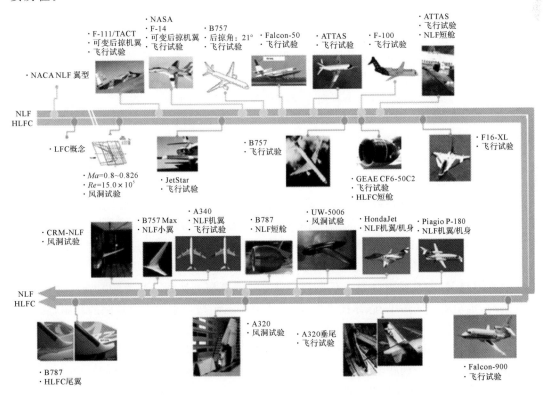

图 2 - 21　国际上面向喷气式客机的 NLF、HLFC 发展

注:NASA 为美国国家航空航天局;ATTAS 为德国先进技术试验飞机系统;GEAE 为美国通用电气公司飞机引擎。

美国航空航天局先后改装 F - 111/TACT 以及 F - 14 变后掠飞机,开展了一系列变后掠角 NLF 机翼飞行试验,评估横流对转捩的影响,极大地提升了研究者在机翼后掠角和剖面翼型对层流转捩耦合影响方面的认知。波音公司在 B757 机翼上添加了具有 21°后掠角的 NLF 翼套,初步探究了大涵道比翼吊发动机噪声扰动对层流边界层稳定性的影响。飞行试验表明,发动机噪声扰动对横流稳定性的影响相对较小。

之后,NASA 启动了节能运输技术(Energy Efficient Transport Technology,EETT)项目,促使其在 HLFC 方面取得显著研究进展。NASA 在 Jetstar 飞机上改装 HLFC 翼套开展飞行试验,初步验证飞行环境下防昆虫污染装置、除冰系统及吸气控制系统运转的有效性。进一步,波音公司基于大型客机 B757 开展了高雷诺数 HLFC 翼套飞行试验研究。试验结果显示,在高雷诺飞行条件下 HFLC 机翼翼套最大实现了 $65\%c$ 的层流区。此外,通用公司与 NASA 合作推进了 HLFC 短舱概念的设计与飞行试验验证研究。HLFC 短舱表面可鲁棒地实现 40% 以上短舱长度的层流范围。

同一时期,欧洲围绕 NLF、HLFC 也开展了大量研究。法国和德国分别以 Falcon-50 和 ATTAS 飞机为试验平台,开展大量飞行试验。欧盟在 F-100 飞机机翼上加装 NLF 翼套,以飞行试验方式并综合考虑加工制造工艺、实际运营和使用维护影响,研究 NLF 超临界机翼在小型公务机上工程实现的可行性。Dassault 公司与法国基于 Falcon-900 飞机测试 HLFC 系统在真实飞行环境下的可靠性。随后,Airbus 与德国、法国合作,开展 HLFC 垂尾研究,并推进了 A320 HLFC 垂尾飞行试验。

进入 21 世纪,随着对层流流动控制技术研究的不断深入,围绕 NLF、HLFC 的研究开始进入其工程应用转化阶段,部分技术甚至已经得到民用航空的实际应用。例如:HondaJet 小型公务机采用了 NLF 机身和 NLF 机翼技术,显著降低了燃油消耗率;B787-8 采用了 NLF 短舱气动设计技术;波音公司将 NLF 小翼概念应用在 B737 Max 的小翼上。

由于大型客机的流动现象复杂、存在多种转捩机制,层流流动控制技术还未在超临界机翼上得到工程应用。但是,相关研究仍在不断推进。意大利 Piaggio 航空公司设计了具有 $20°$前缘后掠角的 NLF 超临界机翼 UW-5006。其设计马赫数为 $0.78Ma$,最大雷诺数为 10.0×10^6。风洞试验表明,典型巡航工况下其可维持 $40\%c$ 以上的层流区。空客公司将 A340 约 1/3 展长的外翼替换成前缘后掠角更小的 NLF 超临界机翼试验段,并开展飞行试验。NASA 在通用研究模型(Common Research Model,CRM)的基础上发展了 NLF 超临界机翼标模 CRM-NLF。机翼前缘后掠角 $35°$,巡航马赫数 $0.85Ma$。风洞试验结果显示,在雷诺数 15.0×10^6 的条件下,整个翼面上仍能维持可观的层流区。

欧盟围绕 HLFC,特别是 HLFC 垂尾启动了一系列研究计划。相关研究旨在简化吸气控制系统,推动翼面防污染、除冰技术的发展,探究加工制造带来的表面缺陷的影响,发展高效、可靠的数值模拟和设计工具等,以提高 HLFC 机翼、HLFC 短舱及 HLFC 垂尾技术的技术成熟度。波音公司计划在 B787-9 尾翼上测试了 HLFC 垂尾。

相比欧美地区,国内在 NLF 及 HLFC 减阻技术领域内的研究起步较晚。图 2-22 为 20 世纪 90 年代后中国面向喷气式客机的 NLF、HLFC 发展的主要历程。

早期国内主要基于国际上的标准模型进行风洞试验研究,或者基于公开翼型开展补充性的风洞试验。试验内容集中于 NLF 翼型/机翼气动特性及转捩预测研究。20 世纪 90 年代,国内科研工作者开始自主设计层流超临界翼型/机翼,并开展了一系列风洞试验。西北工业大学设计了 NPU-L72513 超临界 NLF 翼型,在 $Ma=0.72,Re=0.25\times10^6$ 的风洞试验条件下可维持 $40\%c$ 以上的层流区。西北工业大学进一步设计了巡航马赫数 $Ma=0.69$

的高亚声速 NLF 翼型,风洞试验结果表明设计点附近可维持 $50\%c$ 以上层流段。但是这一阶段的研究主要面向二维翼型,并且风洞试验雷诺数较低,不超过 3.0×10^6。进入 2010年,相关研究开始向高雷诺数、复杂构型发展。中国商用飞机有限责任公司采用反设计方法设计了具有较好低阻特性的高雷诺数 NLF 超临界翼型,$Ma=0.74,Re=15.0\times10^6$ 风洞试验条件下可维持 $60\%c$ 以上的层流范围。进一步,开展了跨声速 NLF 短舱风洞试验研究。一飞院基于典型支线客机翼身组合体构型,设计了前缘后掠 $17.5°$ 的超临界 NLF 机翼。设计马赫数 0.75,雷诺数 10.0×10^6,可稳定维持 $40\%c\sim50\%c$ 层流区。西北工业大学基于具有 $35°$ 后掠角超临界机翼的翼身组合体构型,采用数值与风洞试验相结合的方法,研究了压力分布形态特征与 TS 波及 CF 涡失稳触发转捩的影响关系。2020 年前后,国内 NLF 机翼技术得到进一步发展,相关研究已经开始逐步从风洞试验验证向实际飞行试验验证阶段迈进。中国飞行试验研究院采用层流翼套试验技术,开展了 NLF 机翼飞行试验。飞行马赫数 $0.45\sim0.65$,最高雷诺数 18.0×10^6。典型工况下可稳定维持理论设计的层流范围,达 $45\%c$。一飞院于 2023 年基于无人飞行试验平台,进行了 NLF 翼型飞行试验研究。

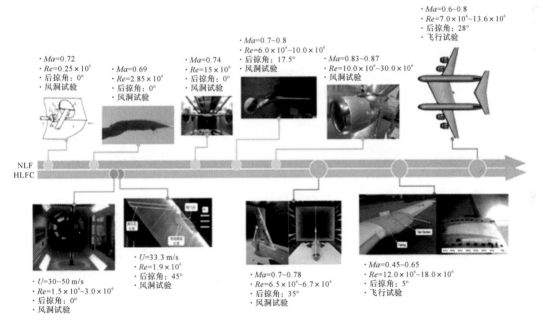

图 2-22　国内面向喷气式客机的 NLF、HLFC 发展

注:见彩插第 2 页。

在 HLFC 减阻技术方面,国内 2010 年前后才出现一些围绕 HLFC 的风洞试验研究的相关公开报道。但是这些早期的风洞试验旨在探究 HLFC 的实现原理和转捩抑制效果,存在试验模型简单、试验风速及雷诺数过小的不足,远达不到喷气式客机典型飞行工况状态。之后,西北工业大学基于具有 $35°$ 后掠角超临界机翼的翼身组合体构型,在跨声速试验条件下详细研究了 HLFC 吸气控制强度、压力分布特征、转捩抑制效果间的定量关系,形成了数据库。中国飞行试验研究院以及西北工业大学采用自主设计的混合层流翼套,在真实飞行环境下研究了 HLFC 抑制 TS 波失稳诱导转捩的能力。相同飞行条件下,相比 NLF 试验,采用 HLFC 后转捩位置最大推迟了 $30\%c$ 以上。一飞院也于 2022 年开始研究基于具有 28°前缘后掠的无人飞行试验平台,采用飞行试验技术研究 HLFC 抑制 CF 涡失稳诱导转捩的能力。

2.3.3　层流翼设计技术发展现状

层流流动控制技术诞生初期,层流翼设计大量依赖风洞试验数据。进入 20 世纪七八十年代后,随着计算机硬件和计算流体力学技术(Computational Fluid Dynamics，CFD)的飞速发展,基于 CFD 的数字优化设计方法极大地推动了层流翼设计理论的进步。按照是否依赖梯度信息,优化设计方法可分为非梯度类算法和梯度类算法。

非梯度类算法往往采用群体搜索策略,通过迭代计算较大概率能得到最优解。为了逼近全局最优解,群体搜索策略决定了需要可观的种群规模以及足够的迭代次数。另外,优化问题设计变量个数越多,需要的种群规模越大。这无疑增加了优化过程中调用 CFD 求解器的次数。因此,非梯度类算法面临“维度灾难”问题。在层流翼设计方法发展初期,基于全速势、欧拉等低可信度求解器耦合转捩预测方法的优化方法得到了较广泛的研究。低可信度求解方法的使用,以设计精度损失为代价降低了层流翼气动优化问题的计算规模。

针对计算代价较高的基于高可信度 CFD 求解器的层流翼气动优化设计问题,为了提高非梯度类算法的优化效率,除改进算法自身性能外,气动优化设计领域发展了一系列优化方法及优化策略。如在寻优过程中采用固定转捩数值评估策略,并将压力梯度作为流场特征约束,保证优化结果的真实转捩位置与预估的固定转捩位置相匹配。非梯度类算法具有模块化、可移植性强的特点。因此,设计师往往将面向全湍流气动设计的优化方法和策略,直接推广至层流翼的气动优化设计,如通过构建代理模型替代直接的 CFD 求解。

基于传统非梯度类算法的 NLF、HLFC 机翼直接优化设计在探索、揭示层流机翼转捩抑制原理和设计准则方面发挥了重要作用。图 2-23 和图 2-24 分别给出了小后掠 NLF 超临界机翼、中等后掠角 NLF 超临界机翼典型压力分布特征。对于小后掠 NLF 机翼,TS 波失稳是导致层流-湍流转捩的主要机制。因此,有利于层流保持的压力分布形态为:拥有较低的头部峰值,维持大范围的顺压梯度,以弱激波形式实现压力恢复。大范围的顺压梯度可抑制 TS 波的快速发展。对于中等后掠 NLF 机翼来说,TS 波和 CF 涡均为可触发层流-湍流转捩的主要机制。因此,中等后掠 NLF 机翼呈现出明显不同于小后掠 NLF 机翼的压力分布特征。具有大小适宜的头部峰值避免过高峰值引起 CF 涡在前缘快速增长,峰值之后维持一定的逆压梯度或压力平顶区来抑制或延缓 CF 涡的发展。之后为具有一定大小的顺压梯度抑制 TS 波的发展。最后以弱激波的形式进行压力恢复。

设计气动性能优异的 HLFC 机翼,需综合权衡摩擦阻力、压差阻力、激波强度、配平阻力以及吸气控制的能量消耗。对于 HLFC 机翼,非均匀吸气通过改变吸气分布来提高吸气控制效率,同等吸气体积流量下,相比均匀吸气控制,非均匀吸气控制具有更好的转捩抑制效果。配合有利压力分布特征的转捩抑制效果,HLFC 机翼凭借较小的吸气控制强度,便可实现层流转捩的显著推迟。在给定吸气控制参数条件下,马赫数、升力系数的变化,通过改变机翼压力分布形态影响 HLFC 机翼气动性能的鲁棒性。通过适当调整压力分布形态,增大吸气控制强度,可有效增强 HLFC 机翼气动特性的鲁棒性。通常吸气控制区域越接近转捩点上游,吸气控制的转捩抑制效果越明显。

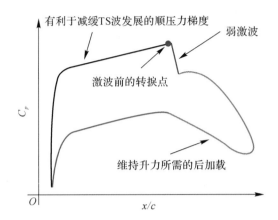

图 2 - 23　小后掠角 NLF 超临界机翼典型压力分布特征

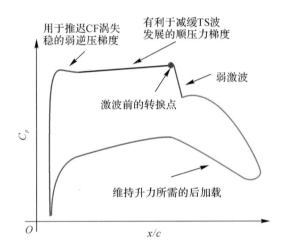

图 2 - 24　中等后掠角 NLF 超临界机翼典型压力分布特征

尽管基于非梯度类算法的优化方法具有互通性,但是层流翼优化问题仍表现出一定的自身特点。一方面,优化过程中,单次 CFD 数值模拟计算量增大。对于基于输运方程的转捩预测方法来说,控制方程复杂度的提高增大了数值求解的计算量。对于基于松耦合策略的 $RANS - e^N$(RANS 为雷诺平均)数值评估方法来说,在优化算法大循环迭代的基础上,增加了保证转捩计算收敛的内循环次数。另一方面,几何设计变量与气动性能参数间映射关系非线性特性增强。对于基于代理模型的优化方法来说,高亚声速流动中激波-边界层干扰呈现的非线性特征增大了提高代理模型预测精度的难度。层流超临界翼型/机翼设计涉及转捩控制问题。高亚声速条件下,压力分布-转捩-气动特性间复杂的非线性关系,进一步增大了提高代理模型预测精度的难度。

为了降低三维(3D)层流超临界机翼气动设计的难度,德国宇航院(DLR)发展了一种基于截面锥形翼近似的层流机翼设计方法,其原理如图 2 - 25 所示。该方法将三维超临界机翼设计截面简化为 2.75D 锥形翼设计。简化的锥形翼的 CFD 数值模拟计算量与二维(2D)翼型相当。与基于无限展长后掠翼(无根梢比)的 2.5D 设计方法相比,2.75D 锥形翼设计同时兼顾了后掠及根梢比等的 3D 效应影响(机翼前缘后掠角对 CF 涡不稳定性和附着线转捩影响显著,机翼根梢比影响翼面上的激波掠角)。图 2-25 显示,相比不同后掠的 2.5D 设计方法,2.75D 设计方法在压力分布形态、CF 涡以及 TS 波发展方面与 3D 设计方法更为接近。

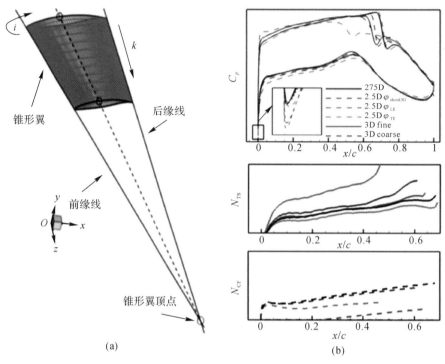

图 2-25 基于截面锥形翼近似的层流翼设计方法

(a)锥形翼示意图; (b)方法比较

注:见彩插第 2 页。

相比于基于非梯度类算法的层流翼直接优化设计方法,当掌握了压力分布-转捩-气动性能之间的映射关系时,气动反设计成为一种层流翼高效设计方法。层流翼反设计方法已被广泛用于面向风洞、飞行试验的层流翼试验模型的设计。西北工业大学采用基于代理模型的 HLFC 机翼反设计方法,设计了具有 35°前缘后掠角的垂尾翼套飞行试验气动外形。在 $Ma=0.75, Re=38.1×10^6, -2°~2°$ 侧滑角工况下均可维持 $20\%c$ 以上的层流区。Cella 等利用基于低可信度速势方程的 CFD 求解器和 GA 算法(遗传算法)的反设计方法,设计了具有 20°前缘后掠的 UW-5006 NLF 超临界机翼,如图 2-26 所示。风洞试验结果表明,典型工况下,上、下翼面均可维持 $40\%c$ 以上的层流范围。

反设计方法的难点在于给出具有优异气动性能且物理可实现的目标压力分布。NASA 和 DLR 发展了一种可有效匹配指定流场特征的目标压力分布生成方法,以支持融合设计经验的层流翼反设计。转捩预测采用 e^N 方法。该设计方法不仅可添加包括压力梯度在内的压力分布特征约束,还可施加 TS 波及 CF 涡的 N 因子分布特征约束。NASA 利用构建的反设计方法进行了 CRM-NLF 构型气动设计,实现了对附着线转捩、TS 波及 CF 涡失稳触发转捩的有效抑制,如图 2-27 所示。基于该反设计方法,DLR 面向具有 17°前缘前掠角的中短程前掠翼布局客机,设计了 NLF 超临界机翼。在 $Ma=0.78, Re=24.0×10^6$ 的设计条件下,前掠翼上翼面可维持不小于 $60\%c$ 的层流区,如图 2-28 所示。

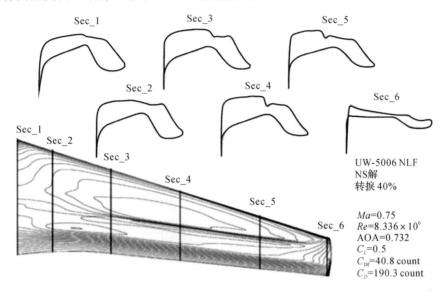

图 2-26　UW-5006 NLF 超临界机翼设计

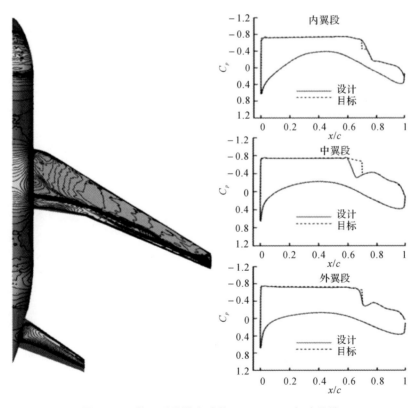

图 2-27　基于反设计方法的 CRM-NLF 气动设计

注:见彩插第 3 页。

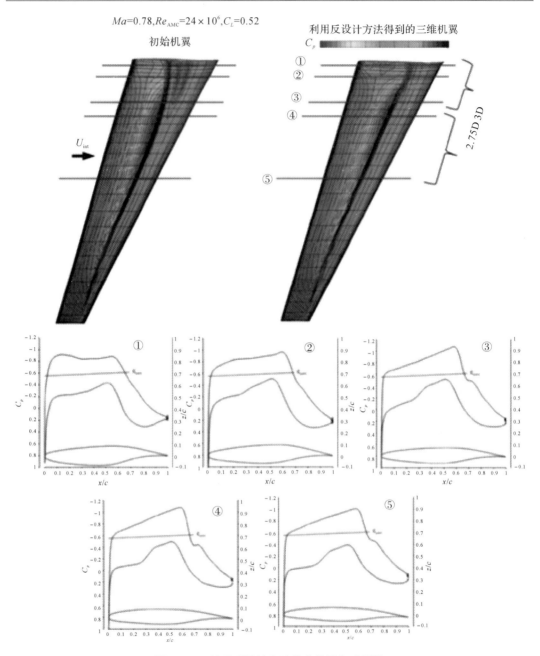

图 2-28　基于反设计方法的前掠翼气动设计

注：见彩插第 3 页。

　　近年来,航空工业领域对层流流动控制技术持续深入的研究,极大地推动了层流流动控制技术的应用转化进程。层流技术在未来工程转化过程中将面临全机一体化这种具有大规模设计变量的气动设计问题。非梯度类优化算法调用的 CFD 计算次数与设计变量个数成二次方或者三次方增长关系,而梯度优化算法调用的 CFD 计算次数与设计变量数量是线性增长关系,如图 2-29 所示。因此,高效梯度优化方法被广泛认为是突破全机一体化设计难题的最为有效的技术途径之一。

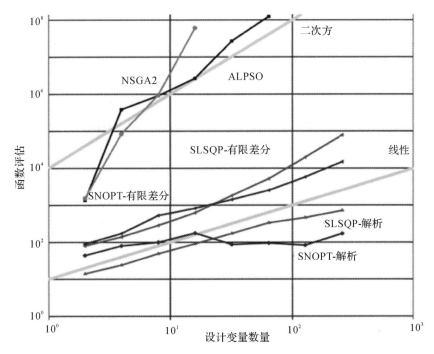

图 2 - 29　非梯度/梯度优化方法中 CFD 计算次数与设计变量数量的关系示意图

注:见彩插第 4 页。

梯度优化的关键在于梯度信息的高效、精确求解。基于伴随理论的求解方法使得梯度信息计算成本不依赖于设计变量个数,从而得到了广泛的发展和应用。控制方程的伴随方程主要有两种形式:连续伴随和离散伴随。连续伴随依赖于网格疏密,难以保证计算精度,同时大量针对控制方程的推导对开发者提出了苛刻的要求。基于离散伴随方程,结合自动微分技术、无矩阵存储技术、链式求导法则等先进技术的梯度优化方法目前得到了重点发展。

Lee 耦合基于离散伴随的雷诺平均(Reynolds - Averaged Navier - Stokes,RANS)方法求解器和基于数据库的 e^N 方法,采用冻结转捩位置的近似处理方式简化离散伴随方程的求解,并进行了层流机翼的梯度优化设计。但是设计结果显示,冻结转捩位置的近似处理方式引起的梯度信息不准确的求解,显著限制了梯度优化算法的寻优效果。

Driver 结合二维 RANS 求解器和 MESE(一种计算机模拟软件)进行转捩预测,其中 RANS 求解器具备基于离散伴随理论的梯度求解能力。为了考虑转捩预测模型对梯度信息的贡献,Driver 通过有限差分获得转捩相关梯度信息。Rashad 等基于全湍流流动离散伴随方程,推导了考虑层流转捩的耦合伴随方程。增广的伴随方程雅可比矩阵包含了 RANS 方程、转捩模拟两个模块的交叉导数项。该方程从理论上保证了考虑转捩的梯度信息的准确求解。但是,Rashad 等在构造伴随方程过程中,雅可比矩阵的计算采用的是复变量微分/有限差分法,显著影响了伴随方程构造的计算效率及精度。

Shi、Martins 和 Yang 等基于具有离散伴随功能的结构求解器,耦合 e^N 方法,推导了耦合伴随方程。相关研究继承了原有湍流模型采用无矩阵存储技术求解雅可比矩阵的方法,并通过结合链式求导法则和反向自动微分技术,实现相关雅可比矩阵向量的精确求解。此外,发展了基于 CK(Coulped Krylov)算法的耦合伴随方程高效求解方法。

目前,基于离散伴随的层流翼梯度优化设计方法还处在初步发展阶段,且主要应用在自然层流机翼的设计中,针对 HLFC 机翼优化设计的相关研究较少。

2.4　层流流动控制技术在飞机设计中的应用

随着对层流流动控制技术研究的不断深入,围绕 NLF、HLFC 的研究开始推进其工程应用转化进程,部分技术甚至已经得到实际应用。

2.4.1　战斗机

P-51 战斗机,绰号"野马",诞生于第二次世界大战期间,如图 2-30 所示。它由美国北美航空公司研制,原型机为 NA-73X,属于轻型战斗机。优良的中低空性能使其被广泛用于低空攻击和侦察。其功能、尺寸与当时英国的喷火、德国的 BF109、日本的零式战斗机相当。

图 2-30　P-51 战斗机

P-51 战斗机机身设计简洁,美国 NASA 采用先进的层流翼型(NACA45-100)对其开展机翼设计。VSAERO 数值模拟采用的 P-51 模型如图 2-31 所示,由 2 737 个面元组成。机翼参考面积 235 ft^2,机翼参考展长 444.3 in,参考弦长 79.6 in。由于数据缺失,建模不包含发动机排气管、副翼、冷却器和升降舵等。

图 2-31　P-51 战斗机数值模拟面元模型

1943 年,1/4 缩比 P-51 战斗机模型在 10 ft 直径的 GALCIT 风洞中开展风洞试验。不同于数值模拟采用的简化模型,试验模型配备有电动螺旋桨。试验风速为 105 mile/h,雷诺数大约为 168 万。VSAERO 数值模拟得到的升阻特性与风洞试验的对比结果如图 2-32 所示。可以看出,风洞测得的阻力远大于 VSAERO 的计算结果。其阻力差量来源于风洞试验中模型表面光洁度不足,以及风洞试验模型与数值计算模型间的差异。

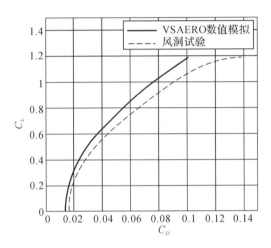

图 2-32　风洞与数值模拟升阻比对比结果

VSAERO 数值模拟得到的压力分布如图 2-33 所示。可以看出,机翼上表面存在约 47%c 的层流区域。因此尽管 P-51 战斗机机翼的浸湿面积大于 Spitfire IX 和 Fw 战斗机,但其表面摩阻却最小。层流机翼的使用使得 P-51 战机的航程可达 1 370 km,并提高了受发动机功率限制的高速性能。

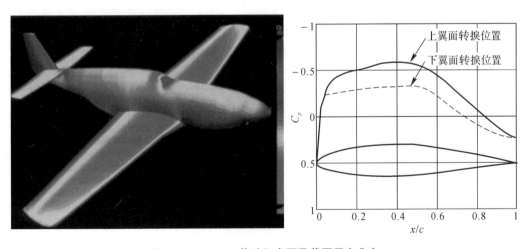

图 2-33　P-51 战斗机表面及截面压力分布

注:见彩插第 4 页。

2.4.2 小型公务机

2003 年 12 月,"本田喷气"飞机(HondaJet)的问世是自然层流机翼应用中具有重要意义的事件。该机为轻型喷气式公务机,采用了发动机翼上布局形式、自然层流机翼及自然层流机头技术,如图 2-34 所示。

图 2-34 采用层流技术的 HondaJet

HondaJet 的目标是实现比现有相似座级公务机拥有更大的座舱、更低的油耗和更高的巡航速度。飞机的最大起飞重量大约是 9 000 lb。根据本田公务机设计目标,翼型需具有极佳的低阻特性、优异的低速高升力特性,以及出色的阻力发散特性。

本田研发部根据公务机性能指标设计了自然层流翼型 SHM-1,如图 2-35 所示。SHM-1 翼型上翼面前缘经过精心设计,可在较大的攻角范围内有效地维持可观的层流区。上翼面后缘设计形成了一个陡峭的逆压梯度区,限制了大迎角时流动分离的发展,可在低速条件下产生高的最大升力系数。该设计最大限度地提高了其气动性能,表现出较高的阻力发散马赫数、小俯仰力矩、低阻力和高巡航效率。此外,设计的 NLF 翼型不仅具有较高的最大升力系数,还表现出了和缓的失速特性,以及最大升力系数对前缘干扰的不敏感,安全性较高。翼型相对厚度达到 0.15,因此,所需的燃料可以携带在机翼内而无须增加机翼面积导致阻力增加。

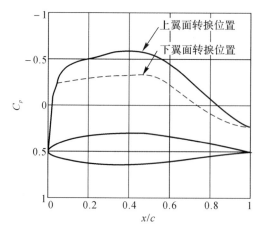

图 2-35 SHM-1 翼型形状和压力分布

为了评估如 SHM-1 翼型的气动特性,本田公司在 Honda 5 m × 3.5 m 的低速风洞中进行了低速风洞试验,以评估 SHM-1 翼型的低速特性。之后,其又在 ONERA 0.56 m×0.78 m 2D 跨声速风洞中进行了跨声速风洞试验,以评估 SHM-1 翼型的高速特性,如图 2-36 所示。风洞试验马赫数范围为 $0.5\sim0.83$,雷诺数范围为 $6\times10^6\sim8\times10^6$。风洞试验结果显示,SHM-1 翼型可基本满足气动设计要求。

图 2-36　SHM-1 翼型高、低速风洞试验

为了评估 SHM-1 翼型在真实飞行条件下的气动性能,本田公司对 T-33 飞机进行改装,搭载了基于 SHM-1 翼型的自然层流机翼,并开展了一系列飞行试验,如图 2-37 所示。图 2-38(a)显示了安装在 T-33 飞机上的红外摄像机的图像。通过调整温度范围,可以获得清晰显示转捩位置的图像,以及实时观察到转捩随攻角的运动。图 2-38(b)显示了使用红外技术获得的转捩位置,飞行试验结果与基于 MCARF 的数值预测结果吻合较好。

图 2-37　基于改装的 T-33 飞机的 NLF 机翼飞行试验

注:见彩插第 4 页。

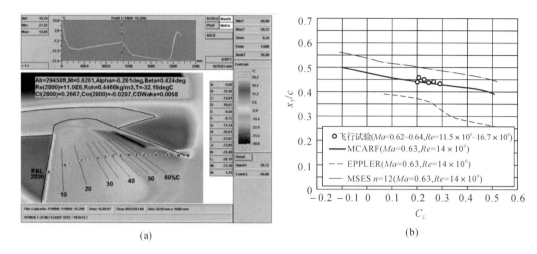

(a)　　　　　　　　　　　　　(b)

图 2-38　飞行试验与数值预测结果对比

(a)飞行试验转捩测量；　(b)理论与飞行试验转捩位置的比较

注：见彩插第 4 页。

2.4.3　大型客机

1. B737 Max 层流翼梢小翼

B737 Max(见图 2-39)运用先进的层流翼梢小翼技术来减阻,降低燃油成本。相较于 1998 年首飞的波音 737 NG,其燃油效率提高了 20%；相对于现有的波音 737 NG,其燃油效率提升了 14%。效率的提升来自于多个方面,主要是采用了新型的层流翼梢小翼,还包括新型发动机 LEAP-1B 的引入和后机身的修型。

图 2-39　B737 Max

通过将"融合式"小翼技术与"双叉弯刀"小翼概念相融合,结合先进的设计和制造技术, B737 Max 实现了具有极高效气动性能的自然层流翼梢小翼,如图 2-40 所示。与目前在长航程上可节约 4%燃油的融合式翼梢小翼技术相比,采取先进层流技术的上、下翼刀状小翼在同样长度的航线上可以实现 5.5%的燃油效率的提升。进一步研究表明,采取先进层流技术的上、下翼刀状小翼对翼尖的性能有所影响,发现类似于 B737 Max 这种分裂式翼梢小翼能够有效降低翼尖涡的强度,达到减阻节油的效果。

图 2-40　B737 Max 层流翼梢小翼

先进层流技术的翼梢小翼展示了波音提升燃油效率的不懈努力,将这一先进技术纳入 B737 Max 的设计将为波音在如今油价动荡的环境下带来更多优势,B737 Max 先进层流技术翼梢小翼为提高小翼的燃油效率做出了巨大的贡献。

2. B787 层流短舱

2009 年 12 月 16 日,B787(见图 2-41)第一次试飞,此次试飞对于这种带有新型技术的喷气客机来说具有里程碑式的意义,它的试飞让人们看到波音这个航空巨头的未来。

图 2-41　B787

B787 低阻技术设计包含干扰阻力较小的发动机以及空气动力学技术。通用电气公司和罗尔斯公司提供了 B787 新一代发动机技术。波音公司的专利技术和计算流体动力学优化了 B787 的机身和发动机的整合,将干扰阻力尽可能减小,让这些进步的效益达到大大提高。如图 2-42 所示,B787 通过精巧的设计创造了保持层流型短舱部分长度之最,其结果就是降低阻力,飞机每年的油耗最多可减少 30 000 gal(1 gal≈3.785 L)。

图 2-42 B787 层流短舱

注:见彩插第 5 页。

2.5 层流机翼应用面临的挑战

2.5.1 面向层流减阻技术的试验验证技术

对面向民机的层流翼技术进行有效试验验证,湍流度、马赫数和雷诺数等试验环境必须同时具备。风洞试验往往受试验段尺寸、风洞品质等因素的限制,通常难以模拟真实飞行条件下的雷诺数和来流湍流度,其试验结果不能充分支撑层流翼的工程应用研究。高空静止大气的湍流度介于 0.05%～0.06% 之间,但是目前流场品质较佳的高速风洞其湍流度通常介于 0.1%～0.25% 之间。

相对于风洞试验,飞行试验具有高雷诺数、低湍流度及安装空间大等优点。高雷诺数意味着层流翼试验件尺度、飞行速度能够与理论设计尺寸及设计飞行状态相匹配。低湍流度意味着试验环境更接近于真实飞行环境,对高敏感性的层流流动影响更低。安装空间大意味着更多的测量设备改装可实施性的提高,从而更加全面地获取包括流态、气动力等在内的测量数据。飞行试验是层流减阻技术验证体系的必要环节,是在真实飞行条件下验证层流翼设计及减阻效果的必要手段。但是,相比风洞试验,飞行试验往往成本高昂。因此急需发展可满足层流翼试验验证要求的通用化的飞行试验平台,并建立相应的试验测量技术体系。

2.5.2 多源不确定性影响下的层流翼鲁棒设计

对于实际工程问题,不确定性影响贯穿飞行器的整个设计过程。由于层流边界层对外界扰动的敏感性,相比于全湍流机翼,层流翼气动设计问题对考虑不确定性的鲁棒设计的需求更为突出。

一方面,包括雷诺数、马赫数、来流湍流度、云层和噪声等在内的基本流引入的随机扰动,以及由于加工制造误差、工艺能力限制、昆虫污染等造成的几何缺陷引入的扰动,对层流翼的层流保持能力影响明显,甚至可能造成层流区范围出现非预期的大幅度减小,气动阻力大幅度增加,显著恶化飞行器气动性能。

Liu 等通过不确定性量化评估发现,压敏漆涂层厚度引起的几何理论外形的改变,是引起 NLF 翼型压力分布和升力系数试验测量误差的重要来源。Yang 等围绕 NLF 及 HLFC 翼套飞行试验的研究发现,包括攻角和巡航马赫数在内的运营条件不确定性对层流翼的层流保持能力影响显著。与 NLF 机翼不同,扰动通过同时改变压力梯度以及吸气控制参数来影响 HLFC 机翼的气动性能。

DLR 的 Barklage 等通过评估由于加工制造和仪器测量误差引入的压力分布、吸气腔体静压及吸气壁板属性不确定性对 HLFC 机翼吸气控制参数的影响,发现压力分布及吸气壁板属性参数的测量误差是导致 HLFC 机翼吸气控制不确定性增大的主要原因。Pohya 等基于民机整个生命周期,从统计学角度评估了运营条件、大气环境、燃油价格等不确定性因素对 HLFC 机翼综合收益的影响,并指出运营条件不确定性,特别是巡航速度扰动是引起 HLFC 机翼综合收益不确定性增大的最主要原因。

另一方面,层流-湍流转捩的精确预测是一个复杂的科学问题。目前面向工程应用的无论是输运形式的转捩模型还是基于稳定性理论的转捩预测方法,均存在模型构建及使用过程中引入的认知不确定性。以基于线性稳定性理论的 e^N 转捩预测方法为例,作为转捩判据的临界 N 因子值选取的合理与否直接决定了转捩预测精度。但是临界 N 因子的确定受包括湍流度、噪声水平等在内的来流条件以及模型表面粗糙度等因素影响。相关参数的扰动可能会显著降低临界 N 因子的取值。这一现象在风洞以及飞行试验中都得到了观察验证。NASA 利用设计的 NLF 超临界机翼翼身组合体构型,在跨声速风洞进行临界 N 因子值的标定。其中 TS 波的临界 N_{TS} 因子值的标定范围在 4~8 之间变化,如图 2-43 所示。

对于基于 CFD 技术的层流翼设计,不准确的转捩预测易造成过于保守或者过于激进的层流翼设计方案。同时存在偶然不确定性和认知不确定性的混合不确定性问题,不确定性变量对设计得到的层流翼气动性能的影响更为复杂。

确定性设计中的反设计方法难以有效实现层流翼的鲁棒设计。一方面,给定的目标压力分布形态可能本身就是局部最优解;另一方面,当考虑来流湍流度、加工制造误差、壁面缺陷、噪声扰动以及穿云等不确定性影响因素时,很难保证给定的目标压力分布具有较好的气动鲁棒性。考虑不确定性影响的层流翼鲁棒优化设计方法及策略可在很大程度上解决相关设计问题。

目前,针对层流翼的气动鲁棒优化设计方法,均采用不确定性分析模型与非梯度算法相结合的实现方式。但是相关研究涉及的不确定性变量个数通常不超过 10 个,确定性设计变量个数在 100 个以内。相比层流翼确定性优化问题,融入不确定性影响因素,引入基于统计矩信息的气动稳健性评价函数,使得层流翼鲁棒优化问题的计算复杂度进一步成倍增大。基于离散伴随理论的梯度优化方法具备的可高效处理具有大规模设计变量和约束优化问题的能力,使其成为解决考虑多源不确定性影响的层流翼精细化鲁棒优化设计问题的重要技术途径之一。但是,相关优化设计理论方法的发展还远不完善。

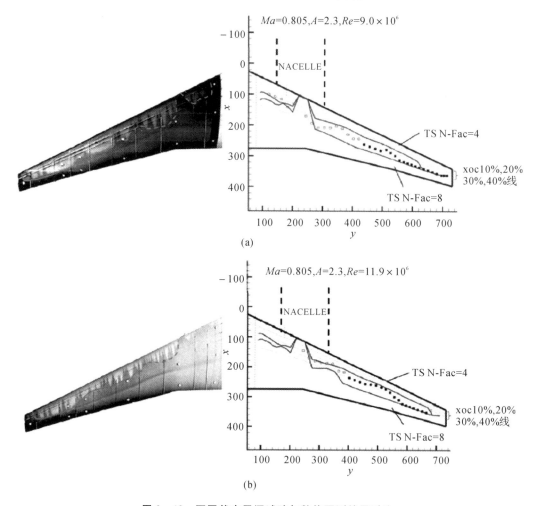

图 2-43 不同状态风洞试验与数值预测结果对比

(a)$Ma=0.805,Re=9.0\times10^{6}$; (b)$Ma=0.805,Re=11.9\times10^{6}$

注:xoc 指机翼弦的位置,见彩插第 5 页。

总之,对于层流翼精细化设计,考虑多源不确定性的稳健设计,成为层流技术在工程应用转化进程中面临的关键挑战之一。

2.5.3 翼面污染防护

当前,层流减阻的潜力都是针对设计点和最佳运营环境评估的,而层流翼所面临的实际应用必须考虑航空公司运营的各种边界条件,如环境、技术实现难度、运营方面。层流翼运行效率的主要风险之一是起飞和着陆过程中机翼前缘被昆虫碎片污染。在巡航飞行时,昆虫碎片污染会导致层流边界层过早转捩,缩小翼面层流区范围,降低层流翼的效益和飞机的经济可行性,如图 2－44 所示。针对翼面污染产生的维护费用会进一步降低层流翼所带来的经济效益。

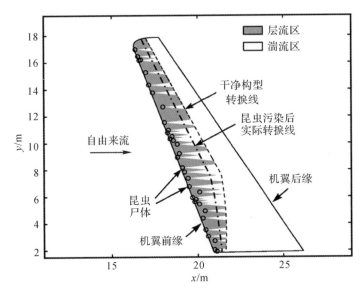

图 2－44 昆虫污染对前掠层流翼层流保持影响示意图

DLR 针对前掠层流机翼,引入昆虫污染影响量化模型,从全生命周期角度对实际运营情况下层流翼技术的经济性进行了评估。研究指出,层流减阻技术的使用最大可实现飞机燃油消耗降低 9.2%。但是,燃料消耗减少量在很大程度上取决于航段长度以及昆虫污染导致的层流翼气动性能的恶化程度。400 只昆虫尸体污染将导致燃油节约效益减少至 4.4%。图 2－44 为昆虫污染对前掠层流翼层流保持影响示意图。

层流技术对气动部件表面粗糙度要求非常高。超过临界高度的小障碍物便会触发层流-湍流转捩。临界高度是评估昆虫污染影响的一个关键参数。但是临界高度难以确定,受到包括流速、攻角在内的众多因素影响。一旦昆虫撞击机翼或尾翼的前缘区域,留在翼面上的残留物的几何特征取决于蒙皮材料属性(如表面粗糙度和刚度)、撞击角度和速度、环境条件(如温度、湿度、撞击部位的气流)以及具体的昆虫类型。

距离地面 150 m 以上高度内的昆虫数量随高度增加迅速减小,在 300 m 附近昆虫数量基本可忽略不计。因此,昆虫污染主要发生在距离地面 150 m 以下的低空区域。在起飞、着陆和滑行阶段,需要采取适当的措施防止层流翼出现污染。研究表明,翼面前缘附近是受昆虫污染最为严重的区域,在翼面 15%c 以后区域昆虫尸体难以附着。

围绕机翼前缘昆虫污染防护问题,研究人员提出了很多潜在的技术措施。其中,利用从机翼下翼面展开的克鲁格襟翼(前缘高升力装置)形成的遮蔽效应,维持机翼前缘附近区域的清洁程度,保证上翼面的层流流动。然而,这一技术措施限制了高升力系统的设计自由度,可能会削弱全机高升力性能。克鲁格襟翼只能实现机翼上翼面的昆虫污染防护,需根据高升力性能要求和层流机翼的气动收益,并对机翼结构特性进行评估,以确定是否使用具有屏蔽能力的高升力装置,而不是更复杂的防污染系统。

总之,如何有效防护昆虫污染,或者通过控制技术减缓昆虫污染对层流边界层的不利影响,是层流翼工程应用的关键之一。

2.5.4 HLFC 系统集成设计

针对大型客机,自然层流技术所带来的层流效益较少,需采用层流主动控制技术实现可观的层流区。大量研究表明,混合层流技术可应用在具有大后掠、高飞行雷诺数的包括大型客机在内的飞行器上。如果将 HLFC 应用于机翼、尾翼以及短舱,那么可实现全机气动阻力减小 15%。

HLFC 系统自身由理想的气动外形、吸气壁板以及吸气控制辅助系统组成。此外,防除冰系统、翼面防污染系统、控制与检测系统等需要与 HLFC 集成,如图 2-45 所示,整个系统设计涵盖气动、结构、系统等学科。HLFC 的气动减阻优势可能会因附加系统和结构的重量代价而减小,以及增加的运营、维护成本削弱。因此,衡量 HLFC 的效益,需将气动减阻收益同吸气控制功率消耗代价、吸气控制及与其他系统集成设计中带来的重量代价进行综合考虑。

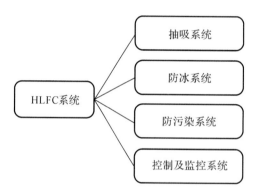

图 2-45 HLFC 系统分解

从最大化 HLFC 综合收益角度出发,以较小的吸气功耗和系统重量惩罚代价,显著提高气动效率是混合层流技术发展的重要趋势。此外,还需将制造、运营和维护成本降低到可接受的标准。

参 考 文 献

[1] 王云. 航空航天概论[M]. 北京:北京航空航天大学出版社,2009.

[2] JAHANMIRI M. Aircraft drag reduction:an overview[M]. Gothenburg:Chalmers University of Technology,2011.

[3] SCHRAUF G. Status and perspectives of laminar flow[J]. The Aeronautical Journal,2005,109(1102):639-644.

[4]　KALARIKOVILAGAM S G, BERTRAM O. Preliminary design and system considerations for an active hybrid laminar flow control system[J]. Aerospace, 2019, 6(10): 109.

[5]　杨体浩,白俊强,段卓毅,等.喷气式客机层流翼气动设计综述[J].航空学报,2022, 43(11): 527016.

[6]　KRISHNAN K, BERTRAM O, SEIBEL O. Review of hybrid laminar flow control systems[J]. Progress in Aerospace Sciences, 2017, 93(8): 24 - 52.

[7]　RIEDEL H, SITZMANN M. In-flight investigations of atmospheric turbulence[J]. Aerospace Science and Technology, 1998, 2(5): 301 - 319.

[8]　SCHRAUF G. Large-scale laminar flow tests evaluated with linear stability theory [J]. Journal of Aircraft, 2004, 41(2): 224 - 230.

[9]　FUJINO M. Design and development of the honda jet[J]. Journal of Aircraft, 2005, 42(3): 755 - 764.

[10]　CELLA U, QUAGLIARELLA D, DONELLI R, et al. Design and test of the UW5006 transonic natural-laminar-flow wing[J]. Journal of Aircraft, 2010, 47 (3): 783 - 795.

[11]　乔志德. 自然层流超临界翼型的设计研究[J]. 流体力学实验与测量,1998(4): 23 - 30.

[12]　乔志德,赵文华. 超临界自然层流翼型 NPU - L72513 的风洞试验研究[J]. 实验流体力学,1993, 7(2): 40 - 45.

[13]　ZHU J, GAO Z H, ZHAN H, et al. A high-speed nature laminar flow airfoil and its experimental study in wind tunnel with nonintrusive measurement technique[J]. Chinese Journal of Aeronautics, 2009, 22(3): 225 - 229.

[14]　赖国俊,李政德,张颖哲. 自然层流翼型高雷诺数风洞试验研究[J]. 航空科学技术,2017,28(8): 12 - 15.

[15]　杜玺,闫海津,吴宇昂,等. 跨声速自然层流短舱气动设计和风洞试验研究[J]. 航空科学技术,2019, 30(9): 63 - 72.

[16]　张彦军,段卓毅,雷武涛,等. 超临界自然层流机翼设计及基于 TSP 技术的边界层转捩风洞试验[J]. 航空学报,2019, 40(4): 134 - 148.

[17]　SHIY Y, YANG T H, BAI J Q, et al. Research of transition criterion for semi-empirical prediction method at specified transonic regime[J]. Aerospace Science & Technology, 2019(88): 95 - 109.

[18]　钟海,王启,杨体浩. 层流翼型阻力测量试飞技术研究[J]. 飞行力学,2021, 39 (2): 33 - 38.

[19]　耿子海,刘双科,王勋年,等. 二维翼型混合层流控制减阻技术试验研究[J]. 实验流体力学,2010, 24(1): 46 - 50.

[20]　王菲,额日其太,王强,等. 后掠翼混合层流控制机制的实验[J]. 航空动力学报,2010, 25(4): 918 - 924.

[21] SHI Y Y，CAO T S，YANG T H，et al. Estimation and analysis of hybrid laminar flow control on a transonic experiment[J]. AIAA Journal，2020，58(1)：118 – 132.

[22] 王猛，钟海，衷洪杰，等. 红外热像边界层转捩探测的飞行试验应用研究[J]. 空气动力学学报，2019，37(1)：160 – 167.

[23] YANG T H，BAI J Q，WANG Y W，et al. Stochastic investigation on the robustness of natural laminar flow and hybrid laminar flow wings for Wing Glove-based flight test[J]. AIAA Journal，2022，60(4)：2266 – 2286.

[24] STREIT T，WEDLER S，KRUSE M. DLR natural and hybrid transonic laminar wing design incorporating new methodologies[J]. The Aeronautical Journal，2015，119(1221)：1303 – 1326.

[25] YANG Y X，BAI J Q，LI L，et al. An inverse design method with aerodynamic design optimization for wing glove with hybrid laminar flow control[J]. Aerospace Science and Technology，2019(95)：105493.

[26] SEITZ A，HÜBNER A，RISSE K. The DLR TuLam project：design of a short and medium range transport aircraft with forward swept NLF wing[J]. CEAS Aeronautical Journal，2020，11(2)：449 – 459.

[27] LYU Z. High-fidelity aerodynamic design optimization of aircraft configurations[D]. Gothenburg：The University of Michigan，2014.

[28] DRIVER J，ZINGG D W. Numerical aerodynamic optimization incorporating laminar-turbulent transition prediction[J]. AIAA Journal，2007，45(8)：1810 – 1818.

[29] RASHAD R，ZINGG D W. Aerodynamic shape optimization for natural laminar flow using a discrete-adjoint approach[J]. AIAA Journal，2016，54(11)：3321 – 3337.

[30] SHI Y Y，MADER C A，HE S，et al. Natural laminar-flow airfoil optimization design using a discrete adjoint approach[J]. AIAA Journal，2020，58(11)：4702 – 4722.

[31] 杨体浩，王一雯，王雨桐，等. 基于离散伴随的层流翼优化设计方法[J]. 航空学报，2022(12)：236 – 255.

[32] YANG T H，ZHONG H，CHEN Y F，et al. Transition prediction and sensitivity analysis for a natural laminar flow wing glove flight experiment[J]. Chinese Journal of Aeronautics，2021，34(8)：34 – 47.

[33] 李杰. 波音737MAX 先进技术小翼损伤放行介绍[J]. 航空维修与工程，2019，33(7)：75 – 77.

[34] SYM S，ABUAN B E，DANAO L A M. Aerodynamic investigation of a horizontal axis wind turbine with split winglet using computational fluid dynamics[J]. Energies，2020，13(18)：4983.

[35] LIU S Y，WANG Y B，QIN N，et al. Quantification of airfoil aerodynamic

uncertainty due to pressure-sensitive paint thickness[J]. AIAA Journal, 2020, 58 (4): 1432 – 1440.

[36]　YANG T H, CHEN Y F, SHI Y Y, et al. Stochastic investigation on the robustness of laminar-flow wings for flight tests[J]. AIAA Journal, 2022, 60(4): 2266 – 2286.

[37]　POHYAA A, WICKE K, KILIAN T. Introducing variance-based global sensitivity analysis for uncertainty enabled operational and economic aircraft technology assessment[J]. Aerospace Science and Technology, 2022(122): 107441.

[38]　WICKE K, LINKE F, GOLLNICK V, et al. Insect contamination impact on operational and economic effectiveness of natural-laminar-flow aircraft[J]. Journal of Aircraft, 2016, 53(1): 158 – 167.

[39]　COLEMAN W S. Boundary layer and flow control: volume Ⅱ [M]. Oxford: Pergamont Press, 1961.

[40]　KRISHNANK S G, BERTRAM O, SEIBEL O. Review of hybrid laminar flow control systems[J]. Progress in Aerospace Sciences, 2017(93): 24 – 52.

第 3 章　层流数值研究方法与应用

　　针对层流减阻的气动力和流动现象预测,可以有多种手段,包括数值模拟、风洞试验和真实飞行试验。与风洞试验和真实飞行试验相比,利用计算机进行数值模拟能够以较低的成本揭示工程中感兴趣的流动特征。

　　计算流体力学(Computational Fluid Dynamics,CFD)具有能够有效降低设计成本并缩短设计时间的优点。计算流体力学是伴随着计算机技术、数值计算技术的发展而发展的。受限于计算机能力,早期计算流体力学方法采用基于线性位势方程的面元法、涡格法以及基于非线性全位势方程的耦合边界层方法。随着超级计算机的快速更迭,以及多重网格等各种数值加速技术的发展,20 世纪 80 年代中期,模拟 Navier - Stokes 方程控制的黏性流体成为可能。在湍流模拟的 3 种方法中,直接数值模拟(DNS)对时间和空间的分辨率要求最高,大涡模拟(LES)其次,这两种方法计算量大,耗时长,目前难以应对实际工程中的复杂计算。雷诺平均(Reynolds - Averaged Navier - Stokes,RANS)方法在时间域上对流场物理量进行雷诺平均化处理,然后求解所得到的时均化控制方程。它的计算效率较高,因此应用非常广泛。

　　本章从黏性边界层流动出发,重点介绍基于线性稳定性理论的适用于工程实际的 e^N 转捩预测方法。该方法针对 3D 机翼的转捩预测及气动力求解问题,通过耦合 RANS 方程,能对自然层流转捩、混合层流转捩进行高可信度预测。在此基础上,对基于 e^N 转捩预测方法的自然层流翼型和机翼数值优化方法进行介绍。此外,本章还将简要介绍混合层流数值模拟方法中的边界条件、参数标定以及验证。

3.1　数值计算方法概述

　　CFD 方法应用主要包括以下 3 个步骤。

　　(1)前处理:对模拟对象建立几何模型,并针对流体区域生成离散空间网格。数值模拟的准确程度与网格质量的关系很大,因此 CFD 工程师的主要工作量都在网格生成上,约占总体工作量的 70%。

　　(2)流场求解:基于离散的空间网格,对描述流场的控制方程进行离散,将复杂的难以直接求解的偏微分方程转化为可以利用计算机求解的线性方程组,并进行求解,约占总体工作量的 20%。

　　(3)后处理:对求解得到的流场信息进行分析,求解得到积分的气动力系数,并通过可视化技术,显示流场的细节,约占总体工作量的 10%。

3.1.1　控制方程及离散方法

当前,基于有限体积法发展的数值模拟方法已经成为主流的飞行器数值计算方法。下面主要介绍该方法的控制方程和离散方法。

3.1.1.1　控制方程

在航空应用中,一般采用 3D 可压缩 RANS 方程作为流场控制方程。该方程的积分形式可写为

$$\frac{\partial}{\partial t}\iiint_{\Omega} \boldsymbol{Q} \, \mathrm{d}V + \iint_{\partial \Omega} \boldsymbol{F} \cdot \boldsymbol{n} \, \mathrm{d}S = 0 \tag{3.1}$$

式中:$\boldsymbol{Q}$ 是流场的守恒变量,并且

$$\boldsymbol{Q} = (\rho \ \rho u \ \rho v \ \rho w \ \rho E)^{\mathrm{T}} \tag{3.2}$$

式中:ρ 是流体密度;u、v 和 w 分别代表 x、y 和 z 3 个方向上的速度;E 是流体的总能量,并且

$$E = e + \frac{1}{2}(u^2 + v^2 + w^2) \tag{3.3}$$

e 是流体内能。通量 $\boldsymbol{F}$ 包括控制体 3 个方向上的对流通量和黏性通量:

$$\boldsymbol{F} = \begin{bmatrix} \boldsymbol{F}^i - \boldsymbol{F}^v \\ \boldsymbol{G}^i - \boldsymbol{G}^v \\ \boldsymbol{H}^i - \boldsymbol{H}^v \end{bmatrix} \tag{3.4}$$

$$\boldsymbol{F}^i = \begin{bmatrix} \rho u \\ \rho u^2 + p \\ \rho uv \\ \rho uw \\ u(\rho E + p) \end{bmatrix}, \boldsymbol{F}^v = \begin{bmatrix} 0 \\ \tau_{xx} \\ \tau_{xy} \\ \tau_{xz} \\ u\tau_{xx} + v\tau_{xy} + w\tau_{xz} - q_x \end{bmatrix} \tag{3.5}$$

$$\boldsymbol{G}^i = \begin{bmatrix} \rho v \\ \rho vu \\ \rho v^2 + p \\ \rho vw \\ v(\rho E + p) \end{bmatrix}, \boldsymbol{G}^v = \begin{bmatrix} 0 \\ \tau_{yx} \\ \tau_{yy} \\ \tau_{yz} \\ u\tau_{yx} + v\tau_{yy} + w\tau_{yz} - q_y \end{bmatrix} \tag{3.6}$$

$$\boldsymbol{H}^i = \begin{bmatrix} \rho w \\ \rho wu \\ \rho wv \\ \rho w^2 + p \\ w(\rho E + p) \end{bmatrix}, \boldsymbol{H}^v = \begin{bmatrix} 0 \\ \tau_{zx} \\ \tau_{zy} \\ \tau_{zz} \\ u\tau_{zx} + v\tau_{zy} + w\tau_{zz} - q_z \end{bmatrix} \tag{3.7}$$

式中:p 是流体的压强;q 是热通量;τ 是应力张量。应力张量 τ 用下式计算:

$$\tau_{ij} = 2\mu S_{ij} + \lambda \frac{\partial u_k}{\partial x_k} \delta_{ij} \tag{3.8}$$

式中：δ_{ij} 是 Kroneckor 算子；μ 是黏性系数，包括湍流黏性系数和层流黏性系数。湍流黏性系数由后文介绍的湍流模型求解，层流黏性系数由 Sutherland 公式计算：

$$\frac{\mu}{\mu_\infty} = \left(\frac{T}{T_\infty}\right)^{\frac{3}{2}} \frac{\dfrac{110.4}{T_\infty} + 1}{\dfrac{110.4}{T_\infty} + \dfrac{T}{T_\infty}} \tag{3.9}$$

式中：T 是温度；第二黏性因子 λ 表达式为

$$\lambda = -\frac{2}{3}\mu \tag{3.10}$$

应变率 S_{ij} 表达式为

$$S_{ij} = \frac{1}{2}\left(\frac{\partial u_i}{\partial x_j} + \frac{\partial u_j}{\partial x_i}\right) \tag{3.11}$$

热通量 q_i 用下式计算：

$$q_i = -\kappa \frac{\partial T}{\partial x_i} \tag{3.12}$$

式中：κ 为热导率。

为了使方程组封闭，需要补充理想气体状态方程

$$p = \rho R T \tag{3.13}$$

和内能的计算表达式

$$e = \frac{1}{\gamma - 1} \frac{p}{\rho} \tag{3.14}$$

式中：γ 为比热比，对于空气取 1.4；R 为气体常数，对于空气取 287.058。

式(3.1)中的 $\boldsymbol{Q}$ 是守恒变量，通过矩阵变换可直接求解流场原始变量 $\boldsymbol{P}$：

$$\boldsymbol{P} = (\rho \ u \ v \ w \ p)^{\mathrm{T}} \tag{3.15}$$

在 CFD 计算中，对流场变量进行无量纲处理可以避免进行数量级差别较大的变量计算，从而加快计算速度。各流场变量采用如下无量纲化参考值：

$$\rho^* = \frac{\rho}{\rho_\infty} \tag{3.16}$$

$$u^* = \frac{u}{V_\infty}, \ v^* = \frac{v}{V_\infty}, \ w^* = \frac{w}{V_\infty} \tag{3.17}$$

$$p^* = \frac{p}{p_\infty (V_\infty)} = \frac{p}{p_\infty \gamma Ma^2} \tag{3.18}$$

$$\mu^* = \frac{\mu}{\mu_\infty}, \ T^* = \frac{T}{T_\infty} \tag{3.19}$$

后文公式若无特别说明，均指无量纲形式变量。

3.1.1.2 空间离散

以基于结构网格的有限体积法对计算域进行空间离散为例，图 3-1 给出了一个 3D 控制体，采用格心格式(cell - centered scheme)的存储方式，即流场变量 $\boldsymbol{P}$ 存储在网格中心。

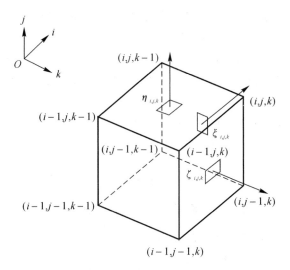

图 3 - 1　计算域离散后的一个控制体

向量 $\boldsymbol{\xi}$、$\boldsymbol{\eta}$ 和 $\boldsymbol{\zeta}$ 分别为控制体在 i、j 和 k 3 个方向上的法向量。根据有限体积法的思想，式(3.1)被应用在各个控制体中，对于每一个控制体，式(3.1)可写为

$$V_i \frac{\partial \boldsymbol{Q}_i}{\partial t} = -\boldsymbol{R}_i \tag{3.20}$$

$\boldsymbol{R}_i$ 是残差，计算公式为

$$\boldsymbol{R}_i = \sum_{\text{faces}} \boldsymbol{F}(\boldsymbol{Q}_i) \cdot \boldsymbol{n}S \tag{3.21}$$

式中：S 为控制体各个面的面积。通量 $\boldsymbol{F}$ 的对流项部分一般通过求解一个局部黎曼问题进行求解，常见的有 Roe 格式、Osher 格式和 AUSM 格式等。其中，Roe 格式应用最为广泛，Osher 格式在处理激波这类间断流动时具有较高的精度，而 AUSM 格式对高超声速流动求解稳定性更好。为提高流场的插值精度，一般采用 MUSCL 格式。对于通量中的耗散项，采用中心差分格式进行计算。

3.1.1.3　时间推进

通常机翼表面流动都是定常流动，通过引入虚拟时间步长，利用时间推进法求解稳态问题。在 RANS 方程的求解中，有显式和隐式两种时间推进方法。

若将式(3.20)在时间上以显式格式进行离散，则有

$$\frac{\boldsymbol{Q}^{n+1} - \boldsymbol{Q}^n}{\Delta t} = -\boldsymbol{R}(\boldsymbol{Q}^n) \tag{3.22}$$

式中：Δt 为时间步长。下个迭代中流场变量 $\boldsymbol{Q}$ 可按下式计算：

$$\boldsymbol{Q}^{n+1} = \boldsymbol{Q}^n - \Delta t \boldsymbol{R}(\boldsymbol{Q}^n) \tag{3.23}$$

通常采用时间步长法加速收敛，时间步长按下式计算：

$$\Delta t = \frac{\text{CFL}}{|\boldsymbol{V} \cdot \boldsymbol{\xi}| + |\boldsymbol{V} \cdot \boldsymbol{\eta}| + |\boldsymbol{V} \cdot \boldsymbol{\zeta}| + a(\|\boldsymbol{\xi}\| + \|\boldsymbol{\eta}\| + \|\boldsymbol{\zeta}\|) + \frac{2\gamma\mu}{\rho RePrV}(\|\boldsymbol{\xi}\|^2 + \|\boldsymbol{\eta}\|^2 + \|\boldsymbol{\zeta}\|^2)}$$

$$\tag{3.24}$$

式中：$\boldsymbol{V} = (u,v,w)$ 是速度矢量，在显式格式中，CFL 数为定值。由式(3.24)可看出，时间步长是由基于控制体的流动信息和网格信息决定的。

显式格式的时间推进法较为简单，但是由于计算的稳定性问题，CFL 数和时间步长通常取值较小。这就导致在使用显式格式进行时间离散时，计算的收敛速度会很慢，一般采取了隐式格式的时间推进法。

按照隐式格式，将式(3.20)在时间上进行离散，得

$$\frac{\boldsymbol{Q}^{n+1} - \boldsymbol{Q}^n}{\Delta t} = -\boldsymbol{R}(\boldsymbol{Q}^{n+1}) \tag{3.25}$$

将 $n+1$ 个时间步长上的残差 $\boldsymbol{R}(\boldsymbol{Q}^{n+1})$ 进行泰勒展开，去掉高阶项，得

$$\boldsymbol{R}(\boldsymbol{Q}^{n+1}) = \boldsymbol{R}(\boldsymbol{Q}^n) + \frac{\partial \boldsymbol{R}(\boldsymbol{Q}^n)}{\partial \boldsymbol{Q}}(\boldsymbol{Q}^{n+1} - \boldsymbol{Q}^n) \tag{3.26}$$

将式(3.26)代入式(3.25)，令 $\Delta \boldsymbol{Q}^n = \boldsymbol{Q}^{n+1} - \boldsymbol{Q}^n$，有

$$\left[\frac{\boldsymbol{I}}{\Delta t} + \frac{\partial \boldsymbol{R}(\boldsymbol{Q}^n)}{\partial \boldsymbol{Q}}\right]\Delta \boldsymbol{Q}^n = -\boldsymbol{R}(\boldsymbol{Q}^n) \tag{3.27}$$

对式(3.27)进行矩阵变换，得

$$\left[\frac{1}{\Delta t}\frac{\partial \boldsymbol{Q}}{\partial \boldsymbol{P}} + \frac{\partial \boldsymbol{R}(\boldsymbol{Q}^n)}{\partial \boldsymbol{P}}\right]\Delta \boldsymbol{P}^n = -\boldsymbol{R}(\boldsymbol{Q}^n) \tag{3.28}$$

$$\boldsymbol{P}^{n+1} = \boldsymbol{P}^n + \Delta \boldsymbol{P}^n \tag{3.29}$$

在求解流场变量 $\boldsymbol{P}$ 时，采用了式(3.28)的迭代方法。从节省计算内存上考虑，对雅各比行列式 $\frac{\partial \boldsymbol{R}}{\partial \boldsymbol{P}}$ 的计算做了近似处理，近似后的方程为

$$\left[\frac{1}{\Delta t}\frac{\partial \boldsymbol{Q}}{\partial \boldsymbol{P}} + \frac{\partial \tilde{\boldsymbol{R}}(\boldsymbol{Q}^n)}{\partial \boldsymbol{P}}\right]\Delta \boldsymbol{P}^n = -\boldsymbol{R}(\boldsymbol{Q}^n) \tag{3.30}$$

其中符号 ~ 代表雅各比行列式的近似值，求解式(3.30)类似于求解大型线性方程组：

$$\boldsymbol{Ax} = \boldsymbol{b} \tag{3.31}$$

对矩阵 $\boldsymbol{A}$ 进行矩阵三角分解，求逆后可得到

$$\boldsymbol{x} = \boldsymbol{U}^{-1}\boldsymbol{L}^{-1}\boldsymbol{b} \tag{3.32}$$

式(3.30)在每一次迭代中均可得到一个 $\Delta \boldsymbol{P}^n$，从而得到下一个时间步长的向量 $\boldsymbol{P}^{n+1}$，直至计算收敛：

$$\boldsymbol{P}^{n+1} = \boldsymbol{P}^n + \Delta \boldsymbol{P}^n \tag{3.33}$$

与显式格式相比，隐式格式对时间步长的取值没有过多要求，所以 CFL 数的取值可以比显式格式要大很多。采用隐式格式进行计算时，第 n 次迭代步数中的 CFL 数基于总残差 $R_{\text{total}}(\boldsymbol{Q}^n)$ 按照下式计算：

$$\text{CFL}^n = \text{CFL}^0 - \alpha \lg \frac{R_{\text{total}}(\boldsymbol{Q}^n)}{R_{\text{total}}(\boldsymbol{Q}^0)} \tag{3.34}$$

随着式(3.30)的迭代计算，残差越来越小，CFL 数也就越来越大，所以采用隐式格式能够大大加快计算的收敛速度。

3.1.1.4 边界条件

通过引入虚拟网格来给定边界条件。虚拟网格是计算域外的两层网格，如图 3－2 灰色

区域所示。角标 0 和 1 的网格为虚拟网格。虚拟网格的引入可以保证边界上的通量计算与计算域内部的通量一致，从而简化计算程序。一般使用的主要有以下几种边界条件：物面边界、对称边界、周期性边界、超声速入口边界、超声速出口边界、远场边界和内部边界。各个边界条件的具体形式不再一一给出，可参看相关文献。

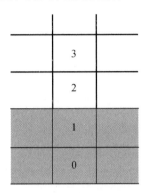

图 3 - 2　虚拟网格(灰色区域)

3.1.2　湍流模型

湍流模型的选择对模拟结果的影响很大，目前大多数的湍流模型缺乏普适性，需要根据经验合理选用。常用的湍流模型可根据所采用的微分方程个数分为零方程模型、一方程模型、二方程模型、四方程模型等。对于简单流动而言，一般方程数越多，精度越高，计算量也越大，收敛性也越差。但是，对于复杂的湍流运动而言，则不一定。

常见的零方程模型有 B - L 模型，由 Baldwin 和 Lomax 发展。一方程模型的来源有两种：一种从经验和量纲分析出发，针对简单流动逐步发展起来，如 Spalart - Allmaras(S - A) 模型；另一种由二方程模型简化而来，如 Baldwin - Barth(B - B) 模型。应用比较广泛的二方程模型有 Jones 与 Launder 提出的标准 $k - \varepsilon$ 模型以及 $k - \omega$ 模型。

湍流模型选取的准则包括流体是否可压、精度的要求、计算机的能力、时间的限制等。为了选择最好的模型，需要了解不同条件的适用范围和限制。下面介绍几种在航空飞行器外流中常用的湍流模型。

3.1.2.1　Baldwin - Lomax 代数模型

Baldwin - Lomax 模型结构简单，与其他的一方程模型和二方程模型等相比，计算效率更高，在附着流下具有较高的精度。该模型将湍流边界层分为内层和外层，在不同区域，湍流黏性系数采用的计算方式也不同：

$$\mu_t = \begin{cases} (\mu_t)_{\text{inner}}, & y_n \leqslant y_{nc} \\ (\mu_t)_{\text{outer}}, & y_n \geqslant y_{nc} \end{cases} \tag{3.35}$$

式中：y_n 是到物面的垂直距离，在内层和外层的涡黏性系数相等处，到物面的垂直距离记为 y_{nc}。

在边界层内层，应用普朗特混合长假设，湍流黏性系数用下式计算：

$$(\mu_t)_{\text{inner}} = \rho l^2 \left| \omega \right| \tag{3.36}$$

应用 Van Driest 函数，混合长 l 计算式为

$$l = \kappa y_n \left(1 - \mathrm{e}^{-\frac{y^+}{A^+}} \right) \tag{3.37}$$

式中：von Kármán 常数 $\kappa = 0.41$；Van Driest 常数 $A^+ = 26$；无量纲量 y^+ 定义式为

$$y^+ = \frac{\rho_w u_\tau y_n}{\mu_w} = \frac{y_n \sqrt{\rho_w \tau_w}}{\mu_w} \tag{3.38}$$

式中：u_τ 为平行于物面的速度；下标 w 表示物面上的物理量。涡量的大小 $\left| \omega \right|$ 计算式为

$$\left| \omega \right| = \sqrt{\left(\frac{\partial u}{\partial y} - \frac{\partial v}{\partial x} \right)^2 + \left(\frac{\partial v}{\partial z} - \frac{\partial w}{\partial y} \right)^2 + \left(\frac{\partial w}{\partial x} - \frac{\partial u}{\partial z} \right)^2} \tag{3.39}$$

在边界层外层，湍流黏性系数计算式为

$$(\mu_t)_{\text{outer}} = \rho \alpha C_{\text{CP}} F_{\text{wake}} F_{\text{Kleb}}(y_n) \tag{3.40}$$

式中：Clauser 常数 $\alpha = 0.0168$；常数 $C_{\text{CP}} = 1.6$；函数 F_{wake} 定义式为

$$F_{\text{wake}} = \min \left(y_{\max} F_{\max}, \frac{C_{\text{wake}} y_{\max} U_{\text{diff}}^2}{F_{\max}} \right) \tag{3.41}$$

式中：$F_{\max}$ 为函数 $F(y_n)$ 的最大值；$y_{\max}$ 为对应的到物面距离；常数 $C_{\text{wake}} = 0.25$；U_{diff} 是边界层内速度大小的最大差值，为

$$U_{\text{diff}} = \max_{y_n} \left(\sqrt{u^2 + v^2 + w^2} \right) - \min_{y_n} \left(\sqrt{u^2 + v^2 + w^2} \right) \tag{3.42}$$

函数 $F(y_n)$ 的定义式为

$$F(y_n) = y_n \left| \omega \right| \left(1 - \mathrm{e}^{-\frac{y^+}{A^+}} \right) \tag{3.43}$$

函数 $F_{\text{Kleb}}(y_n)$ 的定义式为

$$F_{\text{Kleb}}(y_n) = \left[1 + 5.5 \left(\frac{0.3 y_n}{y_{\max}} \right)^6 \right]^{-1} \tag{3.44}$$

3.1.2.2　Spalart - Allmaras 一方程模型

Spalart - Allmaras(S - A)一方程模型易应用于结构化网格，在定常流中收敛速度快，并且在近物面处只需要中等网格精度，常用于机翼周围流场的计算。

雷诺平均 N - S 方程形式如下：

$$\frac{\partial \rho}{\partial t} + \frac{\partial}{\partial x_i}(\rho u_i) = 0 \tag{3.45}$$

$$\frac{\partial}{\partial t}(\rho u_i) + \frac{\partial}{\partial x_j}(\rho u_i u_j) = -\frac{\partial p}{\partial x_i} + \frac{\partial}{\partial x_j}\left(\mu \frac{\partial u_i}{\partial x_j} - \rho \overline{u'_i u'_j} \right) + S_i \tag{3.46}$$

$$\frac{\partial}{\partial t}(\rho \varphi) + \frac{\partial}{\partial x_j}(\rho u_j \varphi) = \frac{\partial}{\partial x_j}\left(\Gamma \frac{\partial \varphi}{\partial x_j} - \rho \overline{u'_j \varphi} \right) + S \tag{3.47}$$

式中：ρ 为流体的密度；u_i、u_j 为直角坐标系下的速度分量；μ 为动力黏性系数；φ、Γ 为流体参数；S 为源项。

时间平均后，由于 N - S 方程的非线性，守恒方程中会出现 $-\rho \overline{u'_i u'_j}$，即雷诺应力项。为了使方程组封闭，S - A 模型增加了一个湍动能 k 的输运方程，将湍流黏性系数 μ_t 表示为 k 的函数。湍动能 k 的输运方程为

$$\frac{\partial(\rho k)}{\partial t}+\frac{\partial(\rho k u_i)}{\partial x_i}=\frac{\partial}{\partial x_i}\left[\left(\mu+\frac{\mu_t}{\sigma_k}\right)\frac{\partial k}{\partial x_j}\right]+\mu_t\left(\frac{\partial u_i}{\partial x_j}+\frac{\partial u_j}{\partial x_i}\right)\frac{\partial u_i}{\partial x_j}-\rho C_D\frac{k^{3/2}}{l} \quad (3.48)$$

式中：σ_k、C_D 为经验常数；$\sigma_k=1$；$C_D=0.08\sim0.38$。

湍流黏性系数可表示为

$$\mu_t=\rho C_\mu\sqrt{k}l \quad (3.49)$$

式中：C_μ 为经验常数，$C_\mu=0.09$。

3.1.2.3　$k-\omega$ 两方程模型

$k-\omega$ 模型使用额外的两个方程封闭流动方程组，其形式如下：

$$\frac{\partial}{\partial t}(\rho k)+\frac{\partial}{\partial x_i}(\rho u_i k)=\tau_{ij}\frac{\partial u_i}{\partial x_j}-C_{K2}\rho\omega k+\frac{\partial}{\partial x_i}\left[\left(\mu+\frac{\mu_t}{\sigma_K}\right)\frac{\partial k}{\partial x_j}\right] \quad (3.50)$$

$$\frac{\partial}{\partial t}(\rho\omega)+\frac{\partial}{\partial x_i}(\rho u_i\omega)=C_{\omega1}\frac{\omega}{k}\tau_{ij}\frac{\partial u_i}{\partial x_j}-C_{\omega2}\rho\omega^2+\frac{\partial}{\partial x_i}\left[\left(\mu+\frac{\mu_t}{\sigma_\omega}\right)\frac{\partial\omega}{\partial x_j}\right] \quad (3.51)$$

式中：k 为湍动能；ω 为耗散率。涡黏系数为

$$\mu_t=C_\mu\frac{\rho k}{\omega} \quad (3.52)$$

参数 C_μ、C_{K2}、$C_{\omega1}$、$C_{\omega2}$、σ_K、σ_ω 为 $k-\omega$ 模型的常数值，见表 3-1。

表 3-1　$k-\omega$ 二方程模型常数值

C_μ	C_{K2}	$C_{\omega1}$	$C_{\omega2}$	σ_K	σ_ω
1.0	0.09	5/9	3/40	2.0	2.0

3.2　自然层流转捩预测方法

边界层转捩是自然层流机翼设计中的一个关键问题，一般认为，边界层转捩是由层流边界层中的扰动发展而来的。如果扰动随时间衰减，那么认为流动是稳定的；如果扰动随时间增长，那么认为流动是不稳定的，存在着转变成湍流态的可能性。影响边界层转捩的因素有很多，如来流湍流度、机翼后掠角、压力梯度和壁面粗糙度等等。对于现代大型客机来说，转捩类型主要有 TS 波和 CF 涡不稳定性转捩、旁路转捩（bypass）、层流分离泡转捩和附着线转捩等。

TS 波由 Tollmien 和 Schlichting 两人名字命名，他们首先发展了边界层稳定性理论，假定层流边界层受到某种扰动的影响，出现不稳定的 TS 波并向下游传播，呈线性增长到一定阶段，流动失稳，边界层转捩，形成全湍流。Schubauer 和 Skramstad 等通过风洞试验验证了 TS 波的存在和演化失稳现象。在一些湍流度较大或壁面粗糙度较高的流动中，如叶轮机械的内部流动，强烈的扰动会使得 TS 波的初始演化阶段被跳过，流动中直接形成湍斑，形成全湍流，这种转捩类型称为旁路转捩。层流分离泡转捩过程是指表面层流边界层分离，形成分离泡，流动转捩，通常最终以湍流状态再附。这种发生在层流分离泡区域中的转捩过程叫作层流分离泡转捩。

后掠机翼的附着线为机翼前缘附近沿展向的一条流线,方向与前缘平行,将机翼分为上、下两个部分。附着线转捩有两种模式:附着线不稳定性转捩(attachment - line instability)和前缘污染转捩(leading - edge contamination)。如果附着线边界层为湍流态,那么机翼上、下表面都为湍流态,所以附着线边界层的稳定性对后掠翼表面转捩预测和层流设计来说非常重要。

TS 波和 CF 驻波在线性增长阶段具有相似的演化规律,利用线性稳定性理论可以较为准确地计算扰动的增长。传统的线性稳定性理论分析方法基于黏性流动的平行流小扰动线性稳定性方程(即 Orr - Sommerfeld 方程)。Smith 和 Gamberon 等基于线性稳定性理论计算结果,与大量试验对比,发现试验中的转捩位置与计算中 TS 波振幅达到 8 100 的位置一致。由于一般使用振幅的自然对数来表征振幅大小,所以该方法叫作 e^9 方法或 e^N 方法,在稳定性分析和转捩预测中应用广泛。此外,近年来大涡数值模拟方法(Large Eddy Simulations,LES)和直接数值模拟方法(Direct Numerical Simulation,DNS)也被用来研究一些基础的流动稳定性问题和转捩猝发湍流过程,但是这些方法更适合于做理论研究,暂时无法应用于复杂的工程转捩预测。

3.2.1 基于线性稳定性方程的转捩预测方法

3.2.1.1 线性稳定性理论

Mack 对线性稳定性理论作了系统性的阐述。线性稳定性理论将流体运动分解成平均流动和脉动项(叠加的扰动),代入 N - S 方程中。由于脉动分量一般被认为是"小量",所以 N - S 方程中可消去脉动分量的二次方项,再消去本身满足 N - S 方程的平均流动项,基于平行流假设,可得到小扰动的控制方程。将每个扰动看成是在空间上传播的波,定义扰动 r:

$$r = r'(y)\exp[i(\alpha x + \beta z - \omega t)] \tag{3.53}$$

基于平行流假设,扰动波的振幅函数 $r'(y)$ 只与 y 相关。α 和 β 是扰动波波数在 x 和 z 两个方向上的分量,ω 为扰动波的频率,t 是时间项。将式(3.53)代入小扰动的控制方程中,可得到扰动的基本微分方程(稳定性方程),即著名的 Orr - Sommerfeld 方程。详细推导过程见相关文献。

当波长 α 和 β 为复数,频率 ω 为实数时,随着扰动波在空间上进行传播,其振幅发生变化,扰动 r 可写成

$$r = r'(y)\exp[-(\alpha_i x + \beta_i z)]\exp[i(\alpha_r x + \beta_r z - \omega_r t)] \tag{3.54}$$

式中:下标 i 表示复数的虚部,下标 r 表示实部。α_i 和 β_i 决定了扰动波在流向和展向上的稳定性。定义波数角 $\psi = \arctan(\beta_r/\alpha_r)$,波数角的大小可以反映出不稳定性的种类:横流不稳定性的波数角 ψ 在 $85°\sim90°$ 之间;亚声速下的流向不稳定性的波数角 ψ 接近 $0°$,跨声速时 ψ 在 $30°\sim40°$ 之间。

通过求解 Orr - Sommerfeld 方程,可以计算出各个频率以及雷诺数下扰动波的增长率,得到振幅增长最大的扰动波频率,从而判断转捩位置。

基于线性稳定性理论，Smith 等发展了 e^N 方法，根据经验给定转捩位置处的放大因子 N 的临界值，实现转捩预测。该方法原理如图 3-3 所示。对于给定频率 f_1 的波沿着流向发展到临界点 X_0，在 $X_0 \sim X_1$ 之间扰动波受到激励，振幅增大。在流向位置 x 处，扰动波的振幅增长可表示为

$$\ln(A/A_0) = \int_{x_0}^{x} (-\alpha_i)\,\mathrm{d}x \tag{3.55}$$

式中：A 为振幅；A_0 为临界点 X_0 处的振幅。得到一系列频率的扰动增长曲线后，可以得到 N 因子的计算式：

$$N = \max_{f}\left[\ln(A/A_0)\right] \tag{3.56}$$

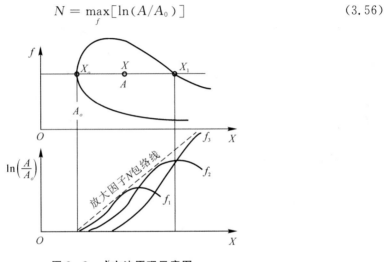

图 3-3　e^N 方法原理示意图

当 N 等于临界值时，即为转捩点位置。在低湍流度环境下，TS 波的临界值 $n_{\mathrm{TS,cr}}$ 一般在 $7 \sim 13$ 之间。给出不可压流计算 TS 波的临界 N 因子的计算公式：

$$n_{\mathrm{TS,cr}} = -8.43 - 2.4\ln Tu \tag{3.57}$$

式中：Tu 是来流湍流度。低湍流度环境中 CF 驻波的临界 N 因子的计算式为

$$n_{\mathrm{CF,cr}} = n_{\mathrm{CF0,cr}} - \ln\delta \tag{3.58}$$

式中：δ 与表面粗糙度相关。但是式（3.58）由于试验数据支撑不够，还没有得到广泛的验证。

Redeker 指出，TS 波和 CF 驻波在三维边界层内的演化是存在相互影响的，他将 TS 波与 CF 波之间的影响由无到强分成了 3 种，如图 3-4 所示。图中曲线和坐标轴包围的区域为层流区，外部区域则为湍流区。Schrauf 根据飞行试验结果计算了不同文献中转捩点处的临界 N 因子 $n_{\mathrm{TS,cr}}$ 和 $n_{\mathrm{CF,cr}}$，如图 3-5 所示。由图可知，3 组试验中 N 因子都呈现了与图 3-4 中的弱影响类似的分布。

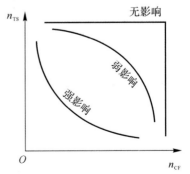

图 3-4　三维边界层中 TS 波和 CF 波之间的影响

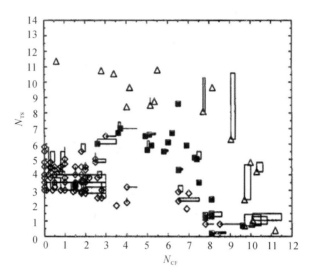

图 3 - 5　飞行试验中的 N 因子分布

△:ATTAS（NLF）；■:Fokker 100（NLF）；◇:A320 fin（suction）

3.2.1.2　转捩预测方法

由于求解稳定性方程，再直接应用 e^N 方法的计算量比较大，人们发展了 e^N 数据库方法和经验转捩准则等简化方法。应用较广泛的为 Drela 和 Giles 通过求解 Orr - Sommerfeld 方程进行稳定性分析，给出了不同频率的扰动放大因子和边界层动量厚度雷诺数之间的函数关系，发展的 e^N 包络线方法。该方法大大简化了 e^N 方法的计算过程。

在进行转捩预测时，需要求解流场得到边界层内部的参数信息，如翼型沿弦向位置上的速度型等。耦合 RANS 方程求解器、边界层方程求解器，计算得到边界层参数，将三维机翼沿展向分成若干个截面，在每个二维截面上应用 e^N 数据库方法，实现了三维机翼表面转捩位置的迭代求解。

虽然耦合 RANS 方程和边界层方程可以得到精度较高的边界层参数，但是边界层方程的求解只能针对简单几何模型，如二维翼型、后掠翼等，无法处理更复杂的三维几何模型。将 RANS 方程解直接提取得到的边界层参数与边界层方程解进行对比，在一定的网格精度下，基于 RANS 方程解可得到精度可靠的边界层参数。需要指出的是，在层流边界层，即转捩点前，边界层参数可直接由 RANS 方程解提取得到，但是对于转捩点后的边界层参数，一般需要从层流边界层中插值得到。

基于 e^N 方法的转捩预测需要求解速度沿壁面法向的导数以及非积分变量，但是这些信息难以与现代 CFD 并行求解技术结合，限制了 e^N 方法的发展。近年来，基于输运方程的、能够与现代 CFD 并行求解技术结合的工程转捩模型发展迅速。其中，Langtry 和 Menter 在 2006 年发展的 $\gamma - Re_{\theta t}$ 模型应用最为广泛，可预测 TS 不稳定性诱导的转捩。该模型基于 $k - \omega$ 湍流模型，构造了间歇因子 γ 和动量厚度雷诺数 $Re_{\theta t}$ 的两个输运方程，利用动量厚度雷诺数 $Re_{\theta t}$ 构成转捩判据，间歇因子 γ 则用来区别层流与湍流区域。由于基于输运方程的转捩模型比较容易与现代计算流体力学方法相结合,所以很多商用 CFD 软件采用了这种转捩预测方法,如 Ansys FLUENT 和 Ansys CFX 等。

3.2.2 基于 e^N 包络线方法的转捩预测

为了实现能用于工程实践的自然层流机翼的优化设计,现介绍一种基于后掠翼转捩预测的工程经验方法。它从 RANS 方程解中直接提取得到边界层参数,对附着线转捩、流向不稳定性与横流不稳定性这 3 种转捩模式进行计算。附着线转捩发生在机翼前缘,会使整个机翼呈全湍流态,所以在优化设计过程中将附着线转捩作为约束条件,避免得到全湍流机翼。应用 e^N 包络线方法对流向不稳定性和横流不稳定性诱导的转捩位置进行计算,构造三维边界层转捩判据,再与 RANS 求解器耦合,实现基于 RANS 方程解、自由转捩预测的三维流场求解。

3.2.2.1 转捩区域的模拟

通过更改湍流模型中的湍流黏性系数项 μ_t 来实现转捩区域的模拟,引入了间歇因子 γ,令

$$\mu_t^{\text{new}} = \gamma \mu_t^{\text{old}} \tag{3.59}$$

$$\gamma = \begin{cases} 0, & \text{层流区域} \\ e^{-5\xi^2}, & \text{转捩区域} \\ 1, & \text{湍流区域} \end{cases} \tag{3.60}$$

式中:

$$\xi = 1 + \frac{x_{\text{tr}} - x}{l_{\text{tr}}} \tag{3.61}$$

式中:x_{tr} 代表转捩起始点;l_{tr} 代表转捩区域长度。图 3-6 给出了间歇因子 γ 沿流向的分布,其中转捩起始点固定在 $x_{\text{tr}}/c = 0.3$,转捩区域长度 $l_{\text{tr}} = 0.1$。

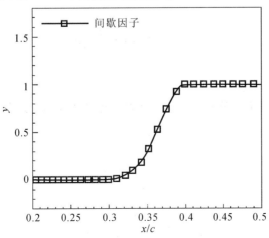

图 3-6 间歇因子 γ 沿流向的分布($x_{\text{tr}}/c = 0.3$, $l_{\text{tr}} = 0.1$)

3.2.2.2 边界层参数的提取

研究表明,当满足一定的网格数量时,直接求解 RANS 方程可得到精度可靠的边界层参数。首先定义边界层边缘,利用可压缩流体的伯努利方程,得到边界层边缘的速度大小:

$$U_{\text{edge}} = \sqrt{U_\infty^2 - \frac{2\gamma}{\gamma-1}\frac{p_\infty}{\rho_\infty}\left[\left(\frac{p_w}{p_\infty}\right)^{\frac{\gamma-1}{\gamma}} - 1\right]} \tag{3.62}$$

式中:p_w 为当地的物面压力;U_∞、p_∞ 和 ρ_∞ 分别为远场处的速度、压力和密度。沿着物面法向,当速度达到 $0.99U_{\text{edge}}$ 时,把该点到物面的法向距离当作是边界层的厚度 δ,即

$$\delta = y_{U=0.99U_{\text{edge}}} \tag{3.63}$$

如图 3-7 所示,边界层边缘在序号为 d 和 $d+1$ 的两点之间,边界层高度 δ 由 d 和 $d+1$ 两点插值得到。

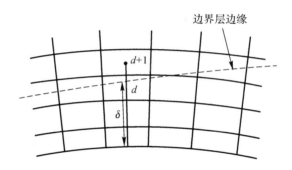

图 3-7 边界层边缘的界定

在确定了边界层边缘后,就可以计算需要用到的一些边界层参数,如位移厚度、动量厚度等,这些量需要在边界层内积分得到。对于结构网格,可以保证边界层内网格具有较好的正交性,从而可以直接沿着网格点进行积分。下面给出边界层参数的积分形式。

(1)位移厚度:

$$\delta^* = \int_0^\delta \left(1 - \frac{\rho U}{\rho_e U_e}\right)\mathrm{d}\eta \tag{3.64a}$$

(2)动量厚度:

$$\theta = \int_0^\delta \frac{\rho U}{\rho_e U_e}\left(1 - \frac{U}{U_e}\right)\mathrm{d}\eta \tag{3.64b}$$

(3)形状因子:

$$H = \frac{\delta^*}{\theta} \tag{3.64c}$$

式中:下标 e 代表边界层边缘处的变量值。忽略密度的影响,可以得到相应的边界层运动参数(kinetic parameters)。

(1)运动位移厚度:

$$\delta_k^* = \int_0^\delta \left(1 - \frac{U}{U_e}\right)\mathrm{d}\eta \tag{3.65a}$$

(2)运动动量厚度:

$$\theta_k = \int_0^\delta \frac{U}{U_e}\left(1 - \frac{U}{U_e}\right)\mathrm{d}\eta \tag{3.65b}$$

（3）运动形状因子：

$$H_k = \frac{\delta_k^*}{\theta_k} \qquad (3.65c)$$

式（3.64）和式（3.65）按照梯形法进行积分，得

$$\delta^*, \theta, \theta_k, \delta_k^* \approx \frac{1}{2} I_2 \eta_2 + \left[\frac{1}{2} \sum_{j=3}^{d} (I_{j-1} + I_j)(\eta_j - \eta_{j-1}) \right] + \frac{1}{2}(I_d + I_j)(\delta - \eta_d) \qquad (3.66)$$

其中，I 为式（3.64）式（3.65）中的积分项。这里采用格心格式的存储方式，式（3.66）中第一项为壁面到第一层网格中心的积分项。由于计算得到的边界层边缘处一般在两个网格点之间，如图 3-7 所示，所以最后一项为网格点 d 到边界层边缘的积分项。

在进行转捩预测时，我们需要用到的是层流边界层参数。所以在转捩点之前的层流区域，我们可以直接从 RANS 方程解中提取得到边界层参数。在转捩点之后，采取从层流边界层进行线性插值的方式来得到相应的参数值。图 3-8 给出了翼型 NLF0416 上表面的计算（黑色）和插值后（红色）得到的边界层运动形状因子，转捩位置固定在 $x_{tr}/c = 0.3$。

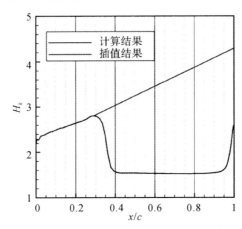

图 3-8　NLF0416 上表面计算和插值后得到的运动形状因子分布

（$x_{tr}/c = 0.3$，$Ma = 0.2$，$\alpha = 2.03°$，$Re_c = 4 \times 10^6$）

注：见彩插第 6 页。

3.2.2.3　附着线转捩

在后掠翼前缘的附着线边界层内，有两种转捩模式。其中，一种是机身与机翼连接处生成的湍流沿着机翼前缘向翼尖发展，生成了全湍流的附着线边界层，称为前缘污染转捩。对于纯机翼流动而言，不考虑机身和机翼的连接，那么只涉及另一种转捩模式：附着线不稳定性转捩。如果附着线边界层为湍流，那么整个机翼表面边界层将全为湍流状态，所以对于层流后掠翼的设计来说，必须维持附着线边界层稳定性。

为了研究附着线转捩，引入附着线动量厚度雷诺数 $Re_{\theta AL}$：

$$Re_{\theta AL} = 0.4045 \sqrt{\frac{U_\infty r \sin\Lambda \tan\Lambda}{2\nu_\infty}} \qquad (3.67)$$

式中：U_∞ 为自由来流速度；r 前缘半径；Λ 为后掠角；ν_∞ 为流体运动黏度。另外给出了前缘污染转捩的判据：

$$\overline{R} = \sqrt{\frac{U_\infty r \sin\Lambda \tan\Lambda}{2\nu_\infty}} \leqslant 245 \tag{3.68}$$

式中:$\overline{R}$ 为附着线相似参数。可见,前缘污染转捩与前缘半径、后掠角和来流条件相关。当满足式(3.68)时,可避免前缘污染转捩。对于附着线不稳定性转捩有如下判据:

$$\overline{R} = \sqrt{\frac{U_\infty r \sin\Lambda \tan\Lambda}{2\nu_\infty}} \leqslant 583 \tag{3.69}$$

为了考虑更为实际的情况,一般在优化过程中将附着线转捩作为约束条件,避免得到全湍流机翼。

3.2.2.4 流向不稳定性转捩

通过求解稳定性方程,直接应用 e^N 方法的计算量比较大,人们发展了 e^N 数据库方法和经验转捩准则等一些简化方法。应用较广泛的有 e^N 包络线方法,大大简化了 e^N 方法的计算过程。

传统 e^N 方法需要求解线性稳定性方程,得到不同频率的 TS 波的振幅,并根据经验给出转捩位置处的放大因子 N 的临界值,实现转捩预测。但是该方法计算量较大,效率较低。e^N 包络线方法给出了不同频率的扰动放大因子的包络线,将沿流向的放大因子增长率表示为边界层形状因子和动量厚度的函数关系:

$$\frac{\mathrm{d}n_{TS}}{\mathrm{d}s} = \frac{\mathrm{d}n_{TS}}{\mathrm{d}Re_\theta} \cdot \frac{m+1}{2} \cdot l \cdot \frac{1}{\theta} \tag{3.70}$$

式中:Re_θ 为动量厚度雷诺数。式(3.70)中各个函数表达式如下:

$$\left.\begin{aligned}
\frac{\mathrm{d}n_{TS}}{\mathrm{d}Re_\theta} &= 0.01\sqrt{[2.4H_k - 3.7 + 2.5\tanh(1.5H_k - 4.65)]^2 + 0.25} \\
m(H_k) &= \left[0.058\frac{(H_k - 4)^2}{H_k - 1} - 0.068\right]\frac{1}{l(H_k)} \\
l(H_k) &= \frac{6.54H_k - 14.07}{H_k^2}
\end{aligned}\right\} \tag{3.71}$$

运动形状因子 H_k 是形状因子 H 和边界层边缘马赫 Ma_e 的函数:

$$H_k = \frac{H - 0.290Ma_e^2}{1 + 0.113Ma_e^2} \tag{3.72}$$

当沿流向的动量厚度雷诺数 Re_θ 大于临界值 $Re_{\theta cr}$ 时,扰动开始向下游传播,临界动量厚度雷诺数 $Re_{\theta cr}$ 可由下式计算:

$$\lg Re_{\theta cr} = \left(\frac{1.415}{H_k - 1} - 0.489\right)\tanh\left(\frac{20}{H_k - 1} - 12.9\right) + \frac{3.295}{H_k - 1} + 0.44 \tag{3.73}$$

将式(3.70)从临界点开始沿流向积分即可得到流向扰动放大因子 n_{TS} 的分布,当放大因子 n_{TS} 等于临界值 $n_{TS,cr}$ 时,转捩发生。

3.2.2.5 横流不稳定性转捩

根据来流湍流度的不同,横流波分为行波和驻波。行波主要在湍流度较大的流动中起主导作用,而驻波则在低湍流度环境中起主导作用。自然层流机翼一般处于自由来流的低湍流度环境中,应考虑横流驻波不稳定性诱导的转捩。

在横流不稳定性的转捩预测研究早期,应用最广泛的是将横流雷诺数 Re_{cf} 作为转捩判据,其定义式为

$$Re_{cf} = \frac{\rho_e U_{cf,max} \delta_{cf}}{\mu_e} \tag{3.74}$$

式中:$U_{cf,max}$ 是横流速度分量的最大值。在边界层内,当横流速度分量 U_{cf} 达到其最大值 $U_{cf,max}$ 的 $1/10$ 时对应的边界层高度为 δ_{cf},如图 3-9 所示。

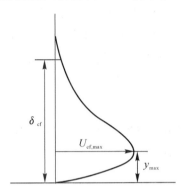

图 3-9 横流边界层参数

对上述转捩判据做压缩性修正,采用下式计算临界横流雷诺数:

$$Re_{cf,cr} = 200\left(1 + \frac{\gamma - 1}{2} Ma_e^2\right) \tag{3.75}$$

式中:Ma_e 为边界层边缘的马赫数。研究人员结合线性稳定性分析结果对上述参数进行拟合,提出了一种针对超声速流较为准确的横流转捩判据,定义:

(1)横流雷诺数 $Re_{cf} = \dfrac{\rho_e U_{cf,max} \delta_{cf}}{\mu_e}$;

(2)横流形状因子 $H_{cf} = \dfrac{y_{max}}{\delta_{cf}}$;

(3)横流速度比 $\dfrac{U_{cf,max}}{U_e}$;

(4)壁面和边界层边缘的温度比 $\dfrac{T_w}{T_e}$。

给出横流扰动放大因子的计算公式:

$$\frac{dn_{CF}}{ds} = \frac{2.128}{\delta_{cf}}\left(\frac{U_{cf,max}}{U_e}\right)1.07 H_{cf}\left(\frac{T_e}{T_w}\right)0.4\left(1 + |H_{cf} - 0.35|1.5\right)\left[\tanh\left(\frac{Re_{cf} - Re_{cf0}}{336 - Re_{cf0}}\right)\right]^{0.4}$$

$$\tag{3.76}$$

将式(3.76)从临界点 s_0 开始积分,即可得到放大因子 n_{CF}:

$$n_{CF} = \int_{s_0}^{s} \frac{dn_{CF}}{ds} ds \tag{3.77}$$

应用下式计算临界点 s_0 的横流雷诺数:

$$Re_{cf0} = 46\frac{T_w}{T_e} \tag{3.78}$$

在跨声速范围内,应用式(3.78)得到的转捩位置往往比试验值靠前,为了修正此误差,可以采用相关文献中临界横流雷诺数和横流形状因子之间的函数关系。

3.2.2.6 三维边界层转捩判据

在构造耦合流向不稳定性和横流不稳定性的三维边界层转捩判据时,可将流向不稳定性和横流不稳定性转捩分开计算得到两个转捩位置 x_1 和 x_2,不考虑它们之间的影响,最终取 x_1 和 x_2 中较小的值作为转捩位置,但这种做法得到的层流区往往比试验结果要大。很多试验和计算结果都表明,在三维边界层中流向不稳定性和横流不稳定性之间是存在相互影响的,Arnal 等从一系列的飞行试验中分析指出了二者之间的弱影响关系。为了更准确地表征二者之间的关系,引入了三维边界层的复合放大因子 N:

$$N = \sqrt{(n_{\mathrm{TS}}/n_{\mathrm{TS,cr}})^2 + (n_{\mathrm{CF}}/n_{\mathrm{CF,cr}})^2} \tag{3.79}$$

扰动放大因子 N 等于1的位置即转捩点位置。临界放大因子 $n_{\mathrm{TS,cr}}$ 和 $n_{\mathrm{CF,cr}}$ 被认为与试验条件有关,如噪声、湍流度和表面粗糙度等。对于给定的试验条件,$n_{\mathrm{TS,cr}}$ 和 $n_{\mathrm{CF,cr}}$ 通常由试验结果和计算结果拟合得到。

3.2.3 基于湍流模型的转捩预测

基于 e^N 判据的半经验转捩预测方法虽然具有较高的预测精度,但是依赖于非流场信息,较难与现代大规模并行 CFD 方法进行融合。因此,近年来基于当地流场信息的转捩预测方法得到了重视,发展出了多种比较有效的转捩预测湍流模型,其中最典型的为 γ-$Re_{\theta t}$ 转捩模型。它耦合了 SST 湍流模型和关于间歇因子 γ 和转捩点动量厚度雷诺数 $\overline{Re}_{\theta t}$ 的两个输运方程:

$$\left. \begin{array}{l} \dfrac{\partial(\rho\gamma)}{\partial t} + \dfrac{\partial(\rho U_i \gamma)}{\partial x_i} = P_\gamma - D_\gamma + \dfrac{\partial}{\partial x_i}\left[\left(\mu + \dfrac{\mu_t}{\sigma_f} \right) \dfrac{\partial\gamma}{\partial x_i} \right] \\[3mm] \dfrac{\partial(\rho\overline{Re}_{\theta t})}{\partial t} + \dfrac{\partial(\rho U_i \overline{Re}_{\theta t})}{\partial x_i} = P_{\theta t} + \dfrac{\partial}{\partial x_i}\left[\sigma_{\theta t}(\mu + \mu_t)\dfrac{\partial \overline{Re}_{\theta t}}{\partial x_i} \right] \end{array} \right\} \tag{3.80}$$

式中:P_γ 是间歇因子生成项;D_γ 是间歇因子耗散项;$P_{\theta t}$ 是转捩点动量厚度雷诺数的生成项;σ_f 和 $\sigma_{\theta t}$ 是常数。为了处理层流边界层分离导致的转捩和有强压力梯度的流动,Langtry 和 Menter 对方程做了一些修正。

Menter 等将 γ 和 $\overline{Re}_{\theta t}$ 的输运方程与 k-ω SST 湍流模型耦合:

$$\frac{\partial(\rho k)}{\partial t} + \frac{\partial(\rho u_i k)}{\partial x_i} = \overline{P_k} - \overline{D_k} + \frac{\partial}{\partial x_i}\left[(\mu + \sigma_k \mu_t)\frac{\partial k}{\partial x_i} \right] \tag{3.81}$$

$$\frac{\partial(\rho\omega)}{\partial t} + \frac{\partial(\rho u_i \omega)}{\partial x_i} = \alpha\frac{P_k}{\upsilon_t} - D_\omega + Cd_\omega + \frac{\partial}{\partial x_i}\left[(\mu + \sigma_k \mu_t)\frac{\partial\omega}{\partial x_i} \right] \tag{3.82}$$

式中:$\overline{P_k}$ 和 $\overline{D_k}$ 分别为与间歇因子相关的湍动能的生成项和耗散项,即通过修改 k-ω SST 湍流模型中湍动能的生成项和耗散项,实现边界层转捩的模拟。研究表明,SST γ-$Re_{\theta t}$ 转捩模型对由 TS 不稳定性诱导的转捩具有较好的预测能力。

3.2.4　数值方法的验证

3.2.4.1　收敛性和网格无关性验证

流场求解器的精度是飞行器气动优化设计中的关键问题,而升阻力系数作为约束条件和目标函数,直接决定了优化结果。现对求解自由转捩预测的 RANS 方程得到的流场物理量进行研究。为了得到可靠、准确的结果,首先给出了升阻力系数的收敛性和网格无关性验证。选用自然层流翼型 NLF0416 作为研究对象,采用 C 型拓扑结构对其进行网格划分,如图 3-10 所示,第一层网格高度固定在 5×10^{-6},保证壁面的 y^+ 小于 1。表 3-2 给出了采用 377×143 的 C 型网格的翼型在不同流场收敛残差下的升阻力系数,计算工况为 $Ma = 0.2, \alpha = 2.03°, Re_c = 4 \times 10^6$。从表中可以看出,残差 $\varepsilon = 10^{-4}$ 的结果与 $\varepsilon = 10^{-6}, \varepsilon = 10^{-8}$ 的结果有较大差别,而 $\varepsilon = 10^{-6}$ 和 $\varepsilon = 10^{-8}$ 的结果之间区别很小,可以认为当 $\varepsilon = 10^{-6}$ 时,升阻力系数的计算已完全收敛。在后文中,除非特殊说明,否则均采用该流场收敛残差。

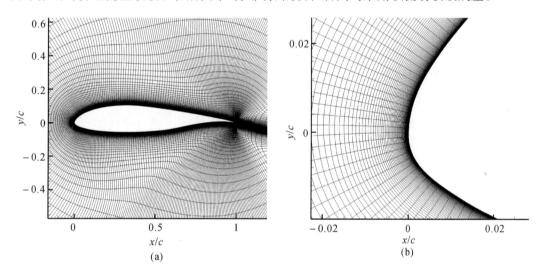

图 3-10　翼型 NLF0416 的 C 型网格

(a)翼型附近网格;　(b)翼型前缘附近网格

表 3-2　不同收敛残差下翼型 NLF0416 的升阻力系数
($Ma = 0.2, \alpha = 2.03°, Re_c = 4 \times 10^6$)

	10^{-4}	10^{-6}	10^{-8}
C_L	0.762	0.759	0.759
C_D	0.007 14	0.006 88	0.006 87

在流场收敛残差 $\varepsilon = 10^{-6}$ 下,分别在 x、y 方向上进行网格无关性验证,结果见表 3-3。从表中第 2～4 列可以看出,沿 C 型网格的流向上布置 377 个和 517 个网格节点时,升阻力系数结果相差不大,采用 377 个网格节点可保证足够的计算精度。沿壁面法向上,通过比较

377×74、377×143 和 377×200 三套网格的结果,可看到当 y 方向网格数从 143 增加至 200 时升阻力系数变化较小,同时计算的收敛速度减慢(特别是对于三维流动)。因此,最终采用了 377×143 的 C 型网格,翼型表面分布了 300 个网格。在边界层内部,翼型前缘附近沿壁面法向分布了 30 个网格,尾缘附近则分布 90 个网格。远场到翼型的距离大约是 $40c$,翼型表面的 y^+ 均小于 1。

表 3-3   不同网格下的翼型 NLF0416 的升阻力系数
($Ma=0.2,\alpha=2.03^\circ,Re_c=4\times10^6$)

	237×143	377×143	517×143	377×74	377×200
C_L	0.759	0.759	0.759	0.758	0.760
C_D	0.006 97	0.006 88	0.006 90	0.007 46	0.006 80

3.2.4.2   翼型绕流验证

现对两种典型翼型进行数值模拟,将计算得到的压力系数与试验结果进行对比。由于在试验中均将转捩点设置在前缘附近,所以计算模拟的也是全湍流流动。

图 3-11 给出了超临界翼型 RAE2822 和自然层流翼型 RAE5243 的压力系数分布。根据试验条件:RAE2822 的来流条件为马赫数 $Ma=0.729$,雷诺数 $Re_c=19.8\times10^6$,攻角 $\alpha=2.31^\circ$;RAE5243 的来流条件为马赫数 $Ma=0.68$,雷诺数 $Re_c=19\times10^6$,攻角 $\alpha=0.77^\circ$。计算采用了 C 型网格,网格数量为 377×143。如图 3-11(a)所示,RAE2822 上表面呈现典型的"屋顶"状超临界翼型压力系数分布,在弦向位置 $x/c=0.55$ 附近有一道激波。而 RAE5243 上表面有范围很大的顺压梯度区域,激波较强,为典型的自然层流翼型特征。对这两种典型的翼型,压力系数的计算结果与试验结果均吻合得较好。

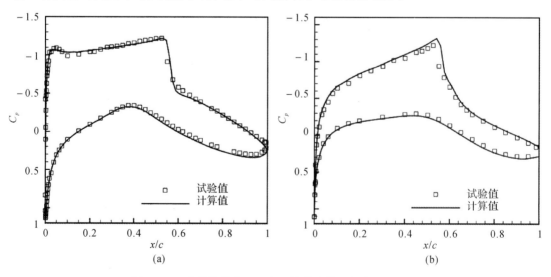

图 3-11   全湍流状态下压力系数的计算值与试验值对比
(a)RAE2822; (b)RAE5243

为了验证转捩预测模型在亚声速下的精度,选用层流翼型 NLF0416 进行计算并与试验值对比,试验是由 Somers 在美国兰利研究中心的低湍流度风洞进行的。二维情况下,不考虑横流不稳定性转捩。同样计算采用了 C 型结构网格,网格数量为 377×143。计算条件马赫数 $Ma=0.2$,雷诺数 $Re_c=4×10^6$。为了保证计算的收敛,计算时的马赫数比试验中($Ma=0.1$)稍高,这对转捩位置和升阻力的计算的影响可忽略不计。临界 TS 放大因子 $n_{TS,cr}=9.0$。图 3-12 给出了在一定升力系数范围内的转捩位置的计算结果和试验结果。结果表明在不同升力系数下,转捩预测结果均与试验值吻合得较好,随着升力系数的增加,上表面的转捩位置向前缘移动,而下表面转捩位置有向后移动的趋势。图 3-13 给出了升力系数-阻力系数的极曲线,从图中可以看到自由转捩的计算结果与试验值吻合较好。

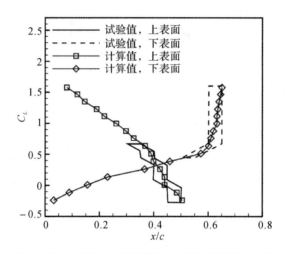

图 3-12　不同升力系数下转捩位置与试验值的对比

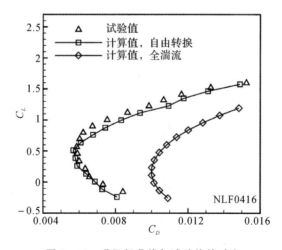

图 3-13　升阻极曲线与试验值的对比

为了验证跨声速下的转捩预测能力,选用 NACA0012 翼型进行了数值模拟并将计算结果与试验数据相比较。风洞试验由 Harris 在美国兰利研究中心 8 ft 跨声速风洞进行,试验条件为攻角 $\alpha = 0.0°$,雷诺数 $Re_c = 4 \times 10^6$,温度 $T = 288$ K,临界放大因子 $n_{\mathrm{TS,cr}} = 9.0$。文献没有给出转捩位置的试验数据,而是给出了在一定马赫数范围内阻力系数的试验结果。图 3-14 给出了马赫数 $Ma = 0.5 \sim 0.8$ 时阻力系数的计算值和试验值,可以看到自由转捩的计算结果与试验值吻合得较好,计算得到的阻力发散马赫数在 $Ma = 0.75$ 附近,与试验相符。

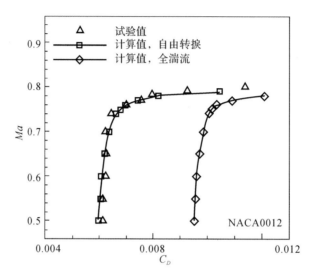

图 3-14 马赫数-阻力系数曲线与试验值的对比

3.2.4.3 三维机翼绕流验证

三维情况下,边界层转捩受 TS 波和 CF 波不稳定性的共同影响,为了验证三维边界层的转捩预测能力,现将 NACA 64_2A015 的无限展长后掠翼的计算结果与试验结果对比。风洞试验由 Boltz 和 Kenyon 等在 NASA 的 12 ft 低湍流度风洞进行。对无限展长机翼的计算采用了周期性边界条件以减少沿展向的网格节点,C 型网格总节点数为 $377 \times 143 \times 5$,展向上布置 5 个网格点,边界层第一层网格高度为 5.0×10^{-6},壁面 y^+ 小于 1。计算工况为雷诺数 $Re = 4 \times 10^6 \sim 7.55 \times 10^6$,攻角 $\alpha = -3° \sim -1°$,后掠角 $\Lambda = 20° \sim 50°$。图 3-15 中上表面的压力系数的计算结果与试验值吻合得较好。图 3-16 给出了不同工况上表面转捩位置的计算值与试验值的对比,临界放大因子设置为 $n_{\mathrm{TS,cr}} = 9.0$,$n_{\mathrm{CF,cr}} = 11.0$,在一系列雷诺数、攻角和后掠角变化范围内,计算和试验结果均吻合较好。在图 3-16(a) 中,当雷诺数为 4.0×10^6 时,TS 不稳定性在转捩过程中占据主导,随着雷诺数增加,转捩点前移,CF 不稳定性逐渐起主要作用。图 3-16(b) 中给出了转捩位置随攻角的变化趋势,当攻角 $\alpha = -3° \sim -1.5°$ 时,CF 不稳定性占据主导,随着攻角的增加,转捩点后移。图 3-16(c) 给出了转捩位置随后掠角的变化趋势,当后掠角为 $40°$ 和 $50°$ 时,CF 不稳定性占据主导,转捩位置大幅度前移。

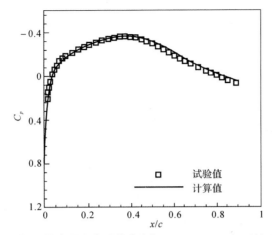

图 3 - 15　64₂A015 机翼表面压力系数分布($Ma=0.27, Re=7.0×10^6, \alpha=-1.0°$)

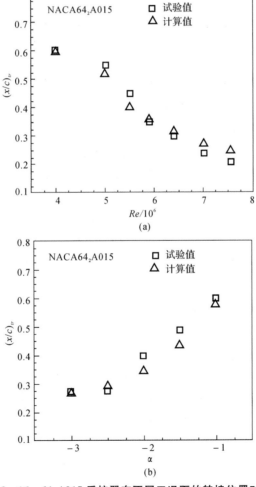

(a)

(b)

图 3 - 16　64₂A015 后掠翼在不同工况下的转捩位置对比

(a)不同雷诺数下的转捩位置对比($Ma=0.27, \Lambda=50°, \alpha=-1.0°$)；

(b)不同攻角下的转捩位置对比($Ma=0.27, Re=5.0×10^6, \Lambda=50°$)

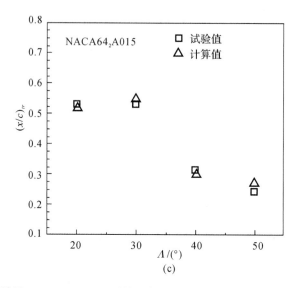

续图 3 - 16　64₂A015 后掠翼在不同工况下的转捩位置对比

(c)不同后掠角下的转捩位置对比($Ma=0.27, Re=7.0 \times 10^6, \alpha=-1.0°$)

为了进一步验证横流转捩模型的精度,将 NLF(2)-0415 无限展长机翼的计算结果和试验结果进行对比。该试验由 Dagenhart 和 Saric 等在 Arizona 州立大学完成,机翼模型的后掠角为 $45°$,弦长为 1.83 m。试验时马赫数 $Ma=0.238$,攻角 $\alpha=-4°$,基于弦长的雷诺数 Re_c 变化范围为 $1.92 \times 10^6 \sim 3.73 \times 10^6$,临界放大因子 $n_{TS,cr}=9.0$,$n_{CF,cr}=11.0$。计算网格与 NACA 64_2A015 相同。由图 3-17 可看出,随着雷诺数的增加,转捩位置前移,计算结果与试验结果比较接近。

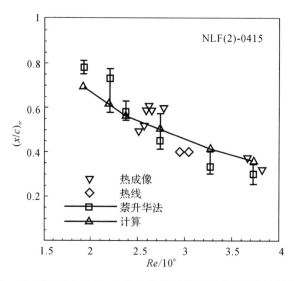

图 3 - 17　NLF(2)-0415 后掠翼在不同雷诺数下的转捩位置对比

3.3　自然层流机翼多点优化数值设计

3.3.1　引言

在飞机设计过程中,气动外形设计处于核心地位。在飞机的外形确定后,各部件设计方案都要围绕外形来展开,因此进行飞机的总体外形气动设计的速度,对飞机的设计周期影响巨大。近年来,随着 CFD 和高性能计算机的快速发展,基于 CFD 的现代工程分析手段在很多领域逐渐取代传统的设计模式。与传统风洞试验相比,CFD 技术成本较低,而且能够更方便地评估飞机的气动性能,所以在飞行器的概念设计阶段,其扮演着越来越重要的角色。在与现代大规模优化方法和动网格方法等结合之后,CFD 大幅度提高了飞行器气动外形设计的效率,特别是涉及新布局外形和多部件耦合方面,应用更加广泛。

目前,气动优化设计方法主要可分为无导数法和基于导数的方法。无导数方法主要有响应面法和遗传算法等,它是一种全局优化方法,各个优化模块间耦合较少,易于集成,同时可避免陷入局部最优,但是这类方法需要频繁调用流场程序,耗时很长,对于现代复杂外形的大型飞机气动设计来说效率太低。基于导数的优化方法主要有拟牛顿法、共轭梯度法、最速下降法和序列二次规划算法(Sequential Quadratic Programming,SQP)等,这类方法收敛较快,对目标函数的调用次数较少,特别是与伴随方法相结合时,导数的计算量可实现与设计变量个数的解耦,能够高效处理大规模设计参数的优化问题。

由于真实飞行环境存在各种各样的外部扰动,因此飞机的设计不光要考虑设计点处的性能,也要考虑到偏离设计点处的性能,也就是说要考虑飞机在不确定性环境中的鲁棒性。如果仅仅只针对一个设计点进行优化,那么很可能造成"局部优化"(Localized optimization)的现象,也即优化设计所得外形在设计点优于初始外形,但是在偏离设计点的时候性能还低于初始外形的现象。为克服单点优化所带来的缺点,人们对基于多个设计点的优化进行了研究。Li 等证明了:在优化设计时,如果自由设计参数的个数为 n,那么至少需要 $n+1$ 个设计点才能消除"局部优化"的现象。多点优化一般是指通过加权的方式,将多个设计点的设计要求转化成一个目标或几个目标的优化问题,然后采用优化算法来进行求解。

3.3.2　优化算法

3.3.2.1　基于导数优化方法

基于导数的优化设计方法需要根据目标函数的导数信息来判断优化搜索的方向,优化过程中对目标函数的调用次数较少,收敛速度较快,能够处理大规模约束问题。其缺点是容易陷入局部最优。

Jameson 在气动优化中引入了伴随方法,通过求解流场控制方程的伴随方程,可一次性得到目标函数对所有设计变量的导数,其计算量与设计变量的个数之间可实现完全解耦。

由于现代大型客机外形的复杂和气动特性对外形的敏感性较高,优化设计中往往涉及成百上千个设计变量,所以伴随理论非常适合飞机气动外形的优化设计问题,也是目前大规模优化设计方法研究的热点。

3.3.2.2 非导数优化方法

非导数优化方法是一种比较直接、简单的优化方法,只需要给出目标函数值,不需要目标函数的导数信息,对优化模型的要求较低,扩大了优化算法的使用范围,在飞行器气动设计中应用非常广泛,如遗传算法和粒子群法等。遗传算法作为一种全局优化方法,基于达尔文的优胜劣汰的生物进化机制演变而来;粒子群法源于对鸟类捕食行为的研究,不存在遗传算法的交叉变异操作,而是追逐最优粒子进行搜索。这些优化方法的基本思想是:在设计空间内的多个点同时开始搜索,通过对群体进行随机算子操作群体的进化过程,产生下一代群体。进化算子以概率的方式进行操作,增加了搜索的灵活性。搜索过程中淘汰掉适应度较低的个体,随着迭代过程中优良个体越来越多,最终得到最优解。

3.3.2.3 序列二次规划法

一个典型带约束条件的单目标气动优化问题的数学模型可表示为

$$
\left.
\begin{aligned}
&\min F(\boldsymbol{\beta}) && \text{目标函数} \\
&\text{s. t.} \quad g_i(\boldsymbol{\beta}) \leqslant 0, && i = 1, l && \text{不等式约束} \\
&\quad\quad h_j(\boldsymbol{\beta}) = 0, && j = 1, m && \text{等式约束} \\
&\quad\quad \beta_k^l \leqslant \beta_k \leqslant \beta_k^u, && k = 1, \text{DNV} && \text{边界条件}
\end{aligned}
\right\} \tag{3.83}
$$

式中:其中设计变量 $\boldsymbol{\beta} = (\beta_1 \quad \beta_2 \quad \cdots \quad \beta_{NDV})^T$;NDV 为设计变量的个数;$g$ 和 h 为约束条件。目标函数 $F(\boldsymbol{\beta})$ 是翼型或机翼的总阻力,为了使翼型和机翼满足结构要求,限定了翼型面积和机翼体积的上下边界,设计变量 β 在一定范围内变化,同时给定了升力系数的最小值。

优化设计的基本框架中,优化过程从基本外形出发,在获得了基本外形的流场解后,求解离散伴随方程,得到目标函数对设计变量的导数值,根据导数信息,SQP 优化程序更新设计变量 $\boldsymbol{\beta}$:

$$
\boldsymbol{\beta}^q = \boldsymbol{\beta}^{q-1} + \alpha^q \boldsymbol{S}^q \tag{3.84}
$$

式中:q 为迭代步数;$\boldsymbol{S}^q$ 为设计变量的搜索方向;α^q 为在搜索方向 $\boldsymbol{S}^q$ 上的步长。

为了求解 $\boldsymbol{S}^q$,采用的方法是将原目标函数 $F(\boldsymbol{\beta})$ 进行二阶近似,同时将约束条件 $g(\boldsymbol{\beta})$ 和 $h(\boldsymbol{\beta})$ 进行一阶近似,求解优化子问题,从而得到搜索方向 $\boldsymbol{S}^q$:

$$
\left.
\begin{aligned}
&\min \widetilde{F}(S) = F(\boldsymbol{\beta}^q) + \nabla F(\boldsymbol{\beta}^q)^t \cdot \boldsymbol{S} + \frac{1}{2} \boldsymbol{S}^t \boldsymbol{H}^q \boldsymbol{S} \\
&\text{s. t.} \quad \nabla g_i(\boldsymbol{\beta}^q)^t \cdot \boldsymbol{S} + \delta_i g_i(\boldsymbol{\beta}^q) \leqslant 0, \quad i = 1, l \\
&\quad\quad \nabla h_j(\boldsymbol{\beta}^q)^t \cdot \boldsymbol{S} + \overline{\delta}_i h_j(\boldsymbol{\beta}^q) = 0, \quad j = 1, m
\end{aligned}
\right\} \tag{3.85}
$$

式中:$\widetilde{F}(\boldsymbol{S})$ 为目标函数;正定矩阵 $\boldsymbol{H}^q$ 根据 Powell 的方法进行计算。为了避免在式(3.85)中产生非物理解,引入了区间 $[0,1]$ 上的系数 δ_i 和 $\overline{\delta}_i$。式(3.85)的优化结果即为 $\boldsymbol{S}^q$ 的各个分量。得到搜索方向 $\boldsymbol{S}^q$ 后,进行线性搜索得到步长 α^q。将 $\boldsymbol{S}^q$ 和 α^q 代入式(3.84)更新设计变量 $\boldsymbol{\beta}^q$,进入下一次迭代,直至优化过程收敛。

3.3.2.4　BOBYQA 算法

BOBYQA(Bound Optimization by Quadratic Approximation,约束二次逼近优化)算法是通过约束设计变量的上、下边界,寻找目标函数 F 最小值。在每次迭代过程中,使用二次近似函数来近似目标函数,且插值点是不断调整和自动选择的,但插值点 m 是一个规定的常数,典型值是 $m = 2n+1$ 且 n 为设计变量数。这些条件在二次近似函数留有很大自由度,只有当该模型通过变化近似函数二阶导数矩阵,并使用 Frobenius 范数最小化的技术更新模型时才会被占用。因此,BOBYQA 算法明确地不需要目标函数 F 的导数信息,且 F 是由一个"黑匣子"指定的,这样能提高解决优化问题的求解效率。

BOBYQA 算法的核心内容如下,它寻求目标函数 $F(x)$ 在区间边界内最小值,公式以及算法基本流程如下:

$$\left.\begin{array}{l} \min F = F(x), \quad x \in \mathbf{R}^n \\ \text{s. t. } a_i \leqslant x \leqslant b_i, \quad i = 1,2,\cdots,n \end{array}\right\} \tag{3.86}$$

(1)给定初始变量 $x_0 \in \mathbf{R}^n$,初始信赖域半径满足 $\rho_{\text{beg}} > \rho_{\text{end}} > 0$,第 i 次迭代的信赖域半径 $\Delta_i = \rho$,设定总插值点数目 $m = 2n+1$,初始迭代步 $k = 0$。

(2)构造初始二次近似模型插值点集 $y_j(j = 1,2,\cdots,m)$,如下:

$$\left.\begin{array}{l} \underline{y}_1 = \underline{x}_0 \\ \underline{y}_{i+1} = \underline{x}_0 + \Delta_1 e_i, \underline{y}_{n+i+1} = \underline{x}_0 - \Delta_1 e_i, a_i \leqslant (\underline{x}_0)_i \leqslant b_i \\ \underline{y}_{i+1} = \underline{x}_0 + \Delta_1 e_i, \underline{y}_{n+i+1} = \underline{x}_0 + 2\Delta_1 e_i, (\underline{x}_0)_i \leqslant a_i \\ \underline{y}_{i+1} = \underline{x}_0 - \Delta_1 e_i, \underline{y}_{n+i+1} = \underline{x}_0 - 2\Delta_1 e_i, (\underline{x}_0)_i \leqslant b_i \end{array}\right\} \tag{3.87}$$

式中:$e_i(i = 1,2,\cdots,n)$ 是在 $x \in \mathbf{R}^n$ 上的第 i 个坐标向量,若 $m \leqslant 2n+1$,则第一个二次模型的插值点为 $y_j, j = 1,2,\cdots,m$,且定义当 $j > m$ 时 y_j 是多余的。这时函数值 $F(y_j)$ 是可以求解得到且 $j = 1,2,\cdots,\min(m,2n+1)$;若 $m > 2n+1$,插值点为 $y_j, j = 1,2,\cdots,2n+1$,这时式(3.87)可能要重组,具体细节参考相关文献。第一次迭代构造插值方程 Q_1 具有如下形式:

$$Q_1(\underline{y}_j) = F(\underline{y}_j), \quad j = 1,2,\cdots,m \tag{3.88}$$

(3)在 $k = k+1$ 情况下,若满足收敛条件 $\Delta_k \leqslant \rho_{\text{end}}$,则停止迭代得到最优值,否则进入下一个迭代步。

(4)从插值点集 $y_j(j = 1,2,\cdots,m)$ 中寻找到点 $\underline{x}_k$ 满足以下条件:

$$F(\underline{x}_k) = \min\{F(\underline{y}_j), \quad j = 1,2,\cdots,m\} \tag{3.89}$$

式中:m 是由优化者在区间 $[n+2, 0.5(n+1)(n+2)]$ 选择的常数整数。

(5)在信赖域迭代过程中,通过求解信赖域子问题来确定试探步长 $\underline{d}_k$,如下:

$$\left.\begin{array}{l} \min Q_k(\underline{x}_k + \underline{d}), \quad \underline{d} \in \mathbf{R}^n \\ \text{s. t. } \underline{a} \leqslant \underline{x}_k + \underline{d} \leqslant \underline{b} \text{ 且 } \|\underline{d}\| \leqslant \Delta_k \end{array}\right\} \tag{3.90}$$

式中:$\underline{d}_k$ 是在对解决子问题中向量 $\underline{d}$ 的适当估计。式(3.90)是替换式的迭代,在式(3.94)新的插值下选择 $\underline{d}_k$ 能提高好的线性无关性。

(6)计算函数值 $F(\underline{x}_k+\underline{d}_k)$，需要把其中一个插值点 $\underline{y}_t$ 替换成 $\underline{x}_k+\underline{d}_k$，并且 $\underline{y}_t$ 不同于 $\underline{x}_k$，因此 $\underline{x}_k+1$ 定义为

$$\underline{x}_k+1 = \begin{cases} \underline{x}_k, & F(\underline{x}_k+\underline{d}_k) \geqslant F(\underline{x}_k) \\ \underline{x}_k+\underline{d}_k, & F(\underline{x}_k+\underline{d}_k) < F(\underline{x}_k) \end{cases} \tag{3.91}$$

(7)构建新的插值点，如下：

$$\hat{\underline{y}}_j = \begin{cases} \underline{y}_j, & j \neq t \\ \underline{x}_k+\underline{d}_k, & j = t \end{cases}, j = 1,2,\cdots,m \tag{3.92}$$

式中：t 是 $(1,m)$ 区间的一个整数，且满足以下公式：

$$\| \underline{y}_t - \underline{x}_k \| = \max\{ \| \underline{y}_j - \underline{x}_k \|, j = 1,2,\cdots,m \} \tag{3.93}$$

(8)构建新的二次近似函数 Q_{k+1}，如下：

$$Q_{k+1}(\hat{\underline{y}}_j) = F(\hat{\underline{y}}_j), \quad j = 1,2,\cdots,m \tag{3.94}$$

(9)生成下一步的信赖域半径，如下：

$$\Delta_{k+1} = \begin{cases} \min\left[\frac{1}{2}\Delta_k, \| \underline{d}_k \|\right], & r_k \leqslant 0.1 \\ \min\left[\frac{1}{2}\Delta_k, \| \underline{d}_k \|\right], & 0.1 \leqslant r_k \leqslant 0.7 \\ \min\left[\frac{1}{2}\Delta_k, 2\| \underline{d}_k \|\right], & r_k > 0.7 \end{cases} \tag{3.95}$$

式中：$r_k = \dfrac{F(\underline{x}_k) - F(\underline{x}_k+\underline{d}_k)}{Q(\underline{x}_k) - Q(\underline{x}_k+\underline{d}_k)}$。

(10)返回第(3)步。

从上述流程可以看出，无须明确地要求目标函数的一阶导数。变量的大部分变化是信赖域子问题的一种近似解法，使用当前的二次模型，并且其信赖域半径的下界值在谨慎地减小，使插值点在计算的后期保持分离，这降低了计算机舍入误差造成的计算成本。

3.3.3　多点优化问题处理

3.3.3.1　鲁棒性优化问题定义

多点优化是实现鲁棒性优化的一种方式。鲁棒性优化问题的定义参见式(3.86)，只考虑单目标情况，设 $f(\boldsymbol{x}) = f(\boldsymbol{x}_c, \boldsymbol{x}_e)$，其中 $\boldsymbol{x}_c$ 表示控制变量，例如外形设计参数，$\boldsymbol{x}_e$ 代表环境变量，例如马赫数等。假设环境变量 $\boldsymbol{x}_e$ 的概率分布密度函数为 $p(\boldsymbol{x}_e)$，则可定义均值形式的目标函数为

$$F_m(\boldsymbol{x}_c) = \int_{\boldsymbol{x}_e} f(\boldsymbol{x}_c, \boldsymbol{x}_e) p(\boldsymbol{x}_e) \mathrm{d}\boldsymbol{x}_e \tag{3.96}$$

和方差形式的目标函数为

$$F_v(\boldsymbol{x}_c) = \int_{\boldsymbol{x}_e} \left[f(\boldsymbol{x}_c, \boldsymbol{x}_e) - F_m(\boldsymbol{x}_c) \right]^2 p(\boldsymbol{x}_e) \mathrm{d}\boldsymbol{x}_e \tag{3.97}$$

由于优化问题定义为最小化问题,因此希望式(3.96)和式(3.97)的值越小越好。由于 $f(\boldsymbol{x}_c,\boldsymbol{x}_e)$ 是未知的,可以利用代理模型,设为 $\hat{F}(\boldsymbol{x}_c,\boldsymbol{x}_e)$,来取代 $f(\boldsymbol{x}_c,\boldsymbol{x}_e)$,于是式(3.96)和式(3.97)变为

$$\hat{F}_m(\boldsymbol{x}_c) = \int_{\boldsymbol{x}_e} \hat{F}(\boldsymbol{x}_c,\boldsymbol{x}_e) p(\boldsymbol{x}_e) \mathrm{d}\boldsymbol{x}_e \tag{3.98}$$

和

$$\hat{F}_v(\boldsymbol{x}_c) = \int_{\boldsymbol{x}_e} \left[\hat{F}(\boldsymbol{x}_c,\boldsymbol{x}_e) - F_m(\boldsymbol{x}_c) \right]^2 p(\boldsymbol{x}_e) \mathrm{d}\boldsymbol{x}_e \tag{3.99}$$

因此,代理模型 $\hat{F}(\boldsymbol{x}_c,\boldsymbol{x}_e)$ 的均值设为 $\mu(\boldsymbol{x}_c,\boldsymbol{x}_e)$,标准方差设为 $s(\boldsymbol{x}_c,\boldsymbol{x}_e)$。

3.3.3.2　多点优化问题定义

在一般情况下,式(3.98)和式(3.99)都无法积分,除了概率密度函数 $p(\boldsymbol{x}_e)$ 取某些特殊形式之外,例如针对 $p(\boldsymbol{x}_e)$ 取高斯函数的特殊情况,尽管在大多数情况下都找不到式(3.98)和式(3.99)的解析表达式,但是可以对它们进行数值积分,这样总能将式(3.98)和式(3.99)转化成多点加权的方式,即多点设计问题。现考虑 n 个设计点,设计点 i 的权重为 $\omega^{(i)}$,则均值形式的多设计点问题可以定义为

$$\hat{F}_m(\boldsymbol{x}_c) = \sum_{i=1}^{n} \hat{F}(\boldsymbol{x}_c,\boldsymbol{x}_e^{(i)}) \omega^{(i)} = \sum_{i=1}^{n} \hat{F}^{(i)} \omega^{(i)} \tag{3.100}$$

方差形式的多设计点问题可以定义为

$$\hat{F}_v(\boldsymbol{x}_c) = \sum_{i=1}^{n} \left\{ \left[\hat{F}(\boldsymbol{x}_c,\boldsymbol{x}_e^{(i)}) - \hat{F}_m \right]^2 \omega^{(i)} \right\} = \sum_{i=1}^{n} \left[(\hat{F}^{(i)} - \hat{F}_m)^2 \omega^{(i)} \right] \tag{3.101}$$

这样,上面两式便形成了多点优化问题中的目标函数或约束函数。根据实际需要,可以将它们分为 4 种情况:

(1)将 $\hat{F}_m$ 作为目标函数进行求解;

(2)将 $\hat{F}_s = \hat{F}_m + \lambda \hat{F}_v$ 作为目标函数进行求解,其中 λ 为用户定义的常数;

(3)将 $\hat{F}_m$ 作为目标函数、$\hat{F}_v$ 作为约束进行求解;

(4)将 $\hat{F}_m$ 和 $\hat{F}_v$ 作为两个目标函数进行求解。

由于 $\hat{F}(\boldsymbol{x}_c,\boldsymbol{x}_e)$ 为随机变量,因此 $\hat{F}_m$、$\hat{F}_v$ 和 $\hat{F}_s$ 均为随机变量。

3.3.4　参数化与空间网格生成

3.3.4.1　翼型和机翼参数化

Masters 等较完整地总结了常用的翼型参数化方法,包括 Hicks - Henne 函数法、Class - Shape Transformations(CST)方法和 Bézier - Bernstein 曲线法等。在翼型的参数化中,最简单直接的方法是将翼型表面上每个离散点作为设计参数,这种方法可以最大限度地改变翼型的形状,但是大量的设计参数会减慢优化的收敛过程。此外,由于翼型表面所有网格点都是作为设计参数独立变化,敏感性导数往往不是连续光滑的,所以有时会产生不规则和振

荡的曲线和曲面。

1. Hicks - Henne 函数法

Hicks 和 Henne 利用正弦函数实现了一种翼型参数化方法（Hicks - Henne），通过在初始外形上增加一系列的类似于鼓包形状的函数来改变翼型的外形，即

$$y = y^{\text{initial}} + \sum_{i=1}^{n} a_i \sin t_i (\pi x^{\ln 0.5/\ln h_i}) \tag{3.102}$$

式中：常数 a_i 决定了函数的最大值；h_i 决定了函数最大值的位置；t_i 决定了函数自变量的范围。这三个变量确定了形状函数的分布。Wu 等给出了一种应用较为广泛的 h_i 函数形式：

$$h_i = \frac{1}{2} \left[1 - \cos\left(\frac{i\pi}{n+1}\right) \right], \quad i = 1, 2, \cdots, n \tag{3.103}$$

图 3 - 18 给出了一个 Hicks - Henne 函数分布的示例。

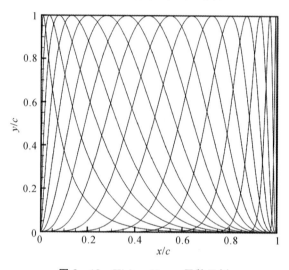

图 3 - 18　Hicks - Henne 函数示例

2. CST 方法

Kulfan 和 Bussoletti 提出了 CST 方法，可以使用较少的设计参数来定义翼型外形，近年来在国内外得到了广泛的应用。用 CST 方法定义的翼型表面函数表达式为

$$z(x) = [x^{0.5} \cdot (1-x)] \cdot S(x) + x \cdot z_{\text{te}} \tag{3.104}$$

式中：z_{te} 为翼型尾缘厚度；$S(x)$ 为形函数（shapefunction）。用一系列的多项式来定义形函数 $S(x)$：

$$S(x) = \sum_{i=0}^{n} S_{i,n}(x) = \sum_{i=0}^{n} K_{i,n} x^i (1-x)n - i \tag{3.105}$$

式中：n 为多项式的阶数。系数 $K_{i,n}$ 的表达式为

$$K_{i,n} \equiv \binom{n}{i} \equiv \frac{n!}{i!(n-i)!} \tag{3.106}$$

3. Bézier - Bernstein 曲线法

Bézier - Bernstein 方法基于 Bernstein 多项式定义翼型 y 方向上的坐标变化：

$$y_{\text{current}} = y_{\text{initial}} + \delta y \tag{3.107}$$

$$\delta y = \sum_{i=0}^{N} B_{i,N}(\bar{u})\beta_i \tag{3.108}$$

式中:多项式 $B_{i,N}$ 形式为

$$B_{i,N}(\bar{u}) = \{N! / [i!(N-i)!]\}\bar{u}^i(1-\bar{u})^{N-i} \tag{3.109}$$

式中:

$$\bar{u} = \sqrt{x} \tag{3.110}$$

式中:x 是沿翼型上某点的弦向位置。对于翼型上、下表面,分别使用 10 个控制点对其进行参数化,其中两个控制点在翼型的前缘和后缘,固定不变。攻角也作为一个设计参数,即共有 17 个设计参数控制翼型形状。

对于无限展长后掠翼而言,在与自由来流方向平行的截面上,由 17 个参数控制翼型形状,此外后掠角也作为一个设计参数控制机翼的平面形状。对于三维机翼,沿展向将其分成若干个控制面后,在各个控制面上分别应用 Bézier – Bernstein 参数化方法,相邻控制面之间使用 3 次样条曲线相连保证机翼表面的平滑过渡。

$$S_{r,n}(x) = \frac{n!}{r!(n-r)!}x^r(1-x)^{n-r} \tag{3.111}$$

式中:$r=0\sim n$,采用 n 阶即有 n 个设计参数。

4. PARSEC 方法

PARSEC 是由一种常用且具有明确直观几何意义的翼型参数化方法。PARSEC 在翼型建模中有一系列的直观性参数,这些参数可作为后续优化中的设计变量,但是该方法缺乏灵活性,这也是一些翼型在反设计中失败的原因。

PARSEC 参数化方法有 11 个直观性参数对翼型进行设计控制,分别为前缘半径(R_{le}),上、下表面的最大厚度位置(x_{up}、x_{lo}),最大厚度(Z_{up},z_{lo}),最大厚度曲率(z_{xxup},z_{xxlo}),后缘纵坐标 $[z(x_{\text{te}})_{\text{up}}$、$z(x_{\text{te}})_{\text{lo}}]$,以及后缘角($\alpha_{\text{te}}$)和尾锥角($\beta_{\text{te}}$),11 个参数在翼型中的定义如图 3 – 19 所示。虽然有一些翼型上、下表面前缘半径有较大差别,但大多数翼型上、下表面前缘半径都是相同的,所以这里采用 11 个参数作为设计变量。

上、下表面多项式公式为

$$z_{\text{up}} = \sum_{n=1}^{6} a_n \cdot x^{n-\frac{1}{2}} \tag{3.112}$$

$$z_{\text{lo}} = \sum_{n=1}^{6} b_n \cdot x^{n-\frac{1}{2}} \tag{3.113}$$

通过对上、下表面多项式的分析推导,具体参数详见相关文献,建立上、下表面的线性方程:

$$\boldsymbol{A}_{\text{up}} \cdot \boldsymbol{V}_{\text{up}} = \boldsymbol{B}_{\text{up}} \tag{3.114}$$

$$\boldsymbol{A}_{\text{lo}} \cdot \boldsymbol{V}_{\text{lo}} = \boldsymbol{B}_{\text{lo}} \tag{3.115}$$

上、下表面多项式系数 a_i、b_i 通过求解下面矩阵方程得到:

$$\boldsymbol{V}_{\text{up}} = \boldsymbol{A}_{\text{up}}^{-1} \cdot \boldsymbol{B}_{\text{up}} \tag{3.116}$$

$$\boldsymbol{V}_{\text{lo}} = \boldsymbol{A}_{\text{lo}}^{-1} \cdot \boldsymbol{B}_{\text{lo}} \tag{3.117}$$

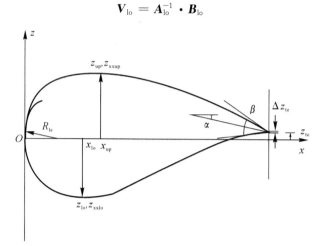

图 3 - 19 PARSEC 参数化方法 11 个参数在翼型上的定义

3.3.4.2 空间网格变形方法

优化过程中需要程序自动更新计算网格,计算机首先根据设计参数改变翼型或机翼的表面网格,如果只涉及二维翼型的优化设计,那么只会改变机翼表面网格点的 y 坐标值,x 坐标不变;如果是涉及三维机翼的优化设计,后掠角也作为设计参数,那么除了 y 坐标会改变外,网格点的 x 坐标由后掠角决定。

在生成了表面网格后,再由表面网格扩展到远场,完成整个计算网格的更新。沿用 Le Moigne 和 Wong 的方法,通过下式更新连接物面与远场边界的网格点 y 坐标:

$$y_j^{\text{new}} = y_j^{\text{old}} + \left[1 - \text{arc}(j) \right] \left(y_{\text{surface}}^{\text{new}} - y_{\text{surface}}^{\text{old}} \right), \quad j = 2,3,\cdots,n \tag{3.118}$$

式中:

$$\text{arc}(j) = \frac{\sum_{l=2}^{j} L_l}{\sum_{l=2}^{jn} L_l} \tag{3.119}$$

$$L_l = \sqrt{(x_l - x_{l-1})^2 + (y_l - y_{l-1})^2 + (z_l - z_{l-1})^2} \tag{3.120}$$

体网格上的 x 坐标和 z 坐标的变化与对应物面上的网格相同,由下式确定:

$$x_j^{\text{new}} = x_j^{\text{old}} + (x_{\text{surface}}^{\text{new}} - x_{\text{surface}}^{\text{old}}), \quad j = 1,2,\cdots,n \tag{3.121}$$

$$z_j^{\text{new}} = z_j^{\text{old}} + (z_{\text{surface}}^{\text{new}} - z_{\text{surface}}^{\text{old}}), \quad j = 1,2,\cdots,n \tag{3.122}$$

3.3.5 几种导数计算方法

使用基于导数的优化设计方法,需要计算目标函数对设计变量的导数 $\dfrac{\mathrm{d}F}{\mathrm{d}\beta_k}$,其中 F 为目标函数,β_k 为设计变量之一。下面给出几种常用的导数计算方法,包括有限差分法、复变量差分法、直接微分法和伴随方法。

3.3.5.1　有限差分法

利用有限差分法来计算敏感性导数是最为简单和直接的,使用一阶精度的有限差分法计算敏感性导数的表达式为

$$\frac{\mathrm{d}F}{\mathrm{d}\beta_k} \approx \frac{F(\boldsymbol{\beta} \pm \varepsilon \boldsymbol{e}_k) - F(\boldsymbol{\beta})}{\pm \varepsilon} \tag{3.123}$$

二阶精度的有限差分法的计算公式为

$$\frac{\mathrm{d}F}{\mathrm{d}\beta_k} \approx \frac{F(\boldsymbol{\beta} + \varepsilon \boldsymbol{e}_k) - F(\boldsymbol{\beta} - \varepsilon \boldsymbol{e}_k)}{2\varepsilon} \tag{3.124}$$

式中:ε 为计算步长;$\boldsymbol{e}_k$ 为设计空间内的第 k 个标准基。一般情况下,二阶精度的有限差分法计算的导数要比一阶精度准确,但是需要的计算量也更大。

使用有限差分法非常简单,只需要给设计变量一个扰动,再在新生成的几何上做一次流场计算即可。所以只需要 CFD 程序和优化程序,就可以利用有限差分法进行气动优化,这是该方法最大的优点。但是,在应用有限差分法计算导数时,计算量与设计变量的个数成正比,对于具有大参数的气动优化设计来说,效率很低。对于一阶精度的有限差分法,计算一次导数值需要 NDV+1 次流场计算,其中 NDV 为设计变量的个数;而对于二阶精度,则需要 2×NDV 次流场计算。另外,在应用有限差分法计算导数时需要流场完全收敛,这也带来了很大的计算代价。有限差分法的第二个问题就在于计算步长 ε 的选取上。如果计算步长 ε 取得过小,那么会引入计算机的截断误差,而过大的计算步长会得到完全错误的结果。所以在应用有限差分法时,计算步长的选取对导数的结果影响巨大。

目前,在气动优化中,由于敏感性导数的计算没有试验结果可作为对比验证,一般使用有限差分法来验证其他计算导数的方法的精度。

3.3.5.2　复变量差分法

复变量差分法是一种与有限差分法类似的敏感性导数的计算方法,它采用下式来计算目标函数对设计变量的导数:

$$\frac{\mathrm{d}F}{\mathrm{d}\beta_k} \approx \frac{\mathrm{Im}\left[F(\boldsymbol{\beta} + \mathrm{i}\varepsilon \boldsymbol{e}_k)\right]}{\pm \varepsilon} \tag{3.125}$$

式中:F 为复数形式下的目标函数;$\mathrm{Im}[F]$ 表示复数 F 的虚部;$\boldsymbol{e}_k$ 为设计空间内的第 k 个标准基;ε 为计算步长。复变量差分法与有限差分法相比最大的优势就是前者导数的计算结果对步长 ε 不敏感。在应用复变量差分法时,只需要将流场程序中的 REAL 型变量转变成 COMPLEX 型,同时必须保证程序中所有的函数对复数型变量是适用的,尤其是在用到求最值等函数时,需要特别注意。Martins 等给出了使用复变量差分法的帮助文件,并附上了相关程序,大大简化了使用该方法的过程。

3.3.5.3　直接微分法

气动优化中,目标函数 F 通常是流场变量、网格和设计变量的函数,即

$$F = F\left[\boldsymbol{Q}^*(\boldsymbol{\beta}), \boldsymbol{\chi}(\boldsymbol{\beta}), \boldsymbol{\beta}\right] \tag{3.126}$$

式中:$\boldsymbol{Q}^*$ 为流场变量,上标 * 表示流场收敛时的值;$\boldsymbol{\chi}$ 是网格矢量;$\boldsymbol{\beta}$ 是设计变量,$\boldsymbol{Q}$ 和 $\boldsymbol{\chi}$ 均是 $\boldsymbol{\beta}$ 的函数。将目标函数对设计变量 $\boldsymbol{\beta}$ 求导,可以得到敏感性导数,即

$$\frac{\mathrm{d}F}{\mathrm{d}\beta_k} = \left(\frac{\partial F}{\partial \boldsymbol{Q}}\right)^t \frac{\mathrm{d}\boldsymbol{Q}^*}{\mathrm{d}\beta_k} + \left(\frac{\partial F}{\partial \boldsymbol{\chi}}\right)^t \frac{\mathrm{d}\boldsymbol{\chi}}{\mathrm{d}\beta_k} + \frac{\partial F}{\partial \beta_k} \tag{3.127}$$

式(3.127)中,根据目标函数 F 的定义,矩阵 $\left(\frac{\partial F}{\partial \boldsymbol{Q}}\right)^t$、矩阵 $\left(\frac{\partial F}{\partial \boldsymbol{\chi}}\right)^t$ 和 $\frac{\partial F}{\partial \beta_k}$ 的计算较为简单。$\frac{\mathrm{d}\boldsymbol{\chi}}{\mathrm{d}\beta_k}$ 为网格矢量对设计变量的敏感性导数。基于结构网格,空间网格的更新也采用线性方法,利用链式法则,网格矢量可直接对设计变量进行求导:

$$\frac{\partial \boldsymbol{\chi}}{\partial \beta_k} = \frac{\partial \boldsymbol{\chi}}{\partial \boldsymbol{\chi}_b} \frac{\partial \boldsymbol{\chi}_b}{\partial \beta_k} \tag{3.128}$$

式中:$\boldsymbol{\chi}_b$ 为翼型和机翼的表面网格矢量,Le Moigne 在参考相关文献中给出了具体计算过程。

式(3.127)中矩阵 $\frac{\mathrm{d}\boldsymbol{Q}^*}{\mathrm{d}\beta_k}$ 的计算较为复杂,采用如下方法进行计算。流场控制方程的残差 $\boldsymbol{R}$ 为流场变量 $\boldsymbol{Q}$、网格矢量 $\boldsymbol{\chi}$ 和设计变量 $\boldsymbol{\beta}$ 的函数:

$$\boldsymbol{R} = \boldsymbol{R}(\boldsymbol{Q}(\boldsymbol{\beta}), \boldsymbol{\chi}(\boldsymbol{\beta}), \boldsymbol{\beta}) \tag{3.129}$$

将其对设计变量求导,当流场收敛时可得

$$\frac{\mathrm{d}\boldsymbol{R}}{\mathrm{d}\beta_k} = \frac{\partial \boldsymbol{R}}{\partial \boldsymbol{Q}} \frac{\mathrm{d}\boldsymbol{Q}^*}{\mathrm{d}\beta_k} + \frac{\partial \boldsymbol{R}}{\partial \boldsymbol{\chi}} \frac{\mathrm{d}\boldsymbol{\chi}}{\mathrm{d}\beta_k} + \frac{\partial \boldsymbol{R}}{\partial \beta_k} = 0 \tag{3.130}$$

即

$$\frac{\partial \boldsymbol{R}}{\partial \boldsymbol{Q}} \frac{\mathrm{d}\boldsymbol{Q}^*}{\mathrm{d}\beta_k} = -\frac{\partial \boldsymbol{R}}{\partial \boldsymbol{\chi}} \frac{\mathrm{d}\boldsymbol{\chi}}{\mathrm{d}\beta_k} - \frac{\partial \boldsymbol{R}}{\partial \beta_k} \tag{3.131}$$

求解式(3.131)即可得到 $\frac{\mathrm{d}\boldsymbol{Q}^*}{\mathrm{d}\beta_k}$,代入式(3.127)中,完成直接微分方法的求导过程。可以看到,为了得到目标函数对所有设计变量的导数,需要求解 NDV 次方程[见式(3.131)],NDV 为设计变量的个数,对于具有大量设计参数的优化问题,直接微分方法同样效率较低。

3.3.5.4 伴随方法

Jameson 最先将伴随方法引入气动优化中来,通过求解流场运动方程的伴随方程,得到目标函数对设计变量的导数。伴随方法最大的优点就是求解导数的计算量只与目标函数和约束条件的个数有关,而与设计变量的个数无关。对于飞行器的气动优化这种涉及大量设计参数的问题,伴随方法具有很高的效率,因而应用广泛。

这里介绍的伴随方法基于 Le Moigne 发展的离散伴随求解器,离散伴随方法的基本原理与直接微分法类似,目标函数可用式(3.126)表达,在求解目标函数的敏感性导数[见式(3.127)]时,引入伴随算子 λ 和流场控制方程的残差[见式(3.130)]:

$$\frac{\mathrm{d}F}{\mathrm{d}\beta_k} = \left[\left(\frac{\partial F}{\partial \boldsymbol{Q}}\right)^t \frac{\mathrm{d}\boldsymbol{Q}^*}{\mathrm{d}\beta_k} + \left(\frac{\partial F}{\partial \boldsymbol{\chi}}\right)^t \frac{\mathrm{d}\boldsymbol{\chi}}{\mathrm{d}\beta_k} + \frac{\partial F}{\partial \beta_k} \right] + \lambda^t \left(\frac{\partial \boldsymbol{R}}{\partial \boldsymbol{Q}} \frac{\mathrm{d}\boldsymbol{Q}^*}{\mathrm{d}\beta_k} + \frac{\partial \boldsymbol{R}}{\partial \boldsymbol{\chi}} \frac{\mathrm{d}\boldsymbol{\chi}}{\mathrm{d}\beta_k} + \frac{\partial \boldsymbol{R}}{\partial \beta_k} \right) \tag{3.132}$$

整理后,可得到

$$\frac{\mathrm{d}F}{\mathrm{d}\beta_k} = \left[\left(\frac{\partial F}{\partial \boldsymbol{Q}}\right)^t + \lambda^t \frac{\partial \boldsymbol{R}}{\partial \boldsymbol{Q}} \right] \frac{\mathrm{d}\boldsymbol{Q}^*}{\mathrm{d}\beta_k} + \left[\left(\frac{\partial F}{\partial \boldsymbol{\chi}}\right)^t + \lambda^t \frac{\partial \boldsymbol{R}}{\partial \boldsymbol{\chi}} \right] \frac{\mathrm{d}\boldsymbol{\chi}}{\mathrm{d}\beta_k} + \left(\frac{\partial F}{\partial \beta_k} + \lambda^t \frac{\partial \boldsymbol{R}}{\partial \beta_k} \right) \tag{3.133}$$

为了避免计算矩阵 $\dfrac{\mathrm{d}\boldsymbol{Q}^*}{\mathrm{d}\beta_k}$，令其系数为 0，得到伴随方程：

$$\left(\frac{\partial \boldsymbol{R}}{\partial \boldsymbol{Q}}\right)^t \lambda = -\frac{\partial F}{\partial \boldsymbol{Q}} \tag{3.134}$$

可见，伴随算子 λ 的求解可实现与设计变量个数的解耦，求解伴随方程后，目标函数的敏感性导数可用下式计算：

$$\frac{\mathrm{d}F}{\mathrm{d}\beta_k} = \left[\left(\frac{\partial F}{\partial \boldsymbol{\chi}}\right)^t + \lambda^t \frac{\partial \boldsymbol{R}}{\partial \boldsymbol{\chi}}\right]\frac{\mathrm{d}\boldsymbol{\chi}}{\mathrm{d}\beta_k} + \left(\frac{\partial F}{\partial \beta_k} + \lambda^t \frac{\partial \boldsymbol{R}}{\partial \beta_k}\right) \tag{3.135}$$

上述雅可比矩阵（Jacobians）和网格敏感性导数的计算均使用手动微分（hand-differentiated）的方法。为加快计算速度，Le Moigne 完成了流场和伴随方程求解器的并行。在 3.3.6 节中，将给出耦合转捩模型的离散伴随方程的构造和求解过程。

3.3.6　耦合转捩模型的离散伴随方法

3.3.6.1　转捩模型的耦合

为了实现自然层流机翼的优化设计，必须在计算敏感性导数时考虑转捩特性。通过求解离散伴随方程来计算目标函数的敏感性导数，下面将给出耦合转捩模型的离散伴随方程的推导过程。定义流场变量 $\overline{\boldsymbol{Q}^*} \equiv [\boldsymbol{Q}^*; \boldsymbol{X}_f^*]$，其中 $\boldsymbol{Q}^*$ 为流场变量，$\boldsymbol{X}_f^*$ 为转捩点矢量，上标 $*$ 表示流场收敛时的变量值。目标函数 F 可表达为如下形式：

$$F = F\{\overline{\boldsymbol{Q}^*}[\boldsymbol{Q}^*(\boldsymbol{\beta}), \boldsymbol{X}_f^*(\boldsymbol{\beta})], \boldsymbol{\chi}(\boldsymbol{\beta}), \boldsymbol{\beta}\} \tag{3.136}$$

除了 $\boldsymbol{Q}^*$ 外，其余变量与式（3.126）相同，$\boldsymbol{Q}$、$\boldsymbol{X}_f$ 和 $\boldsymbol{\chi}$ 均是 $\boldsymbol{\beta}$ 的函数。

定义残差 $\overline{\boldsymbol{R}} \equiv [\boldsymbol{R}; \boldsymbol{R}_{\mathrm{tr}}]$，其中转捩残差 $\boldsymbol{R}_{\mathrm{tr}}$ 已经定义过：$\boldsymbol{R}_{\mathrm{tr}} = \boldsymbol{X}_f - \boldsymbol{X}_p$，当流场的转捩位置收敛时，有 $\boldsymbol{X}_f = \boldsymbol{X}_p$，即 $\boldsymbol{R}_{\mathrm{tr}} = \boldsymbol{0}$。引入增广伴随算子 $\overline{\boldsymbol{\lambda}} \equiv [\boldsymbol{\lambda}; \boldsymbol{\lambda}_{tr}]$，应用下式来计算目标函数的敏感性导数：

$$\frac{\mathrm{d}F}{\mathrm{d}\beta_k} = \left[\left(\frac{\partial F}{\partial \overline{\boldsymbol{Q}}}\right)^t \frac{\mathrm{d}\overline{\boldsymbol{Q}^*}}{\mathrm{d}\beta_k} + \left(\frac{\partial F}{\partial \boldsymbol{\chi}}\right)^t \frac{\mathrm{d}\boldsymbol{\chi}}{\mathrm{d}\beta_k} + \frac{\partial F}{\partial \beta_k}\right] + \overline{\boldsymbol{\lambda}}^t \left(\frac{\partial \overline{\boldsymbol{R}}}{\partial \overline{\boldsymbol{Q}}} \frac{\mathrm{d}\overline{\boldsymbol{Q}^*}}{\mathrm{d}\beta_k} + \frac{\partial \overline{\boldsymbol{R}}}{\partial \boldsymbol{\chi}} \frac{\mathrm{d}\boldsymbol{\chi}}{\mathrm{d}\beta_k} + \frac{\partial \overline{\boldsymbol{R}}}{\partial \beta_k}\right) \tag{3.137}$$

根据 $\overline{\boldsymbol{Q}}$、$\overline{\boldsymbol{R}}$ 和 $\overline{\boldsymbol{\lambda}}$ 的定义，式（3.137）可整理为

$$\frac{\mathrm{d}F}{\mathrm{d}\beta_k} = \left[\left(\frac{\partial F}{\partial \boldsymbol{Q}}\right)^t + \boldsymbol{\lambda}^t \frac{\partial \boldsymbol{R}}{\partial \boldsymbol{Q}} + \boldsymbol{\lambda}_{\mathrm{tr}}^t \frac{\partial \boldsymbol{R}_{\mathrm{tr}}}{\partial \boldsymbol{Q}}\right]\frac{\mathrm{d}\boldsymbol{Q}^*}{\mathrm{d}\beta_k} + \left[\left(\frac{\partial F}{\partial \boldsymbol{X}_f}\right)^t + \boldsymbol{\lambda}^t \frac{\partial \boldsymbol{R}}{\partial \boldsymbol{X}_f} + \boldsymbol{\lambda}_{\mathrm{tr}}^t \frac{\partial \boldsymbol{R}_{\mathrm{tr}}}{\partial \boldsymbol{X}_f}\right]\frac{\mathrm{d}\boldsymbol{X}_f^*}{\mathrm{d}\beta_k} +$$

$$\left[\left(\frac{\partial F}{\partial \boldsymbol{\chi}}\right)^t + \boldsymbol{\lambda}^t \frac{\partial \boldsymbol{R}}{\partial \boldsymbol{\chi}} + \boldsymbol{\lambda}_{\mathrm{tr}}^t \frac{\partial \boldsymbol{R}_{\mathrm{tr}}}{\partial \boldsymbol{\chi}}\right]\frac{\mathrm{d}\boldsymbol{\chi}}{\mathrm{d}\beta_k} + \left(\frac{\partial F}{\partial \beta_k} + \boldsymbol{\lambda}^t \frac{\partial \boldsymbol{R}}{\partial \beta_k} + \boldsymbol{\lambda}_{\mathrm{tr}}^t \frac{\partial \boldsymbol{R}_{\mathrm{tr}}}{\partial \beta_k}\right) \tag{3.138}$$

在式（3.138）中，$\dfrac{\mathrm{d}\boldsymbol{Q}^*}{\mathrm{d}\beta_k}$ 和 $\dfrac{\mathrm{d}\boldsymbol{X}_f^*}{\mathrm{d}\beta_k}$ 的计算量与 RANS 方程的求解时间和设计变量的个数相关，为了避免计算这两项，令这两项前的系数为 0，构造伴随方程组：

$$\left.\begin{array}{l} \left(\dfrac{\partial F}{\partial \boldsymbol{Q}}\right)^t + \boldsymbol{\lambda}^t \dfrac{\partial \boldsymbol{R}}{\partial \boldsymbol{Q}} + \boldsymbol{\lambda}_{\mathrm{tr}}^t \dfrac{\partial \boldsymbol{R}_{\mathrm{tr}}}{\partial \boldsymbol{Q}} = 0 \\[3mm] \left(\dfrac{\partial F}{\partial \boldsymbol{X}_f}\right)^t + \boldsymbol{\lambda}^t \dfrac{\partial \boldsymbol{R}}{\partial \boldsymbol{X}_f} + \boldsymbol{\lambda}_{\mathrm{tr}}^t \dfrac{\partial \boldsymbol{R}_{\mathrm{tr}}}{\partial \boldsymbol{X}_f} = 0 \end{array}\right\} \tag{3.139}$$

在式(3.139)中，$\dfrac{\partial F}{\partial X_f}$ 表示目标函数或约束条件对转捩位置的敏感性导数，而优化中的目标函数——总阻力系数 C_D 或升力约束 C_L 均不直接依赖于转捩位置，所以向量 $\dfrac{\partial F}{\partial X_f}$ 是维度为 N_{tr} 的空向量。对于二维翼型，向量 X_f 的维度 $N_{tr} = 2$；对于三维机翼，$N_{tr} = 2 \times N_{sec}$，其中 N_{sec} 为展向上的截面个数。根据 R_{tr} 的定义，$\dfrac{\partial R_{tr}}{\partial X_f}$ 为 $N_{tr} \times N_{tr}$ 的单位矩阵。式(3.139)可进一步化简得到

$$\left. \begin{array}{r} \left(\dfrac{\partial R}{\partial P}\right)^t \lambda = -\left[\dfrac{\partial F}{\partial P} + \left(\dfrac{\partial R_{tr}}{\partial P}\right)^t \lambda_{tr}\right] \\[4mm] \lambda_{tr} = -\left(\dfrac{\partial R}{\partial X_f}\right)^t \lambda \end{array} \right\} \tag{3.140}$$

式(3.140)即为耦合了转捩模型的离散伴随方程组。下面给出式(3.140)的求解过程。

3.3.6.2 离散伴随方程组的求解

在求解伴随式(3.140)之前，需要先计算矩阵——$\dfrac{\partial R_{tr}}{\partial P}$ 和 $\dfrac{\partial R}{\partial X_f}$，这两项与三维转捩模型有关。矩阵 $\dfrac{\partial R_{tr}}{\partial P}$ 表示转捩点残差对流场变量的敏感性导数，转捩残差 $R_{tr} = X_f - X_p$，为 N_{tr} 维矢量，P 为 $5 \times N_p$ 维矢量，其中 N_p 为网格点数。现应用复变量差分法对 $\dfrac{\partial R_{tr}}{\partial P}$ 进行求解：

$$\frac{\partial R_{tr}}{\partial P_i} = \frac{\mathrm{Im}[R_{tr}(P + \mathrm{i}\varepsilon e_i)]}{\varepsilon}, \quad i = 1, 2, \cdots, N_p \tag{3.141}$$

式中：计算步长 ε 取为 10^{-20}。

矩阵 $\dfrac{\partial R}{\partial X_f}$ 表示流场残差对强制转捩点的敏感性导数，流场残差 R 是 $5 \times N_p$ 维矢量，使用二阶精度的有限差分法计算该矩阵：

$$\frac{\partial R}{\partial X_{f,i}} \approx \frac{F(X_{f,i} + \varepsilon e_k) - F(X_{f,i} - \varepsilon e_k)}{2\varepsilon}, \quad i = 1, 2, \cdots, N_{tr} \tag{3.142}$$

进行数值试验后发现，$\dfrac{\partial R}{\partial X_f}$ 的结果受计算步长 ε 的影响并不大，这里 ε 取为 10^{-6}。在进行式(3.140)的求解前，先完成矩阵 $\dfrac{\partial R_{tr}}{\partial P}$ 和 $\dfrac{\partial R}{\partial X_f}$ 的计算并存储在数组中。

式(3.140)采用与流场运动方程类似的求解方法，将其写成 λ 的增量形式：

$$\left[\frac{1}{\Delta t}\frac{\partial Q}{\partial P} + \frac{\partial \tilde{R}(Q)}{\partial P}\right]^{tn} \Delta\lambda = -\left\{\left[\frac{\partial F}{\partial P} + \left(\frac{\partial R_{tr}}{\partial P}\right)^t \lambda_{tr}^n\right] + \left(\frac{\partial R(Q)}{\partial P}\right)^t \lambda^n\right\} \tag{3.143}$$

式中：

$$\left. \begin{array}{r} \lambda^{n+1} = \lambda^n + {}^n\Delta\lambda \\[4mm] \lambda^{n+1}_{tr} = -\left(\dfrac{\partial R}{\partial X_f}\right)^t \lambda^{n+1} \end{array} \right\} \tag{3.144}$$

注意到,式(3.143)的左端项系数转置后与流场方程完全一样。Le Moigne 对方程右端项 $\dfrac{\partial \boldsymbol{F}}{\partial \boldsymbol{P}}$ 和 $\dfrac{\partial \boldsymbol{R}}{\partial \boldsymbol{P}}$ 的计算做出了详细介绍,在此不再赘述。此外,湍流黏性系数依然用下式表达:

$$\mu_t = \gamma \mu_t \tag{3.145}$$

式中:γ 是间歇因子,在计算黏性通量 F 对设计变量 $\boldsymbol{P}$ 的敏感性导数时,层流区域内有 $\dfrac{\partial \mu_t}{\partial \boldsymbol{P}} = \boldsymbol{0}$,所以做如下处理,即

$$\left.\begin{aligned}
\frac{\partial \boldsymbol{F}^v}{\partial \boldsymbol{P}} &= \mu_t = \text{frozen} \ ,\ \text{层流区域} \\
\frac{\partial \boldsymbol{F}^v}{\partial \boldsymbol{P}} &= \mu_t = \text{frozen} + \frac{\partial \boldsymbol{F}^v}{\partial \mu_t} \frac{\partial \mu_t}{\partial \boldsymbol{P}} \ ,\ \text{湍流区域}
\end{aligned}\right\} \tag{3.146}$$

由于式(3.143)的形式与流场运动方程一样,其采用了与流场运动方程相同的求解方法。除了矩阵 $\dfrac{\partial \boldsymbol{R}_{\text{tr}}}{\partial \boldsymbol{P}}$ 和 $\dfrac{\partial \boldsymbol{R}}{\partial \boldsymbol{X}_f}$ 的计算外,引入 λ_{tr} 几乎没有给伴随方程组的求解带来额外的计算量。

得到 λ 和 λ_{tr} 后,代入式(3.138)计算目标函数的敏感性导数。对于本书的气动优化问题,设计变量只会通过计算网格的变化对目标函数产生影响(攻角也是通过将计算网格旋转一定角度来实现的),所以式(3.138)最后 3 项可以舍去,得

$$\frac{\mathrm{d}F}{\mathrm{d}\beta_k} = \left(\frac{\partial F}{\partial \boldsymbol{\chi}}\right)^t \frac{\mathrm{d}\boldsymbol{\chi}}{\mathrm{d}\beta_k} + \boldsymbol{\lambda}^t \frac{\partial \boldsymbol{R}}{\partial \boldsymbol{\chi}} \frac{\mathrm{d}\boldsymbol{\chi}}{\mathrm{d}\beta_k} + \boldsymbol{\lambda}_{\text{tr}}^t \frac{\partial \boldsymbol{R}_{\text{tr}}}{\partial \boldsymbol{\chi}} \frac{\mathrm{d}\boldsymbol{\chi}}{\mathrm{d}\beta_k} \tag{3.147}$$

式中:$\dfrac{\partial \boldsymbol{R}_{\text{tr}}}{\partial \boldsymbol{\chi}} \dfrac{\mathrm{d}\boldsymbol{\chi}}{\mathrm{d}\beta_k}$ 通过有限差分法进行计算,式中其他项则通过链式法则进行手动求导。

3.3.6.3　导数计算方法的验证

为了验证上述导数计算方法的准确性,将升阻力系数对设计变量的导数结果与二阶精度的中心差分法结果对比。在应用中心差分法时,计算步长取 1.0×10^{-6}。翼型选择 RAE2822,计算采用 C 型网格,网格数为 377×143,工况:马赫数 $Ma = 0.6$,攻角 $\alpha = 1.0°$,雷诺数 $Re_c = 15 \times 10^6$,临界放大因子 $n_{\text{TS,cr}} = 9.0$。翼型的上、下表面各有 8 个控制点对其进行参数化,攻角也作为一个设计参数,即共有 17 个设计参数控制翼型形状。表 3-4 给出了升阻力系数对部分设计变量的导数,可以看到伴随方法所得结果和中心差分法之间的差值较小。导数的正负影响了优化的方向,从表中也可以看出,即使在值很小时,伴随方法与中心差分法的符号也保持一致。

表 3-4　升阻力系数对设计变量的导数,RAE2822
$$(Ma = 0.6, \alpha = 1.0°, Re_c = 15 \times 10^6)$$

设计变量	中心差分		Adjoint		差值/(%)	
	$\mathrm{d}C_L/\mathrm{d}\beta$	$\mathrm{d}C_D/\mathrm{d}\beta$	$\mathrm{d}C_L/\mathrm{d}\beta$	$\mathrm{d}C_D/\mathrm{d}\beta$	$\mathrm{d}C_L/\mathrm{d}\beta$	$\mathrm{d}C_D/\mathrm{d}\beta$
2nd	0.627 90	−0.014 35	0.646 91	−0.014 15	3.028	1.394
6th	0.930 35	0.007 52	0.929 77	0.007 61	0.062	1.197
11th	0.445 60	−0.005 30	0.452 21	−0.005 17	1.483	2.453

续 表

设计变量	中心差分		Adjoint		差值/(%)	
	$dC_L/d\beta$	$dC_D/d\beta$	$dC_L/d\beta$	$dC_D/d\beta$	$dC_L/d\beta$	$dC_D/d\beta$
14th	0.985 10	0.003 60	0.984 86	0.003 51	0.024	2.500
攻角/(°)	0.138 60	0.000 95	0.137 67	0.000 96	0.671	1.053

3.3.7 优化算例

3.3.7.1 超临界自然层流翼型单点优化设计

设计状态取高空 10 000 m,设计升力系数为 0.67,马赫数为 0.75,约束了翼型的最小厚度、翼型参数化的设计变量范围。目标函数包括两个部分,一个是优化目标,即阻力系数的值,另一个是惩罚函数,约束翼型厚度的下界。单点优化问题的表示如下:

$$
\left.
\begin{aligned}
&\text{设计状态:} && H = 10\ 000\ \text{m}, C_L = 0.67, Ma = 0.75 \\
&\text{目标函数:} && \min F = C_D + 10\ 000 \times \left[\max\left(0.0, 1.0 - \frac{dy}{dy_{min}}\right)\right]^2 \\
&\text{约束条件:} && dy_{min} = 0.121\ 1, X - 0.1 \leqslant X \leqslant X + 0.1
\end{aligned}
\right\} \tag{3.148}
$$

式中:dy_{min} 代表翼型最大厚度的最小值;X 是设计变量。

单点优化前、后翼型对比如图 3-20 所示,前缘半径略微增加,翼型后部的厚度明显增加。表 3-5 为单点优化前、后气动特性对比,优化翼型的攻角比初始翼型减小了 0.53°,有利于提高最大升力系数范围,减少阻力系数。图 3-21 是单点优化前、后的表面摩擦因数,通过表面摩擦因数可以看出上表面的转捩位置几乎不变,优化后的翼型在下表面转捩位置略微后移。由于翼型的后半部分经过优化后厚度增加,增加了压力恢复的距离,在设计点扼制了激波的产生,使得激波阻力减小,同时,翼型上表面的最高流速降低。虽然层流范围并未扩大,但在设计点处削弱了激波,从而使总阻力下降。

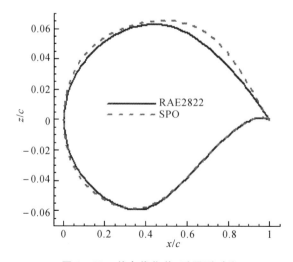

图 3-20 单点优化前、后翼型对比

注:SPO 为单点优化翼型,下同。

表 3－5　单点优化前、后气动特性

气动参数	RAE2822	优化后的翼型
$\alpha/(°)$	1.89	1.36
C_L	0.67	0.67
C_D	0.015 9	0.010 6
K	42.14	63.21

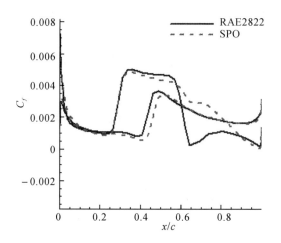 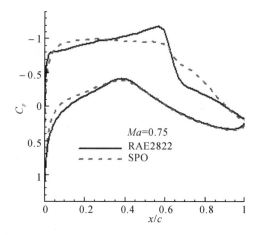

图 3－21　单点优化前、后表面摩擦因数和压强系数比较

3.3.7.2　超临界自然层流翼型多点优化设计

除了马赫数的选取以外,其余设计状态与单点优化一致。对于多点优化,马赫数取 5 个点。目标函数采用加权形式表现,采取均匀分布,每个权重系数取 0.2,多点优化问题的表示如下:

$$
\left.
\begin{aligned}
&设计状态:\quad H = 10\,000\mathrm{m}, C_L = 0.67, Ma = [0.7, 0.725, 0.75, 0.775, 0.80]\\
&目标函数:\quad \min F = \sum_i^5 w_i C_{Di}(Ma) + 10\,000 \times \left[\max\left(0.0, 1.0 - \frac{\mathrm{d}y}{\mathrm{d}y_{\min}}\right)\right]^2\\
&约束条件:\quad \mathrm{d}y_{\min} = 0.1211, X - 0.1 \leqslant X \leqslant X + 0.1
\end{aligned}
\right\}
$$

$$(3.149)$$

式中:w 是权重系数,这里都取为 0.2:

$$w_i = 0.2, \quad i = 1,2,3,4,5$$

多点优化前、后的翼型对比如图 3－22 所示,翼型上表面变化比下表面更为明显,优化翼型增加了前缘半径,最大厚度增加,翼型后部的厚度增加,后缘角增大。

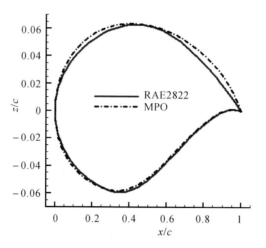

图 3 - 22　多点优化前后翼型对比

注:MPO 为多点优化翼型,下同。

表 3 - 6 展示了优化前、后翼型的气动特性参数,每个设计点的攻角在优化后都减小了,阻力系数在马赫数为 0.775 时,减少了近 103count,在 5 个设计点中阻力减小量最大。上表面的转捩位置全部推迟,有效地扩大了层流区域的范围,减少了摩擦阻力;下表面的转捩位置的变化不大。

表 3 - 6　多点优化前、后气动特性

设计点	翼型	$\alpha /(°)$	C_D	上表面转捩位置 (x/c)	下表面转捩位置 (x/c)
$Ma= 0.7$	RAE2822	2.34	0.010 35	0.119 88	0.459 41
	优化翼型	1.82(−22.2%)	0.009 805(−5.3%)	0.246 07(+105%)	0.461 02(+0.4%)
$Ma= 0.725$	RAE2822	1.99	0.009 623	0.161 77	0.456 72
	优化翼型	1.45(−27.1%)	0.009 123(−5.2%)	0.364 60(+125%)	0.450 39(−1.4%)
$Ma= 0.75$	RAE2822	1.89	0.015 87	0.298 09	0.440 71
	优化翼型	1.14(−39.7)	0.012 53(−21.1%)	0.459 61(+54%)	0.437 54(−0.7%)
$Ma= 0.775$	RAE2822	2.21	0.029 55	0.293 07	0.435 11
	优化翼型	0.87(−60.6)	0.019 27(−34.8%)	0.571 36(+95%)	0.412 30(−5.2%)
$Ma= 0.8$	RAE2822	3.88	0.056 78	0.267 00	0.456 05
	优化翼型	2.67(−31.2)	0.048 74(−14.2%)	0.492 93(+85%)	0.437 72(−4.0%)

多点优化在设计点处前、后压力分布的比较如图 3 - 23 所示,初始翼型在马赫数为 0.75 时,翼型上表面具有明显的顺压梯度,而优化翼型在马赫数为 0.70 时已经出现了顺压梯度,在流动分离前,顺压梯度的范围随着马赫数的增大而增加。在马赫数为 0.725、0.75 时,翼型后部出现了一段加速区域,有利于提高翼型的升力。在马赫数为 0.775、0.80 时,虽

然层流范围扩大,但激波强度相比初始翼型增强了。

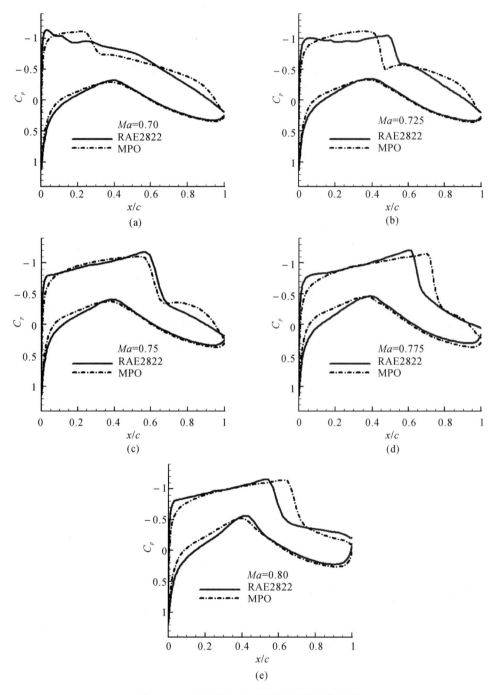

图 3-23　多点优化前、后压强系数分布比较

(a)$Ma=0.70$;　(b)$Ma=0.725$;　(c)$Ma=0.75$;　(d)$Ma=0.775$;　(e)$Ma=0.80$

图 3-24～图 3-28 为不同马赫数下初始翼型与优化翼型的马赫数云图,虽然转捩位置

推迟,摩擦阻力减小,但在马赫数为 0.725 时已有弱激波出现,相比初始翼型增加了激波阻力。整体来看,激波强度随着马赫数的增大而增大。激波位置与上表面转捩位置变化趋势一致,两者发生的位置相差不大。可以认为,激波影响了转捩发生的位置。在马赫数为 0.80 时,优化翼型的分离区减小,相比于其他状态,出现了大范围的分离区,激波位置相比于马赫数为 0.7 时前移了一小段的距离。相较于初始翼型,优化后的翼型在马赫数为 0.775、0.8 时,推迟了激波的发生,但激波强度没有减弱。由于翼型后半部分厚度增加,在马赫数为 0.725、0.75 时,上表面压力系数在经过激波后有所增大,保持了短距离的顺压梯度,提高了气动性能。

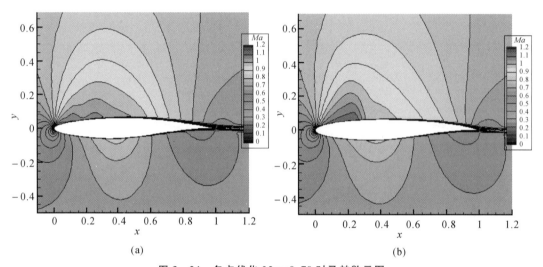

(a)   (b)

图 3-24 多点优化 Ma＝0.70 时马赫数云图

(a)RAE2822 翼型； (b)多点优化翼型

注:见彩插第 6 页。

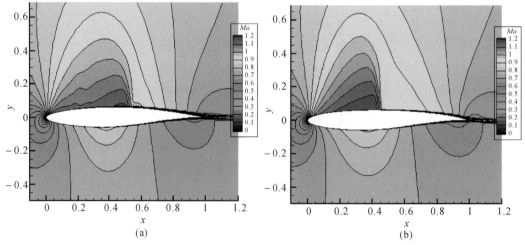

(a)   (b)

图 3-25 多点优化 Ma＝0.725 时马赫数云图

(a)RAE2822 翼型； (b)多点优化翼型

注:见彩插第 6 页。

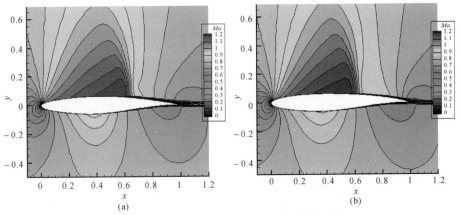

图 3 - 26　多点优化 $Ma = 0.75$ 时马赫数云图

(a)RAE2822 翼型；　(b)多点优化翼型

注:见彩插第 7 页。

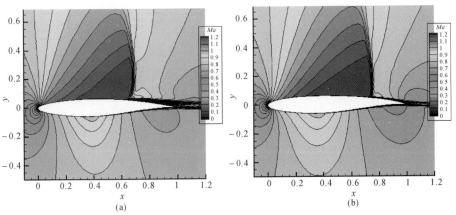

图 3 - 27　多点优化 $Ma = 0.775$ 时马赫数云图

(a)RAE2822 翼型；　(b)多点优化翼型

注:见彩插第 7 页。

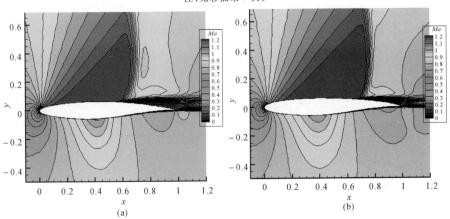

图 3 - 28　多点优化 $Ma = 0.80$ 时马赫数云图

(a)RAE2822 翼型；　(b)多点优化翼型

注:见彩插第 7 页。

3.4　混合层流数值模拟方法及验证

3.4.1　混合层流边界条件

针对混合层流控制技术的数值模拟，需要在物面处设置吸气或者吹气边界条件。物面条件的设置是在边界层方程求解的过程中进行。由于混合层流控制的吸气面占孔比（孔隙率）很小，所以在计算过程中主要是将吸气质量流量 $\dot{m}$ 和面吸气速度 v_s 建立联系。定义吸气参数 C_q：

$$C_q = \frac{v_s}{U_\infty} \tag{3.150}$$

式中：U_∞ 为来流速度；v_s 为物面吸气速度，吸气时为负值。因此

$$v_s = \frac{m}{\rho S} \tag{3.151}$$

式中：ρ 为密度；S 为吸气面面积。定义吸气孔的真实吸气速度为 v_h，与面吸气速度有如下关系：

$$v_h = \frac{v_s}{\sigma} \tag{3.152}$$

式中：σ 为孔隙率，可以表达为

$$\sigma = \frac{\pi d^2}{4s^2} \tag{3.153}$$

式中：d 为孔径；s 为孔间距。而孔的吸气速度在试验过程中可以由吸气腔体的内、外压差决定：

$$p_{out} - p_{plenum} = \Delta p = \frac{1}{2} a \rho \ (v_h)^2 + \frac{1}{32} b \mu \ \frac{t}{d^2} (v_h) \tag{3.154}$$

式中：ρ 为空气密度；μ 为动力学黏性系数；t 为吸气壁板厚度。系数 a、b 需要根据试验进行标定。

吸气壁板的几何参数如图 3-29 所示。

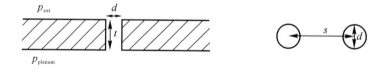

图 3-29　吸气壁板的几何参数

3.4.2　混合层流相关参数标定

采用层流翼套飞行试验结果对式（3.154）中的常数系数 a 和 b 进行标定。试验翼套及

翼型如图 3-30 所示，蓝色多孔板下方是 4 个独立的吸气室。这些腔室通过管道连接到泵，并且在弦向方向上具有相同的弧长。多孔板两个方向上的孔间距均是 50 μm，孔直径都是 50 μm。利用最小二乘原理对 HLFC 试验中每个独立的吸气室进行参数 a 和 b 的标定，试验是在零外流条件下进行的。表 3-7 中列出了该试验多孔表面的校准数据 a 和 b，4 个吸气室的值差异较大，其原因是 4 个腔室的穿孔表面在弯曲时吸气孔产生了不同的几何变形，而吸气孔的几何特征对吸气参数有显著影响。图 3-31 为最终校准曲线与试验数据的对比。结果表明，标定曲线与试验数据吻合较好。

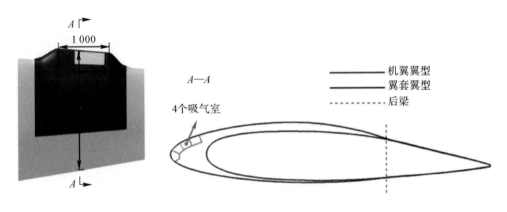

图 3-30　翼套几何和翼型

注：见彩插第 8 页。

表 3-7　不同吸气室标定常数

参数	吸气室 1	吸气室 2	吸气室 3	吸气室 4
a	6.861	23.893	32.759	27.992
b	1.775	0.779	1.453	0.444

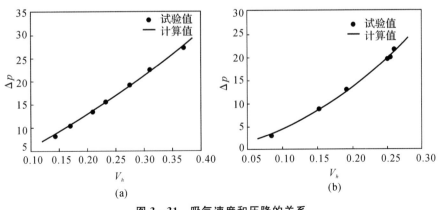

图 3-31　吸气速度和压降的关系

(a)吸气室 1；　(b)吸气室 2

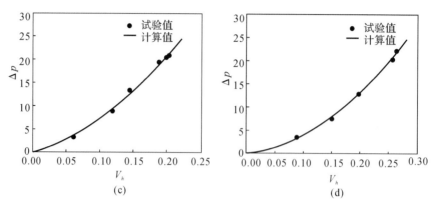

续图 3-31　吸气速度和压降的关系

(c)吸气室 3；　(d)吸气室 4

3.4.3　混合层流数值方法验证

　　飞行试验能够提供高质量的数据来评估吸气控制效果,同时这些数据能够用于验证混合层流数值模拟中的转捩预测模型。图 3-32 给出了一架经翼套改装的公务机层流流动控制技术飞行试验平台。飞行试验中获得了翼套测试部分上表面的压力分布和转捩位置,利用这些飞行试验数据能够验证面向混合层流控制技术的转捩预测模型的预测精度。

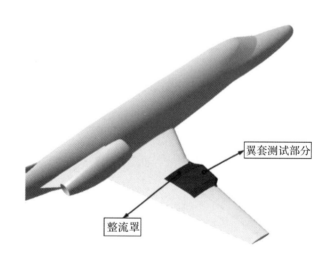

图 3-32　混合层流飞行试验平台

注:见彩插第 8 页。

　　典型试验条件见表 3-8。前 3 个测试点具有相同的飞行试验条件,包括马赫数、飞行高度和攻角,但吸气控制强度不同。"P4"飞行测试点在飞行条件和吸气控制强度上都与其他 3 个飞行点不同。

表 3 - 8　飞行试验条件

ID	飞行状态				体积流量/$(10^{-3}\,m^3 \cdot s^{-1})$			
	Ma	H/km	$Re_c/10^6$	AOA/(°)	吸气室 1	吸气室 2	吸气室 3	吸气室 4
P1	0.45	7.00	12.20	2.2	8.392	4.861	2.842	3.714
P2	0.45	7.00	12.20	2.2	7.308	1.030	0.533	0.378
P3	0.45	7.00	12.20	2.2	17.808	3.575	3.542	5.069
P4	0.49	6.99	13.10	1.5	21.517	4.392	3.089	3.194

采用嵌套网格进行相同条件下的数值模拟,如图 3 - 33 所示。边界层第一层单元高度设置为 1×10^{-6} m,以保证 y^+ 的值小于 1。为了保证翼套周围流场的数值模拟精度,在翼套周围对网格进行了加密。在选定的飞行条件下,尾置布局发动机和尾翼对翼套物理特性流动的影响较小。因此,计算时对公务机的几何结构进行了简化,忽略了发动机和尾翼,不会影响转捩分析结果。网格单元总数是 580 万。

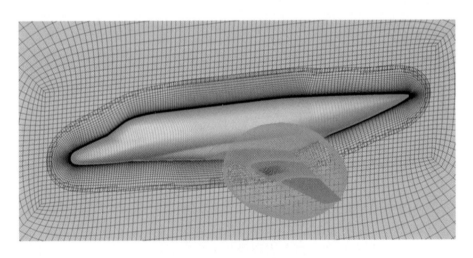

图 3 - 33　CFD 计算网格

数值计算结果与飞行试验的压力系数分布对比如图 3 - 34 所示。菱形和圆圈标记的数据代表飞行测试结果。计算在两种不同的飞行条件下,数值计算结果与试验结果吻合较好,但仍存在一定的差异。制造和安装时飞行模型与计算模型的几何差异是主要原因之一。

表 3 - 9 给出了数值计算与飞行试验的吸气体积流量比对比。4 个吸气室在不同飞行条件和吸气控制强度下的最大数值计算误差在 5% 以内。

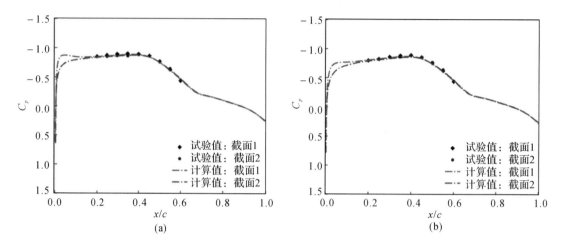

图 3 - 34 数值模拟和飞行试验的压力分布对比

(a)$Ma=0.45, H=7.00$ km; $Re_c=12.0\times10^6$; (b)$Ma=0.49, H=6.99$ km; $Re_c=13.10\times10^6$

注:见彩插第 8 页。

表 3 - 9 数值计算与飞行试验的吸力体积流量比对比

ID	吸气室 1			吸气室 2			吸气室 3			吸气室 4		
	$\dot{V}_0$	$\dot{V}$	误差/(%)	$\dot{V}_0$	$\dot{V}$	误差/(%)	$\dot{V}_0$	$\dot{V}$	误差/(%)	$\dot{V}_0$	$\dot{V}$	误差/(%)
P1	8.394	8.235	1.902	4.861	4.957	1.964	2.842	2.893	1.802	3.714	3.577	3.6
P2	7.308	7.409	1.382	1.030	1.945	1.449	0.533	0.546	2.362	0.378	0.394	4.185
P3	17.808	17.920	0.630	3.575	3.478	2.703	3.542	3.565	0.636	5.069	4.934	2.654
P4	21.517	21.159	1.663	4.392	4.468	1.747	3.089	3.055	1.092	3.194	3.243	1.522

　　图 3 - 35～图 3 - 38 显示了飞行试验点的数值模拟结果与飞行试验结果对比。图 3 - 35～图 3 - 38 中图（a）为吸气区域吸气控制强度等值线。红线表示翼套的前缘。黑色虚线表示沿气流方向的测压孔位置。黑色实心线代表由测压孔引起的湍流楔。"P1""P2"和"P3"的云图表明,下表面前缘的吸力控制强度最大。而上表面 $2\%c$ 左右区域的吸力控制强度最小,甚至在飞行测试点"P1"和"P2",这个区域出现了吹气现象。吹气现象主要是因为大的前缘吸力峰使得局部静压低于吸气腔室内部相应的静压。吸气控制强度从内侧段向外侧段沿展向方向呈增大趋势。

　　图 3 - 35～图 3 - 38 中图（c）为实测红外(IR)图像。层流区随着吸气控制强度的增加而扩展。在前 3 个测试点中,P3 测试点层流区域最长。试验段外侧保持 $40\%c$ 以上层流区域。相比之下,测试点"P2"的层流区最短。

　　图 3 - 35～图 3 - 38 中图（b）所示的 N 因子云图说明了 TS 波的发展。在横向上,仿真

结果表明,所有点在外部测试段的 N_{TS} 的增长相对于内部测试段的 N_{TS} 的增长都比较慢。N 因子云图与红外图像的层流分布规律相似。这说明,试验段外侧反压梯度较小,吸力强度较大。通过与试验数据的对比,认为采用的转捩预测方法可以有效地捕捉到在吸气控制和压力分布耦合影响下 TS 波的发展。在弦向方向上,在吸气控制区完全抑制了飞行测试点 P1 和 P3 的 TS 波发展。对于测试点 P1,前缘吹气加速了 TS 波的发展,使得 TS 波值在狭窄区域内快速增长。一旦离开吹气区,N_{TS} 的增加又迅速被抑制。最后,在 $0.18c$ 之前,N_{TS} 值低于 2.0。进入吸力控制区域后,N_{TS} 缓慢增加,达到 $35\%c$ 左右的临界值。与测试点 P1 相似,测试点 P2 的 N 因子云图表明,吹气的存在也导致前缘附近 N_{TS} 快速增加。由于较低的吸气控制强度,N_{TS} 仍保持快速增长,并达到了接近内部部件测试区 $17\%c$ 的临界值。对试验点 P4(见图 3 - 38),N_{TS} 云图显示得到了 35% 以上的层流区域,与试验数据吻合较好。

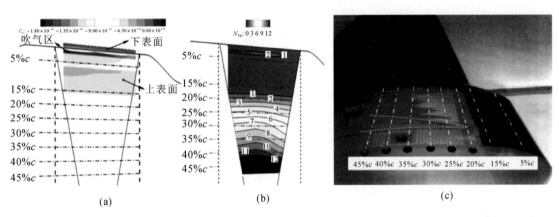

图 3 - 35　飞行试验点 P1

(a)吸气区域吸气控制强度等值线;　(b)基于 LST 方法计算的 N 因子;　(c)上表面翼套红外图像

注:见彩插第 9 页。

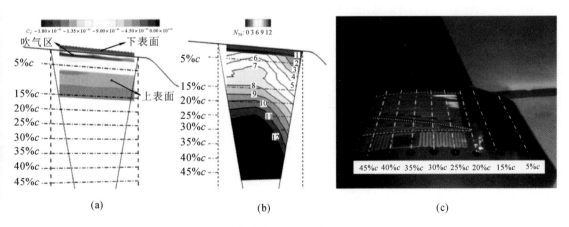

图 3 - 36　飞行试验点 P2

(a)吸气区域吸气控制强度等值线;　(b)基于 LST 方法计算的 N 因子;　(c)上表面翼套红外图像

注:见彩插第 9 页。

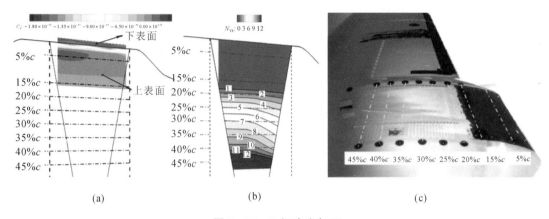

(a)   (b)   (c)

图 3-37 飞行试验点 P3

(a)吸气区域吸气控制强度等值线；（b)基于 LST 方法计算的 N 因子；(c)上表面翼套红外图像

注:见彩插第 9 页。

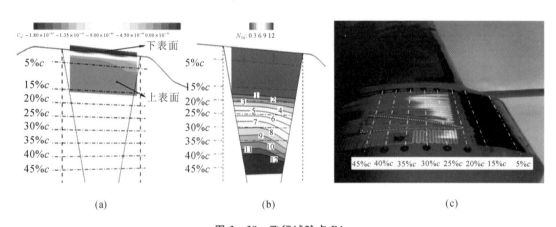

(a)   (b)   (c)

图 3-38 飞行试验点 P4

(a)吸气区域吸气控制强度等值线；（b)基于 LST 方法计算的 N 因子；(c)上表面翼套红外图像

注:见彩插第 10 页。

3.5 数值模拟方法的挑战

  尽管层流数值模拟方法已经取得了很大的进步,但是由于转捩这一物理现象的复杂性,目前针对转捩的数值预测方法仍然缺乏普适性。比如经典的 e^N 包络线方法中的 N 因子高度依赖于经验。近年来发展的一些其他转捩预测方法,对计算网格和湍流模型参数非常敏感,计算的稳定性和精度仍然需要进一步加强研究。因此,在层流转捩的研究中,开展地面风洞试验甚至飞行试验就显得尤为重要。通过获得试验数据,可以对数值计算方法进行校正,进一步提高数值模拟的可靠性。

参 考 文 献

[1]　祝茂林. 自然层流机翼的优化设计与激波控制[D]. 南京：南京航空航天大学空气动力学系,2021.

[2]　SCHLICHTINGH. Boundary-layer theory[M]. 7th ed. New York：McGraw – Hill, 1979.

[3]　DRELAM, GILES M B. Viscous-inviscid analysis of transonic and low Reynolds number airfoils[J]. AIAA Journal, 1987, 25(10):1347 – 1355.

[4]　MENTERF R, LANGTRY R B, LIKKI S R, et al. A correlation-based transition model using local variables [J]. Journal of Turbomachinery, 2006, 128 (3): 413 – 422.

[5]　LANGTRY R B, MENTER F R. Correlation-based transition modeling for unstructured parallelized computational fluid dynamics codes[J]. AIAA Journal, 2009, 47(12):2894 – 2906.

[6]　LIW, HUYSE L, PADULA S. Robust airfoil optimization to achieve drag reduction over a range of Mach numbers[J]. Struct Multidisc Optim, 2002, 24: 38 – 50.

[7]　JAMESONA. Aerodynamic design via control theory [J]. Journal of Scientific Computing, 1988, 3(3):233 – 260.

[8]　MASTERSD A, TAYLOR N J, RENDALL T C S, et al. Geometric comparison of aerofoil shape parameterization methods [J]. AIAA Journal, 2017, 55 (5): 1575 – 1589.

[9]　HICKSR M, HENNE P A. Wing design by numerical optimization[J]. Journal of Aircraft, 1978, 15(7):407 – 412.

[10]　KULFANB M. Universal parametric geometry representation method[J]. Journal of Aircraft, 2008, 45(1):142 – 158.

[11]　SOBIECZKYH. Parametric airfoils and wings[M]. Strasbourg:Vieweg Teubner Verlag, 1999.

[12]　LEM A. A discrete Navier-Stokes adjoint method for aerodynamic optimisation of blended wing – body configurations [D]. Cranfield: College of Aeronautics, 2002.

[13]　WONGW S. Mechanisms and optimisations of 3D shock control bumps [D]. Sheffield: University of Sheffield, 2007.

[14]　MARTINSJ R, STURDZA P, ALONSO J J. The complex-step derivative approximation[J]. ACM Transactions on Mathematical Software, 2003, 29(3): 245 – 262.

[15]　YANGT, ZHONG H, CHEN Y, et al. Transition prediction and sensitivity analysis for a natural laminar flow wing glove flight experiment [J]. Chinese

Journal of Aeronautics，2021，34(8)：34 - 47.

[16]　YANG T，CHEN Y，SHI Y，et al. Stochastic investigation on the robustness of laminar-flow wings for flight test[J]. AIAA Journal，2022，60(4)：2266 - 2286.

[17]　YANGT，WANG Y，SHI Y，et al. Transition prediction for hybrid laminar flow control flight test considering geometric uncertainties[J]. Journal of Aerospace Engineering，2022，35(6)：04022100.

第4章 层流风洞试验方法与应用

风洞试验是利用运动的相对性以及空气动力学相似性理论,将飞行器缩比模型或实物固定在人工环境中,通过气流流过测试模型模拟飞行状态,进而获取飞行器空气动力特性数据的一种试验手段。由于风洞试验可以精准地控制来流的速度、温度以及压力等条件,能够在一定范围内有效模拟飞机运动状态,具有较高的试验效率和结果精准度,因此从 Wright 兄弟开始,在飞机研制过程中就要充分利用风洞进行地面测试,以确认飞机的空气动力性能满足设计要求,现代飞行器的设计对风洞的依赖性更大。

风洞试验和飞行试验都是层流机翼性能验证必不可少的手段。由于风洞尺寸等限制因素,因此风洞试验难以模拟全尺寸飞行工况,对全尺寸工况模拟有严格要求的测试必须开展飞行试验验证。但是,与飞行试验相比,风洞试验不仅周期短,能够实现层流机翼设计验证的快速迭代,而且还能够提供更加丰富的流场信息,同时试验成本相对较低。在层流飞机研制过程的初期,通常更多地采用风洞试验开展层流技术验证。以欧盟 Clean Sky 的 BLADE 项目为例,项目将 A340-300 外翼段替换为层流翼段,目的是演示验证层流机翼设计方法。该项目从 2008 年开始至 2018 年试飞,前 5 年内的工作主要是通过风洞试验考核自然层流设计的成熟度。可见,层流风洞试验验证方法在层流设计方案的初步筛选与考核中发挥着不可替代的重要作用。

在 TFF 层流实验机研制过程中,先后利用风洞试验开展了高/低速工况下整机气动力/舵面效率测量、实验机测试段常规构型/自然层流构型/混合层流构型的转捩位置和压力分布/阻力等精细化测量,为实验机飞行和相关验证的顺利进行提供了丰富的地面试验数据。

本章针对层流风洞试验验证方法,从测试需求分析出发,梳理试验技术体系的理论、具体方法和发展现状,并以 TFF 层流实验机研究为例,详细介绍层流风洞试验验证方法的应用情况。

4.1 层流风洞试验方法

随着层流减阻技术的不断发展,各类飞机减阻技术的验证对风洞试验提出了越来越高的要求,近年来更是有多种层流风洞试验方法逐渐发展成熟,这些方法主要面向自然层流翼型/机翼、自然层流短舱以及混合层流机翼等。本节将从风洞试验需求分析、层流测试风洞选择、试验模型与测试方法等方面展开论述。

4.1.1 层流飞机风洞试验的主要需求分析

层流飞机减阻的核心是通过扩大机翼、短舱等部件表面的层流面积减小整机摩擦阻力,进而降低总阻力。因此此类飞机的风洞试验对转捩位置和阻力测量精度提出了严格要求,一般需要获取机翼等层流部件的全局转捩位置分布情况以及高精度阻力测量结果(一般要求整机阻力测量精度优于 1 count)。

除了需要对转捩位置和减阻性能等进行验证外,在层流飞机整机概念设计或方案设计中,由于飞机构型的变化等因素,还需要开展全机气动力的风洞试验验证。具体来说,层流飞机风洞试验主要有如下需求。

1. 整机起降/巡航性能风洞试验

起降过程对于飞行安全至关重要。新概念层流飞机需要开展整机起降性能验证的原因在于构型变化(即使是仅将非层流机翼替换为层流机翼)导致飞机起降性能与非层流构型存在较大差异,而层流构型往往意味着相对较低的抗分离能力和稳定性,影响了飞机起降阶段的失速迎角。此外,对于层流翼套飞行试验来说,一般要求翼套设计满足新外形与初始构型的气动力特性保持一致,需要开展加装翼套构型起降状态风洞试验验证。一般情况下,尽可能选用具有高雷诺数试验能力的大型低速风洞开展整机起降性能试验。

为验证高速巡航状态是否达到设计目标,需要开展整机巡航构型气动力与载荷测量。层流飞机测力试验与非层流构型测力试验存在较明显的差别,主要体现在测力天平和支撑形式方面。由于微小凸起物、接缝等极易诱发转捩,因此层流构型对于表面质量要求严格,常规的测压孔阵列载荷测量难以满足模型表面质量要求,压力敏感漆(Pressure Sensitive Paints,PSP)是一种非接触式表面压力测量技术,可有效避免测压孔导致的表面破坏问题。

在层流构型飞机模型风洞试验中,由于风洞中的雷诺数、来流扰动等参数难以完全模拟全尺寸飞行工况,因此需要通过固定转捩技术提高测力试验结果可靠性以及不同风洞试验数据之间的可比性。与常规飞机风洞试验不同的是,由于层流飞机层流范围更大,因此在风洞试验时需要考虑固定转捩的模拟位置问题,试验方案相对复杂。

2. 自然层流机翼、翼型/翼段、短舱风洞试验

自然层流机翼风洞试验是开展层流减阻研究使用最多的试验方式。一方面通过机翼边界层转捩探测可直观验证自然层流设计效果,通过机翼段高精度测力数据对比验证层流减阻效率;另一方面通过翼面热线/热膜、边界层剖面、摩擦阻力测量等精细化测量技术,研究边界层失稳过程中的扰动发展等基础问题。

此外,自然层流技术不仅在机翼设计中投入应用,近年来层流短舱在国内外的热度逐渐提高,短舱外形看似简单的旋成体,但其不同周向位置边界层内包含了复杂的转捩机制,风洞试验中往往需要对短舱的整个周向进行转捩探测。同时,在短舱阻力分析中还需扣除内流阻力的影响。

具体而言,NLF 风洞试验有如下几方面需求:

(1)高雷诺数、高品质风洞试验设施;

(2)高分辨率边界层转捩探测技术;

(3)翼段/部件高精度多分量部件测力天平技术;

(4)高频响热膜阵列传感器技术;

(5)高雷诺数边界层速度场测量技术;

(6)模型表面摩擦阻力测量技术;

(7)内流阻力精细测量技术。

3. 混合层流风洞试验

后掠机翼边界层转捩机制中包含了多种失稳类型,其中与平直机翼最大的差别在于横流转捩,而一般的自然层流机翼难以直接抑制横流转捩现象。在自然层流机翼的基础上结合吸气等主动控制手段,可实现有效的转捩抑制。

目前已有较多的研究结果表明混合层流控制可以有效抑制后掠机翼横流转捩现象,但对于吸气蒙皮开孔率、孔径、吸气效率影响特性等对转捩控制效果的影响研究问题,仍需开展大量的基础研究,这些研究主要依靠风洞试验。

此外,DLR、NASA 等机构的研究结果表明,开展横流转捩相关问题研究,要求风洞来流湍流度低于 0.25%。

具体而言,HLFC 风洞试验有如下几方面需求:

(1)高雷诺数、高品质风洞试验设施;

(2)高分辨率边界层转捩探测技术;

(3)翼段/部件高精度多分量部件测力天平技术;

(4)高频响热膜阵列传感器技术;

(5)模型表面摩擦阻力测量技术;

(6)混合层流吸气试验系统与标定技术;

(7)其他混合层流控制技术。

4.1.2 层流测试风洞

层流测试风洞是指适用于开展层流试验的风洞试验设施,相对于常规飞机测力试验,层流风洞试验对来流条件、模型表面质量的要求都更加严格,同时也需要配合先进的非接触式测量手段。

由于试验段尺寸限制,因此风洞试验雷诺数往往难以达到全尺寸飞行条件,且来流扰动特性比高空静止大气复杂。根据 NASA 技术报告指出,目前波音公司开展层流机翼测试,对跨声速风洞来流湍流度提出的要求是不超过 0.25%。空客 Schrauf 总结了风洞和飞行试验中自然层流与混合层流技术在不同雷诺数和后掠角的边界分布,系统梳理了 ETW、

S1MA 等欧洲风洞和飞行试验的工况。

从公开发布的文献调研情况看,目前欧洲 ETW、S1MA 以及美国 NTF 风洞具备开展高雷诺数层流测试条件,其中 ETW 和 NTF 风洞通过来流液氮制冷试验雷诺数可达到 $15×10^6$ 以上,均采用低温温敏涂层(Temperature Sensitive Paints,TSP)技术进行边界层转捩探测。

随着我国大型民用飞机研制项目的陆续开展和推进,国内各厂所、院校对层流设计以及减阻方法的关注程度也日益增加,进而对层流设计的评估验证提出了明确需求。以往我国尚不具备大型连续式跨声速风洞试验设备,各暂冲式高速风洞的试验雷诺数普遍较低(一般模型弦长雷诺数不超过 800 万),且暂冲式风洞来流扰动相对较高(一般大于 0.3%)。国内多数民机型号和基础研究的层流试验几乎都在国外的 ETW、HST、ARA 等风洞开展。表 4-1 给出了典型的大型风洞来流湍流度统计,可以看出目前高速风洞来流湍流度普遍介于 0.1%~0.4%,且在 $Ma=0.8~0.95$ 状态下,来流湍流度相对较大。

表 4-1　各类大型风洞湍流度测量情况(Owen 等,2008)

风洞名称	测量方法	来流速度	数据频率范围	湍流度/(%)
Langley 8 ft transonic	热线 麦克风	$Ma=0.2~0.8$	0.1~25 000	0.1~0.4
Langley LTPT	热线	$Ma=0.05~.3$	0.1~5 000	0.02~0.08
Langley 0.3 m transonic cryogenic	热线	$Ma<0.4$	0.1~5 000	0.04~0.2
ONERA F1 subsonic	热线	$Ma<0.4$		0.04~0.1
RAE 5 m	热线	$Ma<0.3$	16~3 150	0.15~0.3
DLR NWB 3.25 m×2.8 m	热线	<100 m·s^{-1}	1.6~12 800	0.05~0.2
DNW	热线	<100 m·s^{-1}	1.6~12 800	0.03~0.22
Ames 12 ft PWT	热线 麦克风	$Ma=0.26~0.82$	0.1~25 000	0.04~0.2
ONERA T2 Cryogenic	热膜 麦克风	$Ma=0.7~0.85$	10~10 000	0.1~0.3
Ames TWT 11 ft×11 ft	热线 麦克风	$Ma=0.2~0.95$	1~16 000	0.05~0.5
ETW	热膜 麦克风	$Ma=0.3~0.85$	20~12 000	0.15~0.25

4.1.3　典型的试验模型及支撑方式

如图 4-1 所示,目前国内外开展的各类层流测试风洞试验研究中,主要使用了以下 6 种典型的试验模型。

图 4 - 1　各种支撑形式的层流测试风洞试验模型
(a)二元翼型；　(b)无限展长后掠机翼；　(c)缩比全模；
(d)缩比半模；　(e)缩比翼段；　(f)翼身组合体

1. 二元翼型

　　二元层流翼型试验是风洞试验中最常见的一种试验类型，翼型试验包含高低速风洞试验，主要用于测量翼面转捩位置、摩擦阻力、总阻力、压力分布等，这些测量参数用来验证自然层流翼型转捩范围、减阻效果,考核转捩预测代码可靠性。翼型在风洞中的安装形式通常为洞壁两侧转窗夹持,水平和竖直方向均有案例,此外也可根据翼型试验相关经验在模型两端增加圆盘保持测试段的二维流动特性。二元翼型边界层转捩一般以 TS 波失稳模式主导,因此很少利用二元翼型开展更多复杂条件的边界层转捩问题试验研究。

2. 无限展长后掠机翼

无限展长后掠机翼试验主要用于三维边界层转捩预估、混合层流控制以及相关转捩问题的基础研究。对于后掠角大于 $25°$ 且存在明显顺压梯度的后掠机翼构型,由于展向流动失稳诱发出横流转捩问题,因此针对横流转捩研究通常采用无限展长后掠机翼模型。模型两端固定于风洞转窗,为了避免模型与洞壁之间的角区流动对边界层流动产生影响,有的研究根据势流流线包络面优化侧壁外形,以保证翼段展向流动的均匀性。

3. 缩比全模

对于考虑整机气动效率的层流构型验证,开展缩比全模试验,可在最接近实际外形情况下考察层流机翼转捩现象。例如,在图 4-1(c) 中,欧盟 Clean Sky 的 BLADE 项目将 A340-300 外翼段替换为层流翼段,开展了大量的风洞试验验证工作。这种情况下,通常开展测力、测压以及边界层转捩探测研究。

4. 缩比半模

由于风洞尺寸和阻塞度限制,缩比全模的雷诺数往往难以达到较高水平,因此为了提高试验雷诺数,通常采用半模开展风洞试验。

5. 缩比翼段

对于特种构型飞机,为了单纯地验证层流翼段气动特性,往往省略其他部件后再进行缩比,这种设计也可极大限度增加模型测试段尺寸,提高雷诺数。

6. 翼身组合体

为了考核后掠机翼转捩和混合层流转捩控制效果,除了无限展长后掠机翼模型以外,还可以采用半模安装形式的翼身组合体模型,机翼可采用等直后掠机翼,也可采用多重后掠角翼段排列组合。

4.1.4 典型的测试方法

目前层流技术大都应用于机翼、短舱,面向这些层流减阻构型的验证需求,层流测试的目标主要包括转捩位置评估、机翼减阻特性评估、摩擦阻力测量等。此外,在边界层转捩以及层流控制等基础研究中,还需要开展边界层流场、表面压力、吸气蒙皮微流量测量等技术应用研究。

由于风洞条件和模型表面质量等因素对转捩和阻力的影响规律复杂,不同风洞之间、风洞与飞行试验数据之间的关联复杂,因此很难直接为型号试验提供可靠的测量数据。

综上所述,围绕风洞扰动特性评估、缩比模型试验方法、转捩及减阻特性 3 个方面的关键手段,笔者提出系列测试方法,形成技术体系,如图 4-2 所示。由于目前关于层流试验缩比模型的模拟准则研究相对较少,大部分试验模型相似准则以及相关模拟方法参照了常规气动力模型,因此本节中重点针对风洞扰动评估方法以及转捩探测技术展开论述。

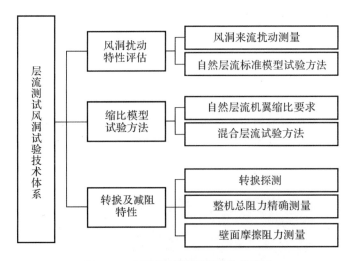

图 4 - 2 层流测试风洞试验技术体系

1. 风洞扰动特性评估方法

高空静止大气的湍流度非常低,根据 Saric 等开展飞行试验的实测分析结果,高空大气湍流度介于 0.05%～0.06% 之间。但是风洞试验很难达到该湍流度,目前流场品质最佳的高速风洞马赫数介于 0.6～0.85 之间,湍流度介于 0.1%～0.25% 之间。根据美国 NWTC 报告,NTF 风洞的湍流度基本符合波音公司提出的湍流度不超过 0.25% 的要求,如图 4 - 3 所示。

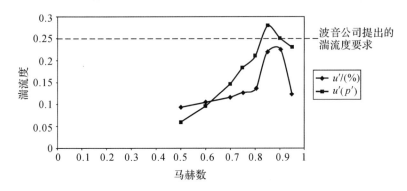

图 4 - 3 NTF 风洞湍流度测量结果

一般采用热线测速技术测量湍流度,对风洞来流扰动特性进行评估。

由于风洞来流除包含湍流脉动量以外,高速流场中还存在声波等扰动,这些扰动对转捩影响的机制不同,需针对不同转捩类型进行区分。因此,对于高速风洞不应仅通过湍流度进行扰动评估,而需要针对速度脉动、空间密度脉动以及压力脉动,发展多种手段的来流扰动评估方法。

综上所述,目前阶段层流测试对风洞平台的要求是来流湍流度小于 0.25%,模型弦长雷诺数不小于 8×10^6。未来随着飞行雷诺数的提高,以及飞机后掠角的增大,将针对不同速域提出对应的要求。

ETW 风洞从 2000 年开始应用于层流机翼测试研究,具有液氮注入降总温功能,试验模型弦长雷诺数可达到 15×10^6 以上。近年来,伴随着欧盟各层流机翼项目中的风洞试验层流测试技术的研究,该风洞在突破层流测试验证关键技术上取得了一定的成果,目前是国际上公认较先进的层流测试风洞平台。利用标准模型,通过多个风洞试验以及飞行试验对比,ETW 风洞扰动放大的 N 值水平介于 5~10 之间,具备良好的层流测试基础条件,雷诺数和扰动水平均满足民机层流构型验证要求,该风洞几乎完成了世界上大部分的民机层流测试工作。欧盟发展了一种层流测试标准模型——Telfona Pathfinder,如图 4-4 所示,通过模型的层流优化设计和风洞试验,验证了 ETW 风洞的层流测试能力,同时为转捩预估方法提供参考数据。

图 4-4 欧盟 Telfona Pathfinder 层流标准模型

注:见彩插第 10 页。

基于标准模型在各风洞的试验和飞行试验,采用 e^N 方法对比,欧盟 ETW、DLR S1MA 风洞以及欧洲飞行试验测得的扰动水平梳理如图 4-5 所示。

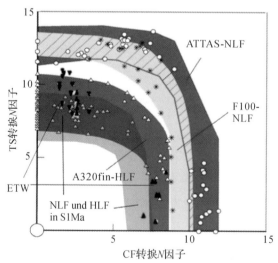

图 4-5 ETW 等风洞和飞行试验扰动水平标定结果

注:见彩插第 10 页。

近年来,NASA 在 CRM 民机标模的基础上,利用 CTANLF 方法设计了层流机翼,形成 CRM－NLF 标准模型,如图 4－6 所示,利用该标准模型在 NTF 风洞开展试验,对 NTF 风洞的层流试验能力进行验证。试验结果表明,NTF 风洞适合开展弦长雷诺数为 10×10^6 条件的层流测试。

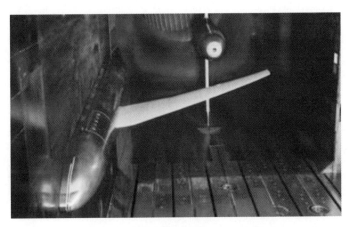

图 4－6　NTF 风洞的 CRM－NLF 模型
注:见彩插第 10 页。

2010 年,波音公司为了开展层流机翼设计验证,首先采用 DLR－F4 模型分别在欧洲 ETW 和美国 NTF 风洞开展高雷诺数转捩探测试验,在雷诺数为 $12\times10^6\sim20\times10^6$ 条件下对比转捩位置,如图 4－7 所示。研究结果表明,ETW 风洞的流场品质相对于 NTF 风洞更优。因此,从技术成熟度、来流品质和雷诺数角度分析,目前世界上最先进的层流测试风洞是 ETW 风洞。

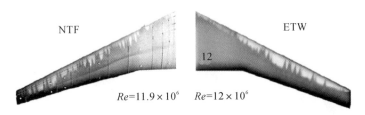

图 4－7　DLR－F4 模型在 NTF 和 ETW 的 TSP 转捩探测结果
注:见彩插第 11 页。

2.边界层转捩探测方法

表 4－2 给出了目前已有的各类转捩探测技术及其应用范围。其中,由于使用方便、灵敏度高等优点,目前风洞试验常用的主流试验技术是红外热像(Infrared Thermography, IRT)和温敏涂层(Temperature Sensitive Paints,TSP)。

表 4－2　转捩探测技术类型

设备/方法	测量参数	特　点
Preston 管 Stanton 管	摩擦阻力	受试验条件影响大 制作工艺复杂

续 表

设备/方法	测量参数	特 点
油膜干涉	摩擦阻力	操作方便、造价低单个剖面
剪切液晶膜	摩擦阻力	测量光路校准复杂
升华法	表面温度	精细显示转捩图案 难以掌握吹风时间
红外/TSP	表面温度	提供全场温度信息
表面热膜/热线	摩擦阻力 近壁脉动速度	灵敏度高、频响高 校准方法规范问题
脉动压力传感器	表面脉动压力	精度高、频响高 易受环境噪声干扰

TSP 与 IRT 转捩探测的基本原理都是通过测量机翼表面温度,利用转捩前、后的温差判定转捩位置。IRT 的优势在于其较高的温度分辨率(约为 0.025 K),而 TSP 的温度分辨率大约是 0.1 K。因此,一般情况下更多使用 IRT 进行转捩探测。IRT 最早于 20 世纪 60—70 年代开始应用于试验空气动力学领域,主要用于再入飞行器的高马赫数高焓气动试验。随着红外相机技术进步,其温度灵敏度逐渐提高,IRT 推广至对流换热测量,以及风洞和飞行试验中的边界层转捩探测。IRT 的最佳应用范围是常温和高温段,低温目标红外测温结果精度和灵敏度较差。低温风洞一般使用 TSP 进行转捩探测,并针对低温环境发展低温 TSP 涂层。ETW 风洞采用低温 TSP,进行了不同雷诺数和升力系数下的转捩位置探测,如图 4-8 所示。

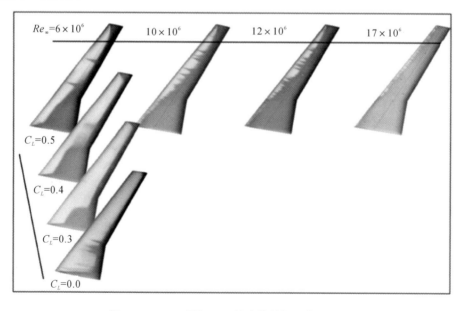

图 4-8 ETW 风洞 TSP 技术转捩探测典型结果

注:见彩插第 11 页。

在开展 TSP 探测转捩的同时,ETW 还对前缘有无涂层情况对转捩探测结果影响特性进行研究,如图 4-9 所示。由于涂层相对于金属是软的,在试验过程中有非常大的概率被来流中的微小杂质撞击产生微小凹坑,进而导致前缘转捩,因此近年来 ETW 风洞开展转捩探测试验几乎都保留原始的金属前缘,而将 TSP 涂层喷涂在 $3\%c$ 之后。

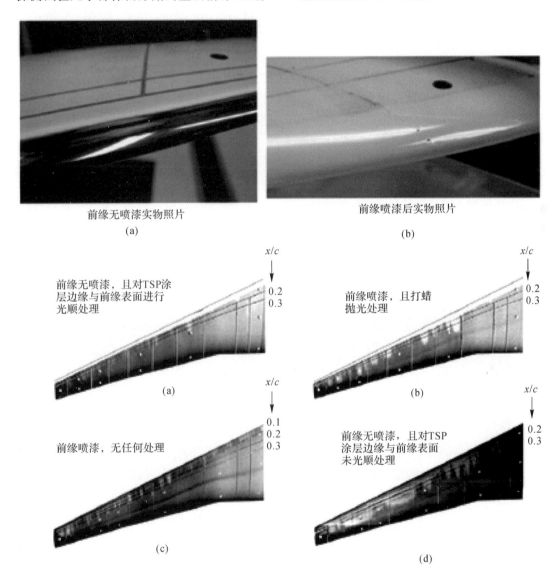

图 4-9　ETW 开展的 TSP 涂层对前缘影响研究

注:见彩插第 11 页。

使用 TSP 和 IRT 进行转捩探测时,需要模型和来流之间存在足够的温差。以往转捩探测试验一般在试验前辐射加热模型,但是这种方式存在两方面缺点:一是加热速度慢降低试验效率;二是连续式风洞、超声速试验等条件下流场建立时换热量已经较大,表面接近热平衡温差太小无法探测,数据有效率低。在线加热能够避免试验前加热中存在的问题,采用涂层加热可高效地实现在探测区域表面的在线加热。王猛等提出一种3层结构的电加热涂层制备工艺,实现了试验过程中对模型表面的在线加热,提高了高雷诺数条件下的转捩探测效果。

4.2 层流风洞试验模型设计与加工技术

本节简要介绍层流风洞试验模型的设计和加工关键要素,从非层流模型的设计与加工开始,通过分析层流测试过程中考虑的重要因素,逐步引入自然层流试验模型在设计和加工中必须满足的技术指标,然后给出混合层流模型吸气区加工需求和加工工艺现状分析。

4.2.1 常规试验模型设计与加工制造技术

中国航空工业空气动力研究院通过风洞试验环境仿真系统进行风洞试验设备的设计与安装使用的过程控制,该系统主要用于风洞试验相关的风洞、试验设备以及风洞试验模型等三维数模和三维场景的建立,并能够在真实感较强的三维环境中模拟设备的安装使用情况,以及系统接收试验数据,在虚拟空间内进行虚实同步的模型形态、姿态角度、试验升力、阻力等六分力和其他实时采集数据同步显示。典型的常规测力风洞试验模型如图4-10所示。

 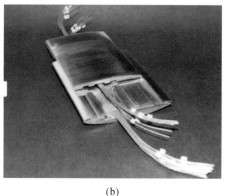

(a)   (b)

图4-10 典型的常规风洞试验模型
(a)整机测力模型; (b)测压模型

4.2.2 自然层流试验模型设计与加工制造技术

开展自然层流风洞试验,典型的试验模型如图4-11所示,与非层流模型相比,测量区表面粗糙度、前缘气动轮廓等方面对模型设计与加工提出了较高的要求。

由于高雷诺数条件下气流夹杂的微小颗粒物撞击模型前缘,在试验过程中模型前缘表面较容易产生凹坑或沾染污染物等情况,此时凹坑或污染物将会诱发边界层局部转捩形成湍流楔,如果湍流楔过多,将影响转捩探测结果的有效性。如图 4－12 所示:图(a)中尽管存在一个湍流楔,但并不影响大范围的转捩探测结果;而图(b)中湍流楔过多,在其下游难以连续地捕获转捩终点位置,因此该结果无效。因此,为了大概率地获取有效转捩探测结果,模型前缘需为较硬的钢等金属材料,粗糙度 $Ra < 0.2\mu m$。

图 4－11　典型的层流测试风洞试验模型

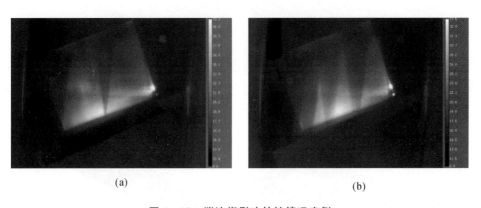

(a)　　　　　　　　　　　　　　　　　　(b)

图 4－12　湍流楔影响转捩情况实例

(a)有效的转捩探测结果;　(b)无效的转捩探测结果

4.2.3　混合层流试验模型设计与加工制造技术

混合层流技术是在自然层流构型基础上,在模型前缘相对较少的范围内应用主动流动控制策略,有效抑制横流等转捩模态,实现层流面积的最大化。通常情况下,采用微孔阵列蒙皮进行前缘表面吸气的方式实现转捩控制。由于吸气区位于前缘,转捩诱发条件极为复杂和苛刻,因此吸气孔的直径不可超过转捩诱发允许值,同时要求试验模型蒙皮微孔阵列表面具有较高的质量,任何局部突起的毛刺、烧蚀坑都会引起扰动涡,存在诱发转捩的风险。

1. 吸气蒙皮结构形式

从 2000 年开始,随着绿色航空系列项目的逐渐推进,由空客公司主导、欧盟成员参与的 ALTTA 等项目针对 HFLC,面向大型客机的未来应用,以 A320 垂尾为应用验证对象,发展了基于多元微腔的大尺寸吸气蒙皮结构与制备方案,如图 4 - 13、图 4 - 14 所示。

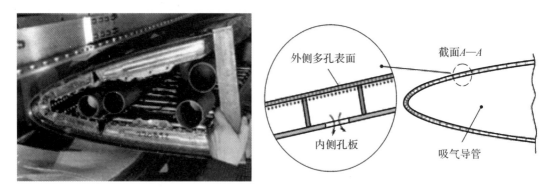

图 4 - 13　ALTTA 多元微腔大尺寸吸气蒙皮结构

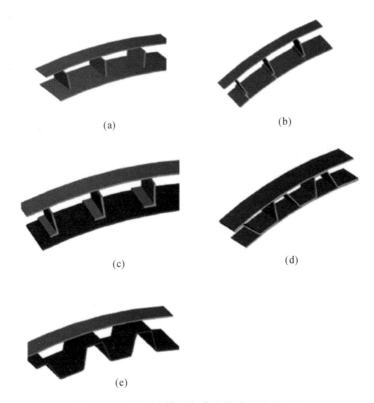

图 4 - 14　用于支撑吸气蒙皮的典型结构形式

(a)焊接结构；　(b)悬挂结构；　(c)焊接或钎焊到外蒙皮的纵梁,用机械紧固件固定内蒙皮；
(d)超塑形-扩散黏结；　(e)外层蒙皮铆接到子结构表面

截至目前,ALTTA 吸气蒙皮的结构形式依然在欧盟的相关项目研究和应用中大量使用。但是,这种结构形式设计与加工工艺相对复杂,最近,DLR 的 Horn 等提出了一种单腔透气壁(TSSD),如图 4 - 15、图 4 - 16 所示。

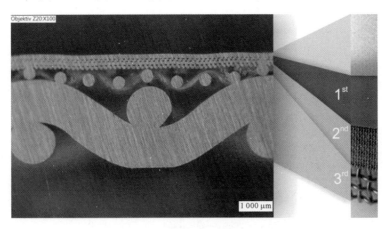

图 4 - 15　TSSD 吸气蒙皮结构示意图

图 4 - 16　ALTTA 吸气蒙皮与 TSSD 吸气蒙皮实物照片

对于风洞试验模型来说,由于试验模型尺寸较小,因此一般采用单腔单蒙皮的形式进行结构设计和加工,如图 4 - 17 所示。此外,多孔材料对流动的影响很小,已用于早期 LFC 的大部分试验工作。Gregory 回顾了这些多孔 LFC 吸气表面设计。Braslowet 等在开展 LFC 翼型风洞试验过程中,采用铝-青铜混合板材作为前缘吸气蒙皮。然而,泡沫、织物、尼龙和烧结网等多孔材料的结构完整性和剪切刚度往往难以满足大型机翼使用需求,很难单独应用于蒙皮材料。

2. 吸气孔阵列相关参数及设计依据

吸气腔体表层的微孔阵列,是整个吸气系统控制转捩的关键所在,因此吸气孔阵列的相关参数对于转捩控制来说至关重要。

如图 4-18 所示,吸气孔阵列主要包含以下参数:

(1)壁板厚度 t;

(2)孔间距 s;

(3)孔直径 d;

(4)孔隙率 σ。

其中孔直径 d 一般不超过 80 μm,孔间距与孔隙率的关系为

$$\sigma = \frac{\frac{\pi}{4}d^2}{s^2} \tag{4-1}$$

孔隙率的定义为吸气区面积内通气面积所占比例。利用该参数,根据连续性假设可估算穿孔速度 v_h 与面吸气速度 v_s 的关系,如下:

$$v_s = \sigma \cdot v_h \tag{4-2}$$

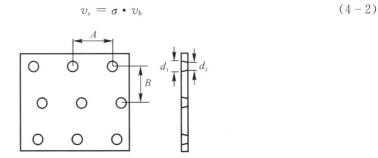

图 4-17 风洞试验模型通常采取的单层蒙皮吸气腔体结构

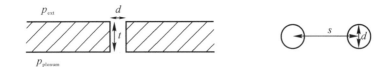

图 4-18 孔板几何尺寸参数示意图

3. 微孔加工工艺

可用的微孔加工工艺方法主要有 3 种:电火花、机械钻孔、激光微加工。其中:电火花方法最小可加工的微孔直径是 0.08 mm,而且在加工孔孔壁会留下再铸层,表面质量较差;金属板表面机械钻孔最小直径是 0.15 mm 左右,且钻头在加工过程中极易断裂;激光微加工目前在薄板表面可加工微米量级的圆孔,经过后处理可实现较好的加工质量。

根据前文论述,HLFC 需要加工直径小于 80 μm 的微孔阵列,很明显电火花和机械加工两种工艺不能满足此类需求。因此,目前几乎所有的 HLFC 前缘蒙皮表面都是采用激光加工方式开展吸气微孔阵列加工。

典型的激光加工装置如图 4-19 所示,通常采用皮秒或飞秒光纤激光器作为能量源,利用透镜将激光聚焦到待加工件表面,利用振镜控制激光聚焦点在工件表面的移动实现图案化。激光在工件表面聚焦产生热量集中,使材料融化并且通过高速非氧气喷嘴将烧蚀残渣吹除。通过控制激光脉冲速度、脉冲总时长、能量以及移动速度等参数,对加工质量进行调

控。典型的前缘吸气蒙皮加工件如图 4 - 20 所示。

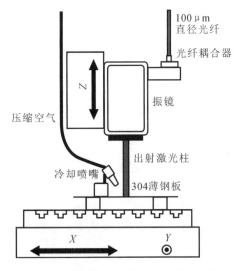

图 4 - 19　典型的三轴激光加工装置示意图

图 4 - 20　典型的风洞试验模型前缘吸气蒙皮加工件

　　近年来,以 Schrauf 为代表的研究者在 HLFC 探索中,对激光加工微孔阵列方面的工艺问题也开展了大量有益尝试和总结,这些研究包含加工基板材质、加工正反面表面质量、加工脉冲和时长等参数、化学后处理与热处理工艺。

　　Arrizubieta、Young 分别开展了铝、碳纤维、钛表面微加工工艺探索,对比了不同材质对微孔加工质量的影响,如图 4 - 21 所示,可知钛板作为透气蒙皮外层材料相对合适。这种材料加工的圆孔边缘整齐,毛刺最少,有利于维持蒙皮表面质量。

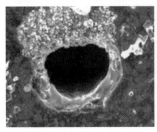 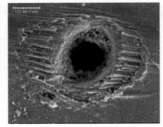 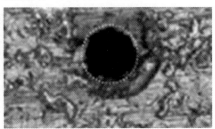

铝板(Young, 2001)　　碳纤维板(Young, 2001)　　钛板(Arrizubieta, 2013)

图 4 - 21　不同材质微孔加工质量

激光加工过程中难免残留微小的碎屑,在微孔壁面以及两端形成瘤状残余物和突起,影响了最终的蒙皮表面质量。Demir 等、Horn 等、Messaoudi 等均针对此问题,提出了基于酸洗的化学后处理工艺方案,并研究了酸洗时长对孔径的影响特性,如图 4 – 22、图 4 – 23 所示。

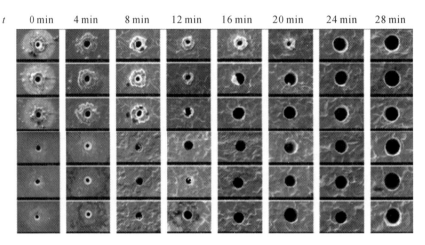

图 4 – 22 化学处理激光加工圆孔时圆孔表面状态随时间变化情况

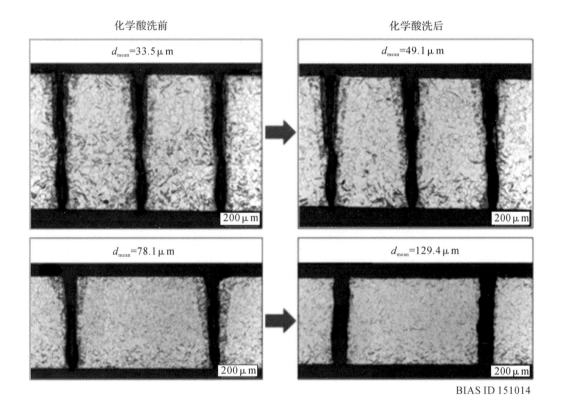

图 4 – 23 化学处理对圆孔孔径的影响

4.3　层流风洞试验典型测试技术

在常规风洞试验技术的基础上,层流风洞试验需要解决转捩探测、混合层流、摩阻测量等技术验证和基础研究问题,本节中对典型测试技术展开论述。

4.3.1　红外转捩探测技术

在风洞试验中需要进行边界层转捩位置的全局探测,其中最常用的测量方法是温度敏感涂层(TSP)、红外热像技术(IRT)等。

近年来,红外热像技术在低速、跨/超声速乃至高超声速 3 类速域的风洞试验中均有重要应用。2000 年左右 ONERA 的 Sant 等在高低速风洞开展了早期红外热像测温与转捩探测应用研究,Astarita 等基于红外热像测温探索热流测量技术并在高超声速风洞试验中开展应用,实现了转捩探测。Astarita 于 2012 年发表的专著对红外热像测量技术在风洞试验、热流测量等方面的研究和应用进行了较全面的总结。最近,朱文凯等提出了基于多孔透气钢材料表面的高超声速边界层转捩控制方法,并使用红外热像技术证明了该方法的转捩延迟效果。总体来看,高超声速以及低速风洞试验中利用红外热像技术进行转捩探测相对较容易,而跨声速和超声速试验的难度较大。

在跨声速和超声速风洞试验中,采用红外热像技术进行转捩探测存在以下几个方面缺点:一是如果采用试验前辐射加热模型方式开展应用,模型加热速度慢,降低试验效率;二是对于连续式风洞,长时间吹风导致模型表面接近热平衡,难以区分模型表面转捩前、后的温差;三是对于超声速风洞($Ma=1\sim4$),一般超声速风洞来流总温接近大气温度,试验段静温非常低,模型冷却速度非常快,很难获得有效红外转捩探测数据。上述情况下,使用红外热像技术难以满足宽速域的应用需求。

1. 红外热像原理简介

任何物体表面都向外辐射电磁波,其中波长介于 $1\sim1\,000\ \mu m$ 之间的肉眼不可见波段被称为红外光,红外辐射的强度依赖于表面温度。通常使用的红外相机探测器波段为 $3\sim5$ μm 和 $8\sim12\ \mu m$,利用探测器将红外辐射强度转换为电压信号,进而将电信号转换为数字化图像,图像灰度表征了被测物表面温度。

如图 4-24 所示,由于湍流边界层的对流换热系数远大于层流,当气流与机翼之间存在温差时,气流与机翼表面之间将进行对流换热,湍流区域的机翼表面温度将更快地接近气流温度。图 4-24 中上半部分,分别为气流温度高于模型表面(左)和气流温度低于模型表面(右)情况下获取的模型表面热图,图中白代表高温、黑代表低温。在图中剖线处提取温度分布剖面,将出现两种情况:

(1)当气流温度高于模型表面初始温度(左图)时,模型表面的转捩和湍流区温度相对较快地升高,在转捩区形成正向温度梯度;

(2)当气流温度低于模型表面初始温度(右图)时,模型表面的转捩和湍流区温度相对较快地降低,在转捩区形成负向温度梯度。

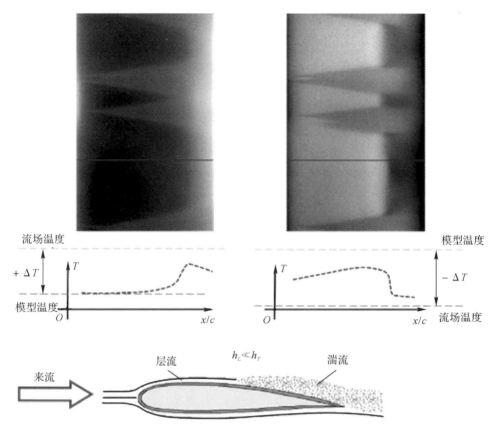

图 4‑24　红外转捩探测技术原理示意图

利用红外技术进行边界层转捩探测,必须满足两个要素,分别为:

(1)机翼表面具有较高红外发射率,以确保红外测温结果具有较高的可靠性;

(2)来流与机翼表面之间存在温差,满足热图对转捩前、后差别的分辨。

目前,风洞试验测温通常使用长波红外相机,通过洞壁镶嵌的红外窗口(材料一般选用锗)实现模型表面温度测量。对于金属模型通常需要进行表面喷涂黑漆等处理以提高表面的发射率。

2.转捩探测试验模型加热方法

在风洞试验和飞行试验中利用表面测温进行转捩探测,常见的模型表面加热方式有两类:一是试验前加热;二是试验过程中在线加热。其中,试验前加热适用于暂冲式风洞试验,试验中在线加热适用于几乎所有试验类型。

在线加热有蒙皮内表面电阻丝加热、辐射加热、电加热涂层等方式。Simon 等在低速风洞试验中,利用红外辐射加热器,通过风洞壁面窗口对模型测试区进行辐射加热,如图 4‑25 所示。

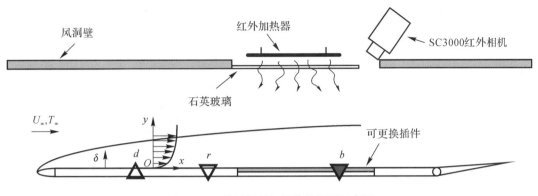

图 4 - 25　模型辐射加热转捩探测示意图

除辐射加热外,对模型表面的加热可采用电阻丝或电加热涂层来实现。Saric 等在飞行试验中,在待测自然层流翼段蒙皮内表面粘贴电阻丝进行加热,利用绝热胶垫提高表面受热均匀度,如图 4 - 26 所示。

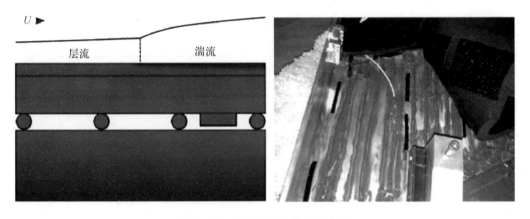

图 4 - 26　电阻丝加热蒙皮示意图

注:见彩插第 12 页。

传统的电阻丝阵列形式加热膜尽管能够实现对表面的加热,但存在以下几个问题:一是难以实现表面温度空间均匀分布,如图 4 - 27 所示,电阻丝加热膜工作状态下电阻所在区域为高温区,其温度空间分布明显不均匀;二是电加热膜粘贴在模型表面,加热时存在热膜与模型表面间容易产生气泡的问题;三是电加热膜无法与三维曲面实现完全贴合。同时薄膜厚度相对较大(一般为 $100~\mu m$ 左右),这将影响表面流态和压力分布。

电加热涂层很好地解决了上述应用中的 3 个问题,采用涂层加热可高效地实现在探测区域表面的在线加热。如图 4 - 27 所示,电加热涂层是一片整体的电阻层,两端电极加载电压后,其电阻表面整体升温,其温度分布均匀。表 4 - 3 整理了几种主要的导电涂料性能指标,这些指标主要来源于材料的货架商品信息。

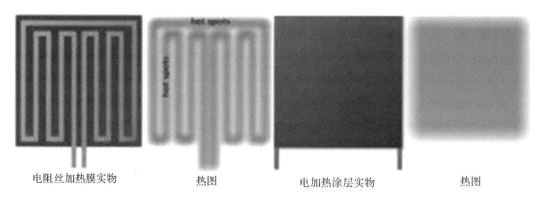

| 电阻丝加热膜实物 | 热图 | 电加热涂层实物 | 热图 |

图 4-27　电阻丝与涂层加热效果对比

注:见彩插第 12 页。

表 4-3　电加热涂层原材料列举

材料	电阻率/(Ω·mm^{-1})	应用预估电阻/Ω
导电银浆	7.5×10^{-5}	0.012 25
导电铜浆	0.012 5	1.875
碳纳米管 CNT	0.2	30
石墨导电胶	0.01～0.1	15

注:预估电阻计算面积为 0.3 m×0.2 m,涂层厚度为 10 μm。

　　碳纳米管(CNT)加热涂层是近年来被应用于表面电加热的新型材料。针对 ETW 低温风洞中的转捩探测问题,Klein 等提出了 CNT-TSP 模型(见图 4-28),通过电加热涂层使得 TSP 测温区域表面温度维持在较高水平,较大程度上提升了低温高速风洞试验转捩探测数据信噪比,并在风洞试验中开展多次应用。但是,在 CNT-TSP 模型中,涂层总厚度达到 135 μm,该厚度对于模型表面流态以及压力分布存在一定影响,尤其是小模型。此外,由于涂层电阻相对较大,为满足加热功率需求,其输入电压为 100～150 V,超出安全电压范围,对于人和测力天平都存在安全隐患。

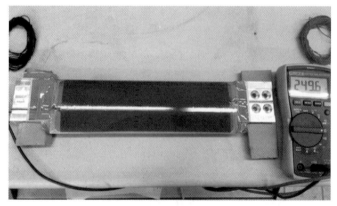

图 4-28　Klein 等提出的基于 CNT-TSP 模型

注:见彩插第 12 页。

表 4-3 中,针对风洞试验模型面积为 $0.3 \text{ m} \times 0.2 \text{ m}$ 的测量区,对导电涂层电阻进行预估,可以看出导电铜浆电阻为 $2\ \Omega$ 左右。按照图 4-29 所示不同功率需求条件下的电阻与工作电压关系,使用导电铜浆作为电阻层,可在 $10 \sim 20\ \text{V}$ 工作电压时达到功率 $100 \sim 150\ \text{W}$。

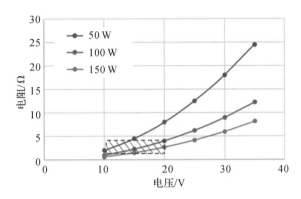

图 4-29　不同需求功率下电阻与电压关系

注:见彩插第 12 页。

这说明,使用导电铜浆作为电阻层,可以在安全电压范围内达到风洞试验的加热功率需求。而 CNT 和石墨导电胶需要使用 $50 \sim 100\ \text{V}$ 的工作电压,Klein 等使用 CNT 的工作电压为 $100 \sim 150\ \text{V}$。使用导电铜浆作为加热涂层材料,使用的工作电压可降低到安全电压以内,这种情况下,绝缘层厚度可以做到更薄。

以 $Ma = 0.7$,总温为 300 K,试验段静温为 273 K,待测区面积为 $0.3 \text{ m} \times 0.2 \text{ m}$,目标维持温度为 290 K 为例。

$$P = Q = (T_w - T_\infty) \cdot A \cdot \bar{h} \tag{4-3}$$

式中:$\bar{h}$ 为平均对流换热系数;A 为模型表面积;T_w 为模型表面温度;T_∞ 为气流静温。

利用绝热模型对问题进行简化,需求加热功率 P 等于对流换热率 Q,换热的计算见下式,利用 Blasius 解进行层流边界层对流换热估算,积分得到平均对流换热系数。

$$\bar{h} = 2 \frac{k}{c} \sqrt{Re_c} \frac{\mathrm{d}\theta(0)}{\mathrm{d}\eta} \tag{4-4}$$

式中:空气导热率 $k = 0.024\,08\ \text{W/(m} \cdot ℃)$;弦长 $c = 0.2\ \text{m}$;$Re_c = 2.5 \times 10^6$。

$\dfrac{\mathrm{d}\theta(0)}{\mathrm{d}\eta}$ 与 Pr 数相关,根据边界层理论,指定 $Pr = 1$,查表得 $\dfrac{\mathrm{d}\theta(0)}{\mathrm{d}\eta} = 0.332$,代入式 (4-4) 计算得到 $\bar{h} = 126\ \text{W/(m}^2 \cdot ℃)$。

将上述数据代入式 (4-4) 可得 $Q = 128\ \text{W}$。因此,涂层加热功率需达到 128 W。

王猛等提出一种 3 层结构的电加热涂层制备工艺,如图 4-30 所示,在金属模型表面喷涂绝缘层,在待测区两端布置导电铜箔作为电极,将电阻涂层覆盖于电极之上,形成加热层,在电阻涂层之上覆盖保护层,涂层总厚度控制在 60 μm 以内。

(1)绝缘层。选用一种双组分聚氨酯树脂(PU)作为绝缘层涂料,该涂料具有黏性小、固化快、工艺简单的特点,可在复杂三维模型表面制备较薄的绝缘薄膜,防止局部漏电。在制备绝缘层过程中,为了防止电阻涂层渗透等问题,需多次喷涂绝缘涂料形成致密的表面。为控制喷涂厚度,图4-31给出了喷涂次数对实测薄膜厚度的影响关系,相同原材料质量条件下,多次喷涂增加了实际薄膜厚度。利用多次喷涂工艺,可使绝缘层足够致密,且绝缘层厚度可控制在 20 μm 以内。

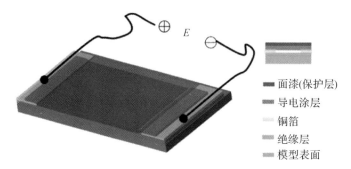

图4-30 电加热涂层结构示意图

注:见彩插第12页。

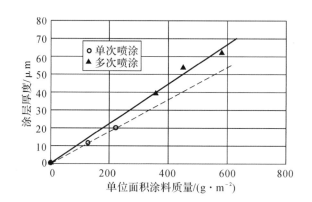

图4-31 喷涂次数对绝缘涂层厚度的影响

(2)加热层。采用导电铜浆作为电阻层原材料,其主要成分为单组分导电银包铜粉和黏度剂,固化后可形成致密的铜导电层,其电阻率参数见表4-3。电极使用导电铜箔粘贴在待测区域两端,要求铜箔相互平行。在待测区喷涂导电铜浆,形成电阻层,喷涂厚度控制在 10 μm 以内。

(3)表面层。针对红外热像转捩探测使用时,表面层的功能是提高表面红外发射率,喷涂厚度控制在 10 μm 以内。同时,表面层可进行抛光处理,能够有效降低涂层表面粗糙度。如果进行 TSP 转捩探测,可在加热层基础上直接喷涂 TSP 底漆和面漆。

3. 风洞试验验证

为验证电加热涂层技术应用效果,在航空工业气动院 FL-60 风洞开展试验验证,Ma 涵盖了 0.6~2.0。试验目标主要有两个:一是对比分析高速条件下模型加热对转捩探测数据信噪比的影响;二是验证超声速条件下转捩探测能力。

如表4-4所示,分别在 2 个模型应用开展了 6 个工况测试。其中:前 3 个工况为亚跨声速条件下的电加热技术验证,后 3 个工况为超声速条件转捩探测技术验证。其中,case1

和 case2 的试验工况一致,case1 使用电加热技术在试验过程中实时加热,case2 采用常规方法在试验前加热。

表 4-4　验证试验列表

编号	Ma	$\alpha/(°)$	测试模型	加热功率/W
case1	0.6	0	A	100
case2	0.6	0	A	0
case3	0.8	0	A	100
case4	1.5	0	B	100
case5	1.8	0	B	100
case6	2.0	0	B	100

使用红外相机获取模型表面热图,该相机像素分辨率为 640×480,温度分辨率为 35 mK。红外相机积分时间为 5 ms,采样帧率 25 Hz,在每个迎角下来流流场稳定后采集 30 帧红外热图。

如图 4-32 所示:测试模型 A 为 TFF 实验机平直翼段模型,翼段安装于两侧机身假体之间,翼段弦长 0.24 m,展长 0.24 m,表面开有 5 个测压孔;模型 B 为后掠机翼,前缘后掠角为 $45°$,展长 0.72 m,翼根弦长 0.58 m,平均气动弦长 0.394 m。

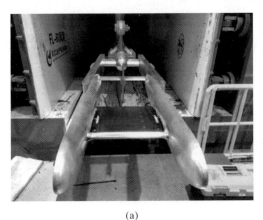
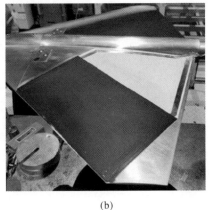

(a)　　　　　　　　　　　　　　　　　(b)

图 4-32　试验模型照片

(a)模型 A；　(b)模型 B

图 4-33 给出了二元翼段转捩探测结果。转捩探测结果以热图灰度图像显示。热图中,来流方向由左至右,灰度图白色为高温,黑色为低温,在不同灰度区域存在明显的边界,显示出边界层的对流换热率在这些位置区域发生了改变。

3 组试验结果见表 4-5,其中:case1 和 case2 为亚声速流动条件下的转捩位置,二者转捩位置相差为 1%;case3 为跨声速条件下的转捩位置,由于该状态翼段上表面出现激波,表面压力阶跃导致转捩位置与激波位置相同。

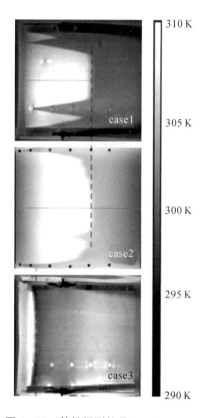

图 4 - 33　转捩探测结果，case1～case3

注：见彩插第 13 页。

表 4 - 5　转捩探测结果列表

编号	Ma	$\alpha/(\degree)$	x/c_{tr}
case1	0.6	0	0.595
case2	0.6	0	0.607
case3	0.8	0	0.161

　　为对比电加热涂层技术与常规技术，沿图 4 - 33 中蓝色实线提取弦向温度剖面，并绘制温度曲线图 4 - 34。对比图 4 - 34 中两个工况的温度曲线，带有电加热涂层时，层流区温度与湍流区温度相差约为 4 K，而常规方法所得结果中层流区温度与湍流区温度相差为 2 K。相对于常规方法，电加热涂层技术将转捩前、后温差提高 1 倍。此时的单位面积加热功率为 0.189 W/cm^2。

　　计算 case1 和 case2 温度剖面的弦向梯度，得到图 4 - 35 所示的梯度曲线。相对于常规方法，电加热涂层获得的转捩前、后温度梯度绝对值从 0.15 K 提高到 0.3 K。

　　使用常规方法在暂冲式风洞进行超声速转捩探测时，由于来流温度低，在流场建立后模型表面温度很快降低，导致转捩前、后温差难以辨识，在热图中难以对转捩进行辨识。

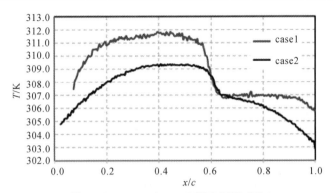

图 4-34　case1 与 case2 温度剖面对比

注:见彩插第 13 页。

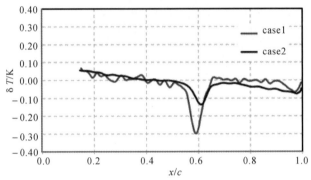

图 4-35　case1 与 case2 温度梯度对比

注:见彩插第 13 页。

利用电加热涂层技术,在超声速流场中,对三维后掠机翼进行了转捩探测。图 4-36 给出了 case4~case6 工况测量结果,实现了 $Ma=1.5~2.0$ 的超声速转捩探测。图 4-36 中来流方向由左至右,该模型机翼上表面转捩图案呈现为典型的横流转捩的锯齿形特征。图中用红色半透明虚线标记转捩位置,可以看出,随着 Ma 提高,转捩位置逐渐靠近前缘。

4.3.2　混合层流风洞试验与测试

目前在世界范围内,Airbus、DLR、Boeing、NASA 等均开展过混合层流飞行和风洞试验研究,尤其是 Airbus,在欧盟 ALTTA、VER²SUS 等项目的资助下,以 A320 的平尾、垂尾为研究对象,开展了大量的混合层流控制试验研究。为了开展 HLFC 系统设计验证以及飞行试验控制装置的地面验证,高低速风洞试验是必不可少的环节。

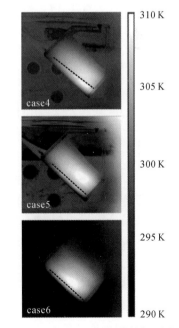

图 4-36　case4~case6 转捩探测结果

注:见彩插第 13 页。

本小节分别就混合层流风洞试验系统的总体和流量系数标定方法、高速风洞试验方法和流程展开论述。

1. 混合层流风洞测试系统总体介绍

图 4-37 是 ARA 风洞混合层流试验照片以及混合层流控制试验系统示意图，从吸气蒙皮开始，风洞试验使用的混合层流控制系统主要包含吸气区静压孔、吸气蒙皮、吸气腔体、吸气管路、腔内压力监视点、流量计、调节阀、吸气泵。

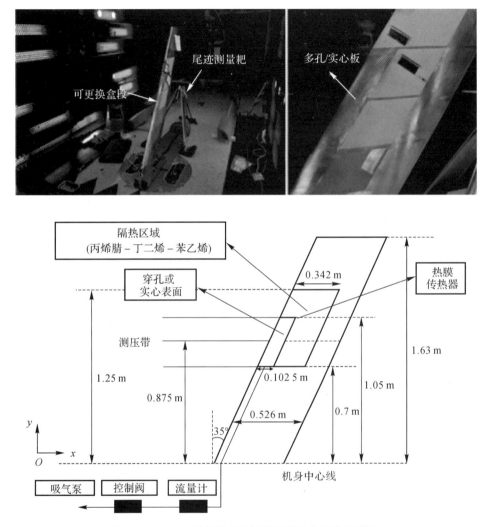

图 4-37　ARA 风洞混合层流测试照片与系统示意图

针对 TFF 层流实验机飞行试验的混合层流验证需求，以 1:6 缩比模型为应用对象，开展了风洞试验混合层流测试段验证。图 4-38 为试验模型结构示意图。为了模拟两侧机身对中央测试段的影响特性，试验模型去掉了两侧外部机翼；后掠机翼测试段结构上分为前、后两段，前半段为吸气腔体，吸气蒙皮厚度 0.8mm，蒙皮与吸气腔体整体加工后，采用五轴数控激光加工中心进行微孔阵列加工。利用尾迹耙可测量后掠测试段的剖面阻力。

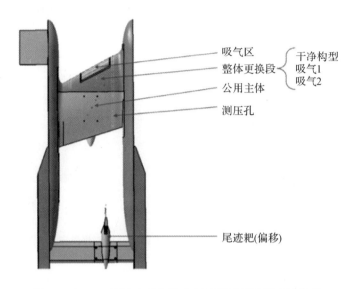

图 4 - 38　TFF 层流实验机混合层流测试段风洞试验模型

图 4 - 39 为 HLFC 风洞试验系统的吸气管路布局,采用一台旋片式真空泵作为驱动,最大吸气能力为 8 L/s,极限真空度可达 1.33 Pa,功率 1.1 kW。使用的流量计为江苏仪华测控仪表有限公司生产的 YH - RSF - B15 - ZLJ 型热式流量计,流量测量精度为 0.01 m³/h。

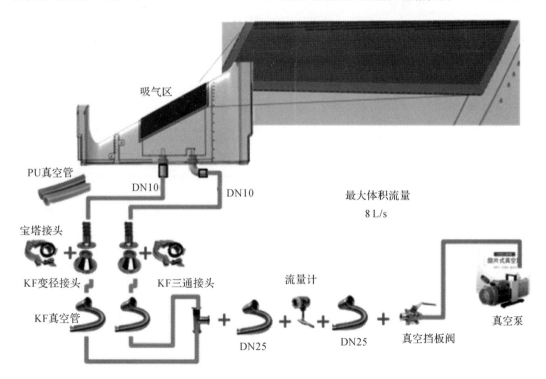

图 4 - 39　TFF 层流实验机混合层流试验系统管路连接方案

如图 4-40 所示,吸气区覆盖前缘从下表面 1.8％c 至上表面 12％c,试验模型中吸气区的展向宽度为 100 mm。吸气腔内部布置了 1 个测压孔,吸气区两侧布置测压孔,目的是监测内外压差以及翼型压力分布。

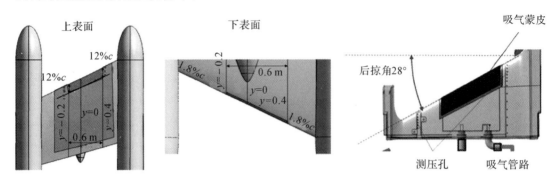

图 4-40 混合层流控制区域几何参数以及压力测量布局情况

注:见彩插第 13 页。

吸气区主要几何参数为,吸气孔直径 0.07 mm,孔间距 10 倍孔径,对应的孔隙率为 7.854×10³,详细参数见表 4-6。按照这一参数进行微孔阵列加工,展向和弦向的总孔数分别是 145 和 52,开孔数量总计 7 540。

表 4-6 混合层流控制吸气区几何参数

腔室个数	1
孔隙率/占孔比	7.854×10³
蒙皮厚度 t	0.8 mm
直径 d	0.07 mm
孔间距	0.7 mm(即 10 倍孔径)
标定参数 A	1.081 44
标定参数 B	1.885 49
吸气区域	下翼面 1.8％c 到上翼面 12％c

混合层流模型吸气蒙皮采用五轴激光加工中心(见图 4-41)进行微孔阵列加工。在完成混合层流试验系统搭建后,对系统吸气系数进行标定的工作是必不可少的。在无风条件下,开启抽气系统,调节阀门开度实现流量变化,通过测量腔体内、外压力和流量,进而根据流量计算孔吸气速度和面吸气速度。根据标定结果,可得到孔吸气速度与内、外压差的标定曲线。

2. 高速风洞试验方法和流程

由于以往国外研究采用的风洞均为连续式高速风洞,不考虑风洞吹风时间问题,开展混合层流吸气控制流量等可实现实时调节和对比。本研究使用了一座暂冲式高速风洞(FL-60),由于吹风时间长度有限,需对试验流程进行规划,才能获得有效数据。

采用固定吸气流量方式进行吹风,通过多次吹风实现不同吸气流量转捩控制效果的验证,总体流程如图 4-42 所示。

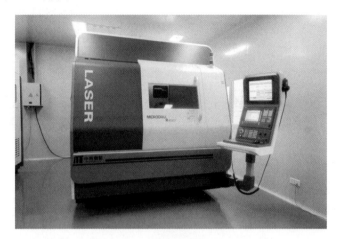

图 4-41　五轴激光加工中心

图 4-42　暂冲式风洞试验中进行混合层流试验的流程

同时,面向暂冲式风洞开展此类试验研究,设计了两种试验方法:

(1)定迎角、定 Ma、变总压。采用定迎角、定 Ma 的方式,可针对某一工况实现多种雷诺数的转捩探测,快速分析转捩随雷诺数的变化特性。

(2)常压起车——增压、Ma 到位——变迎角。增压试验风洞启动瞬间对模型前缘的冲刷远大于常压状态,使得模型前缘破损诱发转捩楔,导致增压试验中有大概率出现无效数据。因此采用常压起车,再进行增压和 Ma、迎角变化的方式,可有效降低前缘损伤概率。

3. 典型的混合层流控制风洞试验结果

如图 4-43 所示,左侧为混合层流控制对应的转捩探测结果,转捩位置在黄色虚线处,而右侧为自然层流转捩探测结果,自然转捩位于蓝色虚线处(15%c~20%c),可见混合层流控制条件下,转捩位置延迟至 50%c 以后。

7171 HLFC Ma=0.6,p_0=0.15 MPa,C_q≈ - 0.000 4　　　　7158 NLF Ma=0.6,p_0=0.15 MPa

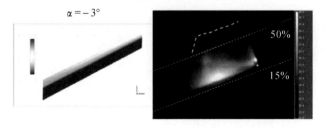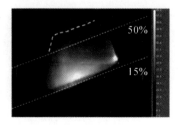

图 4-43　增压条件下混合层流与自然层流对比($\alpha=-3°$,$p_0=0.15$ MPa)

注:见彩插第 14 页。

7169 HLFC Ma=0.7, p_0=0.15 MPa, C_q ≈ − 0.000 4

7155 NLF Ma=0.7, p_0=0.15 MPa

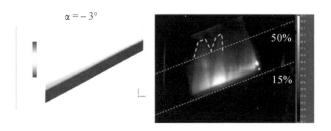

续图 4 - 43　增压条件下混合层流与自然层流对比(α= − 3°, p_0 = 0. 15 MPa)

注:见彩插第 14 页。

从图 4 - 44 可以看出,随着吸气系数 C_q 的不断增加,转捩位置延迟效果越来越好。

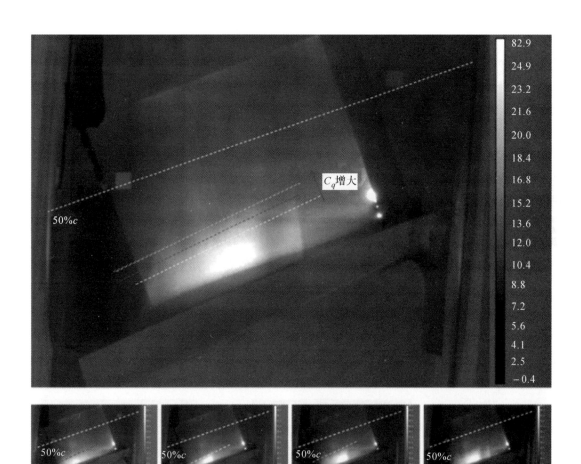

图 4 - 44　不同吸气系数 C_q 的混合层流控制效果(Ma=0. 7, α=3°, p_0=0. 15 MPa)

注:见彩插第 14 页。

4.3.3　摩阻测量技术

国外目前已经具备热膜传感器的静态和动态校准能力，方法较为全面。其中，以英国剑桥大学 Hodson 为代表的静态校准方法有充分发展的圆管、槽道流动法，以日本 JAXA 为代表的动态校准方法有旋转圆盘、Stokes 层管道流动。针对热膜测量壁面剪应力的静态校准，国外较多地使用横截面长细比较大的槽道流动，通过构造均匀的二维 Poiseuille 流动提供标准剪应力，通过测量槽道沿程的压力梯度即可计算剪应力，如图 4 - 45 所示。这种方式具有较好的可操作性，而且热膜传感器更换方便。

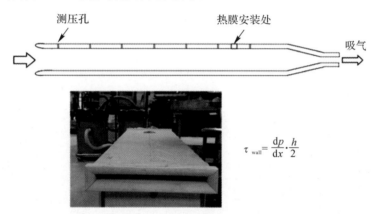

$$\tau_{wall} = \frac{\mathrm{d}p}{\mathrm{d}x} \cdot \frac{h}{2}$$

图 4 - 45　典型的静态标定装置

除了利用方波测试完成热膜响应时间校准以外，Khoo 等还提出一种基于旋转圆盘的校准装置，如图 4 - 46 所示。校准装置由静止圆盘（下）和旋转圆盘（上）组成，上转盘旋转时可产生 Couette 流动，通过调节圆盘间隙控制壁面剪应力大小。

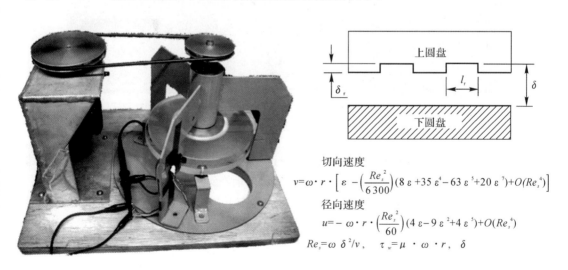

切向速度
$$v = \omega \cdot r \cdot \left[\varepsilon - \left(\frac{Re_s^2}{6\,300} \right) (8\,\varepsilon + 35\,\varepsilon^4 - 63\,\varepsilon^5 + 20\,\varepsilon^7) + O(Re_s^4) \right]$$

径向速度
$$u = -\omega \cdot r \cdot \left(\frac{Re_s^2}{60} \right) (4\,\varepsilon - 9\,\varepsilon^2 + 4\,\varepsilon^5) + O(Re_s^4)$$

$$Re_s = \omega\,\delta^2 / v, \quad \tau_w = \mu \cdot \omega \cdot r, \quad \delta$$

图 4 - 46　动态标定装置

一项典型应用是美国的 Tao 公司与美国空军和波音公司合作开展的机翼失速流动闭环控制研究,其利用热膜阵列传感器测量翼型分离与驻点等参数。如图 4-47 所示,热膜阵列传感器分别布置在翼型前缘和 $30\%c\sim80\%c$ 范围,用于监测前缘驻点以及分离位置。通过实时反馈分离特性,激发 DBD 等离子体激励器抑制流动分离,进而可提高最大升力系数,延迟失速迎角。

由于热膜传感器快速响应等优点,NASA、DLR 等研究机构利用热膜阵列传感器在飞行试验中开展前缘驻点、表面摩阻、横流行波探测等应用工作。

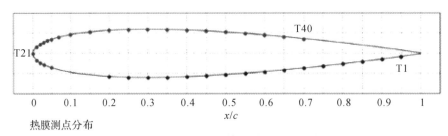

热膜测点分布

图 4-47 DLR 在翼型试验中利用热膜阵列测量全局摩阻

注:见彩插第 14 页。

如图 4-48 所示,DLR 在旋翼翼型非定常试验中,开展热膜阵列传感器全局摩阻测量应用,利用全局摩阻信号的非定常变化特性,判断转捩位置随迎角振荡的变化特性。

目前,国外在高低速风洞试验乃至飞行试验中,都开展了多项热膜传感器应用研究,通过更新迭代,其技术成熟度也最高。墨尔本大学的研究成果表明,目前热膜系统摩阻测量的最高精度可达到 1.29%,数据置信区间为 95% 以上。

西北工业大学发展热膜阵列传感器的同时,开发了一套基于微型水槽流道的便携式摩阻标定方法,如图 4-49、图 4-50 所示。

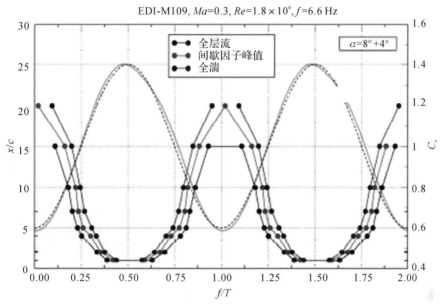

图 4 - 48　DLR 在翼型周期振荡非定常转捩探测结果

注:见彩插第 14 页。

图 4 - 49　西北工业大学利用热膜阵列传感器测量 NACA0012 翼型分离

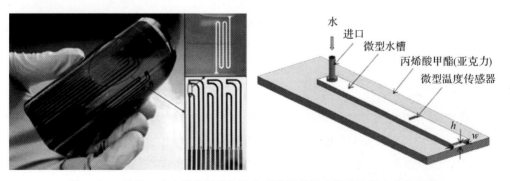

图 4 - 50　西北工业大学发展的热膜传感器及微型水槽摩阻标定方法示意

　　中国航空工业空气动力研究院针对横流转捩问题自主研制了一种双分量热膜阵列传感器,并通过全湍流平板不可压 Prandtl 经验公式构建桥压与剪应力的标定曲线,标定关系曲线为二次多项式拟合,如图 4－51、图 4－52 所示。

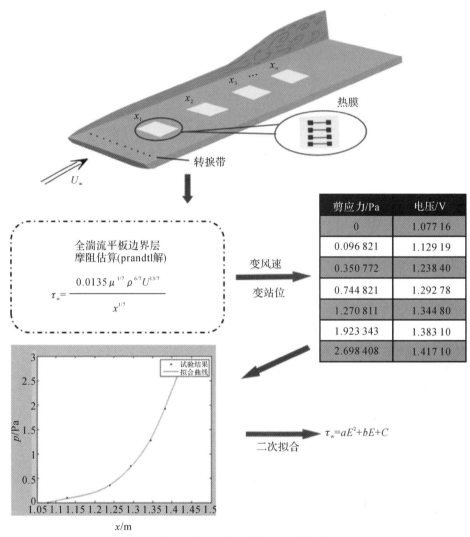

图 4－51　基于全湍流平板的热膜传感器摩阻标定方法

注:见彩插第 15 页。

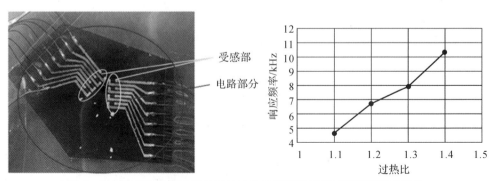

图 4－52　航空工业气动院发展的双分量热膜阵列传感器及其频响特性

4.4　层流测试中的主要数据处理方法

本节将介绍层流测试中的主要数据处理方法,包括热图中的转捩位置判定方法、压敏涂料(Pressure Sensitive Paint)数据处理方法、翼型剖面阻力数据处理方法和混合层流测试中的相关参数分析方法等。

4.4.1　转捩探测数据处理

为获得可靠的转捩判定结果,王猛等提出了基于图像处理的自动转捩位置识别处理流程。

图 4-53 给出了红外热图处理流程,大致分为 4 个过程:①获得原始热图;②自动识别机翼表面的圆形标记点,利用仿射变换将被测区域红外热图转换为矩形形状的热图,横向为展向坐标,纵向为弦向坐标,与实际无量纲坐标一一对应;③对热图温度场计算流向的温度梯度场;④提取各展向剖面的温度梯度曲线,利用温度梯度极值判定转捩位置。

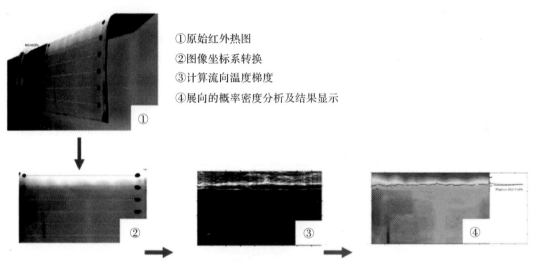

①原始红外热图
②图像坐标系转换
③计算流向温度梯度
④展向的概率密度分析及结果显示

图 4-53　转捩探测数据处理流程示意图

注:见彩插第 15 页。

为了提高转捩位置判定结果的可靠性,消除湍流楔等因素产生的误判结果干扰,对所有剖面判定得到的转捩位置进行统计,给出转捩位置沿着展向的概率密度分布曲线,根据最大概率密度的指示,最终确定此状态下的机翼表面转捩位置。

4.4.2　PSP 数据处理

对于稳态压力测量,一般采用光强法 PSP 技术。PSP 光强法测量系统由 PSP 涂层、激发光源、采集设备、同步设备等组成。其中：

（1）PSP 涂层为采用双分量探针分子 PSP 涂料，其荧光探针为 PtTFPP，黏结剂为高分子材料 FIB（含氟丙烯酸酯），填料为二氧化钛，溶剂为三氟甲苯。

（2）激发光源为连续式光纤耦合激光器，其波长为 400 nm，功率为 10 W，激光器与扩束头通过紫外增强光纤连接，具有高稳定性及便携性。

（3）采集设备包括相机和压力扫描阀。相机采用 35 mm 镜头，镜头安装 495 nm 长通滤镜，压力扫描阀使用用于原位标定的测压孔采集。

（4）同步设备为同步信号发生器，用于控制相机同步采集。

PSP 的荧光强度 I 与压力 p 的关系可用 Stern - Volmer 关系式描述：

$$\frac{I_{\text{ref}}}{I} = A(T) + B(T)\,\frac{p}{p_{\text{ref}}} \tag{4-5}$$

式中：I_{ref} 和 p_{ref} 分别为参考条件下的荧光强度和压力；$A(T)$ 和 $B(T)$ 为与温度相关的无量纲参数，可通过标定获得。

压力系数 C_p 的表达式为

$$C_p = (p - p_{\text{ct}})/(0.7 \times Ma^2 \times p_{\text{ct}}) \tag{4-6}$$

式中：p_{ct} 为壁面静压。

如图 4 - 54 所示，PSP 数据处理流程为：①平均参考图像和暗电流图像；②配准试验图像并取平均；③图像掩膜及滤波；④试验图像与参考图像配准并求光强比；⑤光强比换算为压力，进而换算为压力系数。

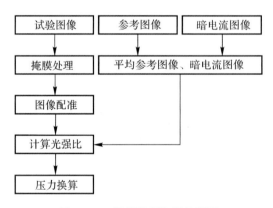

图 4 - 54　数据处理流程示意图

完成 PSP 处理后，基于直接线性变换（Direct Linear Transform，DLT）方法将 PSP 数据三维重建到数模表面。像平面坐标 u、v 到体坐标系坐标 x、y、z 的变换关系为

$$u = \frac{L_1 x + L_2 y + L_3 z + L_4}{L_9 x + L_{10} y + L_{11} z + 1} \tag{4-7}$$

$$v = \frac{L_5 x + L_6 y + L_7 z + L_8}{L_9 x + L_{10} y + L_{11} z + 1} \tag{4-8}$$

式中：$L_1 \sim L_{11}$ 是映射关系系数。

利用 CFD 网格进行 PSP 数据的三维重建。绘制模型的非结构三角形网格,将模型上已知的标记点坐标与网格进行对应,利用式(4-7)、式(4-8)进行投影变换。

在 TFF 层流实验机的 PSP 测压试验中,试验段上壁板安装一台相机、两台激光器,拍摄模型正面;试验段侧壁板安装一台相机、一台激光器,拍摄模型侧面。图 4-55 为试验现场图,图 4-56 为 PSP 数据三维重建结果。

图 4-55　试验现场示意图

注:见彩插第 15 页。

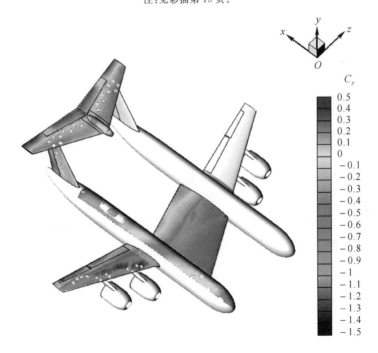

图 4-56　PSP 数据三维重建

注:见彩插第 16 页。

4.5.3　翼型剖面阻力数据处理

动量法测阻力原理如图 4 - 57 所示,气流流过翼型,在翼型下游形成尾流,翼型受的阻力越大,尾流内的气流动能越小。通过尾迹耙测量尾流区的总压分布,可求得气流绕过翼型后的总压损失,进而推算翼型总阻力。

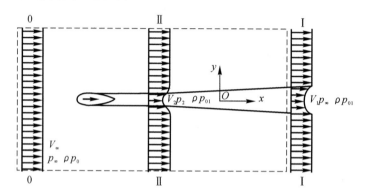

图 4 - 57　模型剖面阻力测量动量法示意图

可压缩流动动量法测阻力的计算公式如下:

$$C_D = \int 2 \left(\frac{p_2}{p_\infty}\right)^{\frac{1}{\gamma}} \cdot \left(\frac{p_{t_2}}{p_{t_\infty}}\right)^{\frac{\gamma-1}{\gamma}} \cdot \frac{\left[1-\left(\frac{p_2}{p_{t_2}}\right)^{\frac{\gamma-1}{\gamma}}\right]^{\frac{1}{2}}}{\left[1-\left(\frac{p_\infty}{p_{t_\infty}}\right)^{\frac{\gamma-1}{\gamma}}\right]^{\frac{1}{2}}} \cdot \left[1-\frac{\left[1-\left(\frac{p_\infty}{p_{t_2}}\right)^{\frac{\gamma-1}{\gamma}}\right]^{\frac{1}{2}}}{\left[1-\left(\frac{p_\infty}{p_{t_\infty}}\right)^{\frac{\gamma-1}{\gamma}}\right]^{\frac{1}{2}}}\right] d\left(\frac{y}{c}\right)$$

$$(4-9)$$

式中:p_2 为尾迹耙静压值;p_{t_2} 为尾迹耙总压值;下角标为 ∞ 的表示来流参数。具体公式推导过程可参考相关文献。

4.5.4　混合层流试验中的参数处理

混合层流试验参数对于风洞试验和飞行试验来说至关重要,通常以面吸气速度 v_s 及其无量纲系数 C_q 等参数描述混合层流控制条件。

$$C_q = \frac{v_s}{v_\infty} \tag{4-10}$$

一般形式的吸气速度与腔体内外压差的标定关系是:

$$p_{in} - p_{out} = \Delta p = A\rho_\infty (v_h)^2 + B\mu \frac{t}{d^2}(v_h) \tag{4-11}$$

对吸气腔体流量进行标定,是为了通过定量描述吸气速度与腔内外压差的关系,在试验过程中通过控制腔内压力调节实际吸气流量,典型的吸气孔板标定曲线如图 4 - 58 所示。

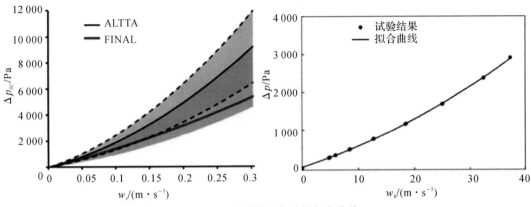

图 4 - 58　典型的吸气孔板标定曲线

注:见彩插第 16 页。

在风洞试验前,利用搭建好的 HLFC 系统在无风条件下进行抽气标定,通过给定不同的阀门开度,记录对应的腔内外压差、总流量,根据流量推算表面吸气速度,最终建立内外压差与面吸气速度的关系。

以 TFF 层流实验机混合层流段试验为例,标定数据记录在表 4 - 7 中。

表 4 - 7　HLFC 控制标定参数

序号	p_{out}/Pa	p_{in}/Pa	Q/(m³·h⁻¹)	v_h/(m·s⁻¹)	v_s/(m·s⁻¹)
1	100 411	100 122	0.107	1.030	0.008 088
2	100 411	98 589	1.027	9.884	0.077 627
3	100 411	96 751	2.027	19.508	0.153 212
4	100 411	92 473	4.088	39.342	0.308 995
5	100 419	84 850	5.899	56.771	0.445 881
6	100 412	74 624	7.382	71.043	0.557 974
7	100 411	56 486	8.502	81.822	0.64 263

根据标定结果,孔吸气速度与内外压差的标定曲线如 4 - 59 所示,对应的标定系数分别为 $A = 1.081\ 44$,$B = 1.88\ 549$。

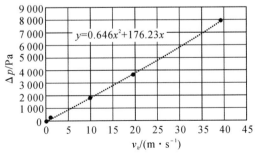

图 4 - 59　本书风洞试验混合层流系统标定曲线

为了分析吸气状态,利用吸气区域两端的表面测压孔和腔内测压孔数据,表面压力作为外部静压,与腔内压力做差,给出压差分布云图(见图4-60)。

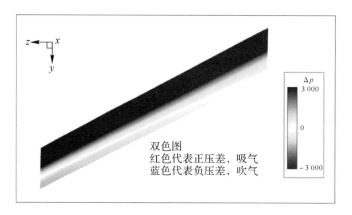

图4-60 压差计算与显示

注:见彩插第16页。

4.5 层流测试风洞试验的局限性

风洞试验可以提供精准的来流条件(马赫数、总压、温度等),在层流设计方案的初步筛选与考核中发挥着不可替代的重要作用。但是,风洞试验的局限性主要体现在试验段尺寸限制、来流扰动难以达到飞行品质等因素,导致风洞试验难以模拟全尺寸飞行工况,对全尺寸工况模拟有严格要求的测试必须开展飞行试验验证。

为了满足各类型号的高雷诺数大气飞行条件验证需求,除了开展高雷诺数风洞试验以外,还必须经历飞行试验测试考核。以欧盟Clean Sky的BLADE项目为例,项目将A340-300型飞机外翼段替换为层流翼段,在前期开展大量高雷诺数风洞试验基础上,于2018—2020年开展了多个架次的飞行试验验证。

参 考 文 献

[1] KALARIKOVILAGAMS G, BERTRAM O. Preliminary design and system considerations for an active hybrid laminar flow control system[J]. Aerospace, 2019, 6(10): 109.

[2] 孙侠生. 绿色航空技术研究与进展[M]. 北京:航空工业出版社,2020.

[3] CHERNYSHEVS L, KISELEV A, KURYACHII A P. Laminar flow control research at TsAGI: past and present[J]. Progress in Aerospace Sciences, 2011, 47 (3): 169-185.

[4]　KINGR A, ANDINO M Y, MELTON L, et al. Flow disturbance measurements in the National Transonic Facility[J]. AIAA Journal, 2014, 52(1): 116 - 130.

[5]　SCHRAUFG. Status and perspectives of laminar flow[J]. The Aeronautical Journal, 2005, 109(1102): 639 - 644.

[6]　OWENF K, OWEN A K. Measurement and assessment of wind tunnel flow quality [J]. Progress in Aerospace Sciences, 2008, 44(5): 315 - 348.

[7]　魏斌斌, 高永卫, 师尧, 等. 基于涡流发生器的翼型风洞试验侧壁干扰控制研究[J]. 航空工程进展, 2021, 12(2): 38 - 51.

[8]　DUBOIST. Europe's aerospace research program enters demo phase[EB/OL]. https://www. ainonline. com/aviation-news/aerospace/2014-11-27/europes-aerospace-research-program-enters-demo-phase, 2014 - 9 - 27.

[9]　SHIY, CAO T, YANG T, et al. Estimation and analysis of hybrid laminar flow control on a transonic experiment[J]. AIAA Journal, 2020, 58(1): 118 - 132.

[10]　SARICW S, CARPENTER A L, REED H L. Laminar flow control flight tests for swept wings: strategies for LFC[J]. AIAA Paper, 2008, 3834: 2008.

[11]　GREENJ, QUEST J. A short history of the European Transonic Wind Tunnel ETW[J]. Progress in Aerospace Sciences, 2011, 47(5): 319 - 368.

[12]　王猛, 李玉军, 赵荣奂, 等. 基于电加热涂层的红外热像转捩探测技术[J]. 气动研究与实验, 2021, 33(1): 46 - 52.

[13]　ARRIZUBIETAI, LAMIKIZ A, MARTÍNez S, et al. Internal characterization and hole formation mechanism in the laser percussion drilling process[J]. International Journal of Machine Tools and Manufacture, 2013, 75: 55 - 62.

[14]　GREGORYN. Research on suction surfaces for laminar flow[J]. Boundary Layer and Flow Control, 1961(13): 924 - 960.

[15]　YOUNG T M, HUMPHREYS B, FIELDING J P. Investigation of hybrid laminar flow control (HLFC) surfaces[J]. Aircraft design, 2001, 4(2/3): 127 - 146.

[16]　DEMIR A G, PREVITALI B, BESTETTI M. Removal of spatter by chemical etching after microdrilling with high productivity fiber laser[J]. Physics Procedia, 2010, 5: 317 - 326.

[17]　KHOO B C, CHEW Y T, LIM C P. The flow between a rotating and a stationary disc: application to near-wall hot-wire calibration[J]. Measurement Science and Technology, 1998, 9(4): 650.

[18]　ASTARITA T, CARDONE G, CARLOMAGNOG M, et al. A survey on infrared thermography for convective heat transfer measurements[J]. Optics & Laser Technology, 2000, 32(7/8): 593 - 610.

[19]　ZHU W, CHEN X, ZHU Y, ET al. Nonlinear interactions in the hypersonic boundary layer on the permeable wall[J]. Physics of Fluids, 2020, 32 (10): 104110.

〔20〕 王猛，钟海，衷洪杰，等. 红外热像边界层转捩探测的飞行试验应用研究〔J〕. 空气动力学学报，2019，37(1)：160－167.

〔21〕 SIMON B，FILIUS A，TROPEA C，et al. IR thermography for dynamic detection of laminar-turbulent transition〔J〕. Experiments in Fluids，2016，57：1－12.

〔22〕 CRAWFORD B K，DUNCAN JR G T，WEST D E，et al. Laminar-turbulent boundary layer transition imaging using IR thermography〔J〕. Optics and Photonics Journal，2013，3(3)：233.

〔23〕 马炳和，傅博，李建强，等. 溅射-电镀微成型制造柔性热膜传感器阵列〔J〕. 航空学报，2011，32(11)：2147－2152.

第5章 层流飞行试验与数据处理方法

飞行试验是在真实飞行条件下进行科学研究和产品试验的过程。作为一型复杂产品，飞机的设计和地面试验都是在理论假设和非全面模拟条件下进行的，需要通过试飞来验证。飞行试验是飞行器设计、制造、试验鉴定中的重要一环，是新型飞行器研制的重要组成部分。飞行试验也是探索航空新领域、新理论的重要手段，是航空新技术应用、新研究成果验证和将科研成果转化为生产力的不可缺少的试验环节。

对于探索新技术的飞行试验而言，为保证飞机的安全和研究的成功，飞行试验主要任务包括飞行力学模型辨识和相关技术飞行验证。飞行力学模型辨识的目的在于获得能够反映出飞行器动力学特性的输入/输出数据，这需要给飞行器施加足够的操纵激励，并通过机载的飞行数据测量设备将这些输入/输出数据记录下来，包括试飞试验设计、试验试飞、飞行数据获取、飞行数据处理等诸多技术环节。飞行力学模型辨识问题具有未知参数众多的特点，随着未知参数个数的增加无疑会提高辨识的难度。层流机翼飞行验证的目的在于针对表面流态测量和部件阻力测量等飞行试验关键层流指标，形成测量手段和方法，为层流机翼转捩位置延迟效果及其减阻特性评估提供可靠的验证手段，与风洞试验和数值模拟结果相互验证。

本章围绕层流飞行试验，首先介绍层流飞行试验发展历程和本书选择无人飞行试验这一验证手段的原因，其次介绍参数辨识试验方法和层流相关的压力分布测量、阻力精确测量、转捩探测试验等的技术特点，最后介绍参数辨识方法和压力分布测量试验数据处理方法等。

5.1 飞行试验概述

5.1.1 飞行试验概述

飞行试验按照航空科技发展阶段可分为3类：研究性试飞、调整和鉴定试飞、试用试飞和使用。

研究性试飞包括基础技术研究试飞和演示验证试飞。基础技术研究试飞是对一些新的航空理论、原理和基础技术通过飞行试验去验证，为新技术在型号上的应用奠定技术基础；演示验证试飞则是对一些比较成熟并已经制造出原理样机的技术，通过飞行试验去进一步验证，预测技术和相关产品的工程前景，如果没有大问题，即可发展成为新的航空型号产品。

调整和鉴定试飞是型号研制过程中最关键的一个阶段，也是试飞过程中风险最大、耗时最长、耗资最多的一个阶段。试飞前飞机上试飞设备的研制和改装,一系列的地面试验、滑行试验,以及首飞后逐条逐项完成试飞大纲的内容,都属于这个阶段。对这期间飞机试飞中发现的所有问题,都应制定相应措施,在试飞过程中边调整、边试飞,直到满足研制总要求和用户的使用要求。

试用试飞即适应性试飞,包括新飞机对环境的适应性以及用户对新机的使用逐渐适应的过程。由于研制总要求不一定完全适应当前的形势和航空新技术的发展,以及研制人员、试飞人员、机务人员等和用户对飞机的理解和使用有区别,因此设计定型的试飞结论不一定完全切合使用中的实际,特别是那些定性评述结论,交付给使用方的新机对实际使用环境条件有一个适应性考核的过程。试用试飞主要是摸索对飞机的使用经验和训练使用人员,对军机来说是作战演练、战术技术方法研究。

近年来,飞行器设计领域重视的方向就是发展先进的快速设计与验证技术,以缩短飞行器的研制周期,减少研制经费,降低风险,美国国防高级研究计划局(Defense Advanced Research Projects Agency,DARPA)近期提出了将高精度数值模拟、风洞试验数据简化与低成本试验飞机飞行验证相结合的飞行器设计新理念,旨在最大限度缩短新机的研制周期。美国兰利研究中心也出于节省飞行试验经费的目的,研究建立低成本的,风险可接受的缩比模型飞行试验研究体系和方法。兰利研究中心提出了两种方案:一种是缩比的低成本、小规模自由飞验证系统,如飞行技术研究(Free-flying Aircraft for Sub-scale Experimental Research,FASER)系统,采用常规布局的货架产品飞机改装,使用价格低廉但可用性较高的数据采集设备,由小规模飞行试验小组完成有关飞行试验,以期降低成本;另一种是配备移动式地面控制站的遥控模型飞行试验研究系统,这是一种缩比模型遥控飞行验证平台,也称遥控模型研究机(Remotely Piloted Research Vehicle,RPRV)系统。该系统综合了有人驾驶试飞、模拟器飞行等模式,构建由飞行员、地面模拟座舱、上行/下行数据传输系统、带动力的遥控缩比模型等元素组成的闭环系统。相比于模型自由飞试验,其费用小、可重复性强、周期短、风险可接受。

5.1.2 层流飞行试验发展历程

随着层流机翼和机翼层流技术的发展,机翼表面边界层转捩研究日益受到重视。层流机翼的典型应用对象——民航客机和公务机,其飞行高度通常在 8 000 m 以上(高空湍流度通常小于 0.08%),飞行速度至少 0.6Ma,飞行雷诺数至少 1 000 万。要想对层流机翼设计进行有效验证,湍流度、马赫数和雷诺数等试验环境必须同时具备。而风洞试验受其试验段尺寸和试验原理限制,在满足来流湍流度的前提下,风洞试验所能达到的马赫数、雷诺数难以满足层流验证需求。如图 5-1 所示,以国外在 ARA 跨声速风洞进行的层流试验为例,其最高雷诺数为 $6.8×10^6$。相比于风洞试验,飞行试验可以具有更真实、优良的验证环境,因而,国外关于层流机翼的最终测试考核均选择了飞行验证方式。

层流飞行试验主要目的是验证其在实际飞行条件下的气动特性。国外在这一过程中进行了大量的测试技术的研究,包括油流、化学升华法、压力分布、红外热成像、热膜、热线、热敏漆、激光粒子成像、边界层耙、翼面皮托管、尾流耙等技术。这些测试手段已经在国外飞行试验中得到了应用,并通过使用过程对测量技术进行了验证和筛选。

图 5-1　ARA 风洞中的混合层流试验模型

　　针对层流飞行验证,1934—2017 年国外至少进行了 31 型飞机,90 余项层流研究飞行试验,包括自然层流(NLF)、层流流动控制(LFC)及混合层流控制(HLFC),验证了很多新技术和方法,积累了大量设计、制造及飞行试验测量的经验。

　　表 5-1 为美国层流飞行试验研究概况。

表 5-1　美国层流飞行试验概况

序号	时间	试验机	任务
1	1938 年	P-51	验证 NACA-45-100 翼型
2	1941 年	B-18	缝道吸气翼套
3	1956 年	F-94A	缝道吸气翼套
4	1966 年	X-21A	主动层流控制
5	20 世纪 70 年代	F-111/TACT	层流翼套
6	1980 年	Jetstar	混合层流控制
7	1987 年	Boeing 757	混合层流控制
8	1985 年	F-14A	亚、跨声速层流控制
9	20 世纪 90 年代	F-16XL	超声速层流控制
10	1990 年	高速民机(HSCT)	超声速混合层流控制
11	2002—2003 年	F-15B	离散粗糙元
12	2009 年	"湾流"Ⅲ	自然层流控制
13	2005—2013 年	CessnaO-2	离散粗糙元
14	2012 年	B737	主动层流控制
15	2015 年	新一代航空运输系统	自然层流、主动层流控制、混合层流控制

表 5-2 为欧洲进行过的层流飞行试验研究概况。

表 5-2 欧洲层流飞行试验概况

序　号	时　　间	试验机	任　　务
1	1955 年	吸血鬼飞机	多孔吸气飞行试验
2	1955 年	Anson MK.1	多孔吸气飞行试验
3	1985—1987 年	Falcon-50	机翼/垂尾混合层流控制
4	1987 年	VFW-614	TS 转捩和横流转捩
5	1987 年	A320	混合层流控制
6	1988 年	LFU 205	自然层流红外图像
7	1989 年	ELFⅢ项目	自然层流和混合层流控制
8	1992—1993 年	VFW 614 ATTAS	层流短舱或混合层流短舱
9	20 世纪 90 年代	SAAB 2000	层流控制
10	2000 年	Do 228（HYLTEC 项目）	混合层流控制
11	2005 年	TELFONA 计划	自然层流
12	2010 年	未来支线飞机	自然层流
13	2012 年	A330	层流控制
14	2015 年	A340-300	混合层流控制
15	2015 年	长航程飞机	混合层流控制
16	2017 年	未来支线飞机	混合层流控制
17	2017 年	2050 航空发展展望	层流控制

下面以其中具有代表性的两例为切入点，介绍层流机翼飞行验证情况。

1. B-18 缝道吸气翼套飞行试验

1941 年，B-18 的 LFC 飞行试验结果由 Zalovcik 等整理收录在 NACA 报告中。一块带有 9 条展向吸气缝的试验面（NACA35-215 翼型）安装在 B-18 飞机左翼上，该试验面如图 5-2、图 5-3 所示，弦向长度 204 in，展向长度在机翼前缘处为 120 in，到后缘处时为 60 in。9 条吸气缝沿 $20\%c \sim 60\%c$ 分布，按相距 $5\%c$ 距离放置，缝道间有 8 条吸气缝。吸气系统由 85 hp（1 hp≈735 W）福特发动机驱动，气流由缝道底端间距 0.75 in、直径 0.25 in 的孔引出。

在雷诺数为 $21.7 \times 10^6 \sim 30.8 \times 10^6$，飞行速度 147~216 mile/h 的工况下，该飞行试验采用沿弦向逐渐增大、逐渐减小或保持一致的吸气速度。逐渐减少吸气量，当 1 号缝道 $C_q = 1.7 \times 10^{-5}$，至 5 号缝道时逐渐减少为 0 时，可保持全雷诺数及升力系数状态下的 45% 的层流流动。增大吸气速度对于转捩没有明显影响，直到 1 号缝道 $C_q = 3.5 \times 10^{-5}$，会突然转捩。使用全部缝道的试验由于试验翼面损坏而没有进行。

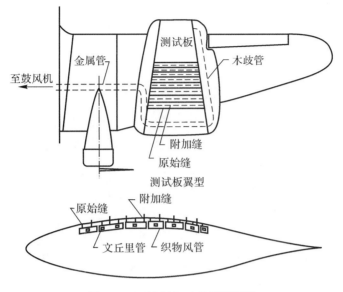

图 5 - 2 NACA35 - 215 翼型测试

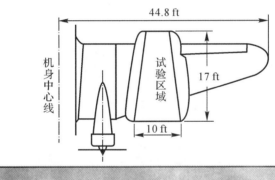

图 5 - 3 B - 18 飞机层流控制飞行试验

2. CessnaO - 2 层流飞行试验

CessnaO - 2 层流飞行试验采用在机翼下加装测试样段的方式研究展向周期性离散粗糙元对三维机翼转捩的影响,如图 5 - 4 所示,飞行雷诺数为 650 万～800 万,测试段的迎角在 ±2°之间。飞行试验主要包含 3 部分内容:第一部分是加装试验段后的飞行品质测试,结果显示试验段对飞机静稳定性产生影响,对动稳定性影响不大;第二部分是自由来流的湍流度测量,结果显示试验段处的湍流度适于进行边界层稳定性试验;第三部分是转捩测量,如图 5-5 所示,结果证明从质量和简单易行的角度,红外转捩测量技术适合于飞行试验环境,同时在试验段表面压力最小值前可观测到大量层流区。

图 5-4 CessnaO-2 层流飞行试验

图 5-5 0°迎角测试段红外热像

注:见彩插第 16 页。

5.1.3 选择无人飞行实验机验证层流技术的原因

上述国外飞行试验均采用现有飞机吊挂验证翼段或改造机翼(使用翼套或是更换外翼段)、改造垂尾的方案进行层流技术飞行验证。但该技术途径运用在当前层流飞行验证上存在较大困难:首先,我国现有的飞机型号在翼面几何特征、层流区域可用范围、典型飞行工况等方面,难以与当前层流技术的验证需求完全匹配;其次,以国内航空部门的组织结构,难以调配到可供层流飞行验证改装的现有飞机,且测试加改装与恢复、飞行试验等需要较大的经费和周期投入。

　　无人机技术的成熟与普及,为探索"快、好、省"的层流飞行验证全新技术途径提供了可能。借鉴美国 X 系列技术验证机"从有人验证机逐步向无人验证机拓展"的技术发展路线(见图 5-6),针对层流飞行验证需求,专门研发一型无人飞行实验机,既匹配验证需求,又规避现有飞机和试飞员的组织调配与安全风险,还能更灵活地控制费用与周期。

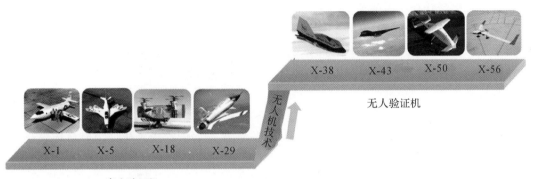

图 5-6　X 系列飞行器技术发展路线

5.2　飞行试验方法

　　层流机翼飞行试验的目的在于获得机翼在真实飞行状态下的表面流态、部件阻力等,为了达到这个目的:一方面需要获取实验机真实的气动特性和飞行状态,保证飞行安全,并实现验证段迎角的准确测量;另一方面,需要对实际飞行中机翼表面的转捩位置、压力分布和部件阻力进行测量。因此,所涉及的飞行试验方法至少包括参数辨识试验方法和层流飞行试验方法。下面将围绕这两方面进行介绍。

5.2.1　参数辨识试验方法

　　此处介绍的参数辨识试验专指飞行力学模型辨识,也即气动参数辨识。

　　飞机开环或本体动力学模型的输入是舵面偏度,输出是相对于大气的速度数据、体轴角速度、Euler 姿态角以及平移加速度,有时还包括体轴角加速度。通常,建模时采用上述输入和输出的某些子集,例如纵向、横航向运动的线化模型。对于闭环模型,建模包括本体动力学和控制系统,输入是飞行员的一项或多项操纵,例如纵向驾驶杆偏度、横向驾驶杆偏度、方向舵脚蹬偏度或相应的操纵力。通常,油门不需要动态变化,最好在整个机动过程中保持固定位置。因此,油门位置通常被视为飞行试验状态之一。同样,闭环模型的输出也是上述各量的子集。

1. 测试方案设计

　　测试方案设计是指飞行验证所需实测的参数内容确定、测量方法设计、测试系统构建及设备确定、测试精度分析评估等。

(1)测试参数。气动参数辨识所需实测的参数为基本飞行参数,例如高度、速度、重量、重心、迎角、姿态角、舵面偏度等。

数据采集系统记录输入/输出参数的时间历程,并记录定义飞行状态和构型的各种参数,例如,用于计算空气密度和气压高度的外部大气温度和静压、功率水平或油门位置、估计飞机重量和惯量特性所需的油量消耗、起落架位置、襟翼位置等。由于计算量需求高,现代系统辨识方法均利用数字计算机完成。因此,与飞机相关的变量连续测量信号必须转化为数字形式。传感器输出的模拟信号经过模拟式抗混叠滤波器后,采用模/数(A/D)转换电路缩放至合适的电压范围。A/D 转换的输出是经试验室校准并转换为工程单位的数字量。对于数据采集系统,重要的功能和指标包括系统采样率、数据采样的预处理方法、传感器量程和分辨率等,它们共同决定了采集系统的性能和准确度。

(2)测试仪器。试飞测试仪器的发展日新月异,仪器的硬件也是在很快地迭代更新,但对飞行测试仪器重要特性的介绍是通用的。参数辨识飞行试验中非常重要的测试仪器包括飞行速度传感器、角速度传感器、飞机姿态角传感器以及舵面偏度和飞行员操纵传感器。

1)飞行速度传感器:飞行试验中,由于飞机局部流动的影响,相对于大气的速度测量是困难的,因此与其相关的迎角、侧滑角和空速等参数的精确测量同样存在挑战。另外,由于传感器安装位置往往与飞机重心存在位置差异,也必须通过在线校准才能对其进行修正。在飞行试验中,将空速传感器安装在飞机上或附近部位(如机翼或头锥上),可进行高精度校准。机头是安装传感器的最佳位置,但对于机头上安装着螺旋桨的飞机,这在实际操纵中并不现实。气流角传感器通常安装在翼尖,沿机翼前缘向前延伸 $2c\sim3c$。通常,翼尖外侧的局部气流会导致侧滑角的测量存在偏差,两个翼尖侧滑角传感器的平均测量结果准确性更高。在机翼或机身附近安装传感器是可行的,包括基于压力的传感器,但通常需要大量的、仔细的校准以确保良好的精度。

2)角速度传感器:通常采用角速率陀螺测量飞机角速度分量,陀螺固定在飞机上,对准体轴。在飞机飞行测试设备中,这些传感器是最可靠、最精确的仪器。响应的线性度高,典型仪器误差往往由微小的偏差构成,在各种不同机动动作中高度重复。理论上,由于刚体上任何点的角速度均相等,这些传感器可安装在飞机的任何位置,不需要进行相对于飞机重心位置的修正。但在实际中,飞机不是刚体,所以传感器安装位置须远离所有显著结构响应模态的节点,因为传感器会测量这些节点产生的旋转运动。通常情况下,速率陀螺会和平移加速度计安装在一起。

平移加速度计的安装位置应在飞机重心附近,与体轴对齐。这样可确保测量结果中的平移加速度对于飞机重心的修正量足够小。修正量源于飞机绕重心做角运动产生的加速度,以及加速度计相对于重心的位置偏差。平移加速度计的线性度很高,往往只有很微小的偏差。这些传感器的不足之处在于频响过于优秀,在测量刚体运动的同时,还会测量出结构响应和发动机振动。如果抗混叠滤波器的设计或使用不合理,这些传感器所采集信号的噪声就会很大,还会引起高频响应向刚体频率折叠的问题。这些传感器的位置修正会涉及体轴角加速度,由于角加速度信号通常是含噪声的,无论信号来自角速度平滑的数值微分还是直接来自传感器。由于大量随机噪声分量使确定性信号内容变得模糊,加速度计信号相对较高的噪声水平也会给数据滤波和平滑造成困难。旋转加速度传感器不常用,但偶尔也会被纳入试飞测试仪器。随着传感器技术的发展,这一现状可能会发生变化。这些传感器的测量结果易于纳入建模方法。良好的角加速度测量结果能在数据中提供更多输出误差建模所需的新内容,避免了测试误差修正和方程误差建模所需的角速度数值微分,有助于改善参数估计结果。

3)姿态角传感器:姿态角的测量通常使用积分式陀螺仪或磁力计。由于气动力和力矩不依赖于飞机相对地轴系的方向,姿态角在飞机系统辨识中具有第二重要的作用。然而,要在动力学方程中引入重力项就需要姿态角。航向角仅出现在运动学方程组中,不出现在任何动力学方程中,因此,姿态角中的航向角对于动力学建模的重要性是最小的。对于角速度陀螺测量结果的仪器误差估计,所有姿态角在数据相容性分析中均是有用的。

4)舵面偏度和飞行员操纵传感器:通常,测量舵面偏度和飞行员操纵装置偏度的传感器属于某种类型的电位计,产生与旋转运动或线运动成比例的电压。这些传感器可靠性强、线性度高,且噪声水平很低。最后一项特性很重要,因为建模方法假定可以不含误差地测量已知的确定性输入。

2. 飞机构型及飞行状态设计

一般情况下,应当针对飞机设计特点,完成不同构型下飞行试验点的选择。

3. 机动输入设计

一般情况下,对于通用动态系统的输入设计,尤其对于飞机,存在两种通用的方法。第一种方法是在假定没有关于动态系统先验信息的情况下设计输入。其目标是在很宽的频率范围内激励系统,所有频率点的功率均接近常数。采用这种方法的输入设计包括扫频和脉冲输入。第二种方法是使用关于动态系统响应的先验知识,并按需剪裁输入。

(1)机动定义:机动定义的一方面是选择执行机动的飞行状态。对于无量纲气动力和力矩系数,飞行状态相关方面通常包括配平迎角、马赫数、飞机构型、高度和功率水平。试验飞行状态的选择基于特定研究的目标、权衡资源限制以及其他实际约束。机动定义的另一方面是规定激励。要定义机动激励,必须给出机动时长、舵面或飞行员输入,以及对应的输入形式、输入幅值等参数。

(2)输入设计目标:受实际试验约束的限制,动态模型辨识输入设计的目标是激励动态系统,确保数据包含充足的信息以便于精确建模。从数学角度描述数据信息内容和实际约束条件,提供在实际中获取期望结果的方法。

(3)单输入设计:将输入设计为某种类型的围绕配平状态的扰动,确保飞行状态不发生本质变化,飞机参数在整个机动过程中被视为常数。输入是从配平值开始的激励,在此处的讨论中定义为零。实际上,输入波形可加入不等于零的操纵配平值。常见的单输入形式包括脉冲输入、扫频输入、复合正弦输入、倍阶跃和多阶跃输入、飞行员输入以及其他输入类型。

1)脉冲输入:或许是用于飞机系统辨识的最简单的输入。这是一种简单的尖峰或突然冲击,常称为“打杆”。有时,脉冲输入是双向的,有助于飞机恢复至初始状态。理论上,当没有关于飞机动力学特性的先验信息时,脉冲输入可被用于采集建模数据,但由于输入能量低,这往往不实际。因此,脉冲输入最适用于预测飞机动力学特性的情形。

2）扫频输入：扫频是没有或几乎没有关于飞机动力学特性的先验信息时更常用的输入类型。扫频输入是随着时间推移，频率不断增加的持续的正弦输入，从而使输入的频率内容覆盖感兴趣的频带。扫频输入存在几个问题，有时会使扫频对于飞机系统辨识毫无用处。第一个问题是扫频通常需要很长的实施时间，当试飞时间非常短时无法进行。例如，模型抛投试验及大迎角试飞。有时，机动开始时很难在扫频的低频段保持飞行状态。为解决这一问题，输入幅值必须大幅度减小，而这会降低信噪比。每次只能在一个输入上扫频，对于多输入建模问题的效率不高。对许多飞机而言，纵向和横航向动力学建模均属于多输入问题。最后，扫频可能会间歇性通过结构共振频率，威胁飞行安全。扫频输入的主要优点在于能全面覆盖频带，根据扫频辨识的模型通常具备良好的预测能力。

3）复合正弦输入：是一系列不同频率、幅值和相位的正弦波的和。所选择的频率覆盖感兴趣的频带，类似于扫频，选择幅值以获得整个频带上特定的功率分布。相位可任意选择，有时可在$[-\pi,\pi]$区间内随机选择。

4）倍阶跃输入：是双向脉冲，可将该输入视为近似正弦波的方波。选择倍阶跃的时长，确保输入主频率等于或接近动态系统预期的自然频率。选择倍阶跃输入幅值是为了使动态响应输出的幅值足够大，以获得良好的信噪比，但也不能过大，造成违反飞机结构假设或飞机参数不再固定。一般情况下，可通过加强前述的输出幅值约束来实现。

5）飞行员输入：优秀的飞行员能非常有效地激励飞机动力学响应。飞行员输入能获得成功的关键是飞行员完全理解试验目标和原因。一旦能实现，飞行员有能力精确飞行、感觉和控制飞机响应，产生飞机系统辨识所需的良好的输入。飞行员已经在许多不同飞机上成功实施了脉冲、扫频、倍阶跃和多阶跃输入。如前文所述，飞行员人工操纵输入通过增加施加于动态系统输入的频率范围及幅值，实现期望的输入波形变形，有助于完成系统辨识。复合正弦输入需采用计算机驱动方式。

6）其他输入类型：一些特定输入类型对于特殊试飞科目很有用，包括纵向推/拉杆机动（本质上是低频纵向倍阶跃）用于确定较宽迎角范围内飞机的升力和阻力特性，以及收敛转弯（在转弯过程中不断向后拉杆，逐步减小转弯半径）用于数据系统检查和数据相容性分析。

（4）多输入设计：许多实际飞机建模问题均涉及多输入。最常见的是飞机横航向动力学建模，涉及方向舵和副翼输入，或等效偏航和滚转力矩控制。现代飞机有许多纵向、横航向控制舵面，因此多输入问题经常出现。多输入需考虑不在单输入情况出现的3个问题：相对效能、协调性及相关性。

5.2.2 层流飞行试验方法

对于层流流动而言，风洞试验往往受到雷诺数、来流湍流度、模型表面粗糙度等因素的限制，其试验结果无法充分地支撑层流翼型理论研究，而飞行试验能够获得真实飞行条件下层流翼型的气动特性。因此，对于层流机翼研究而言，飞行试验具有不可替代的作用。下面从测试方案设计、飞机构型、飞行状态设计及机动输入设计等方面进行介绍。

1. 测试方案设计

层流飞行试验主要目的是验证机翼、尾翼、短舱等在实际飞行条件下的流动特性。它的测试参数包括压力分布、部件阻力、边界层特性、噪声/振动、大气湍流等。测试方案设计需要考虑以下两点：一是测试物产生的扰动不会引起层流到湍流的转捩；二是受飞机安装空间限制，测试设备应该实现小型化。下面对压力分布测量、气动阻力测量、边界层转捩测量、大气湍流测量等进行介绍。

（1）压力分布测量技术。在以往的飞行试验中，压力分布测量技术通常用于飞机部件飞行载荷的测量，进而获取实际飞行条件下飞机结构所承受的气动载荷。在用于层流飞行试验时，则主要是通过测量机翼表面压力分布，确认每个试验点是否获得满足层流设计要求的有利压力分布。

用压力分布测量技术进行流动特性的飞行试验测量，其基本原理与风洞试验相同，差异主要在于试验对象不同（前者是真实的飞机，后者常是飞机模型）和试验环境不同（前者是在实际的大气环境中飞行，后者是在风洞中吹风）。它们都需在预测的结构表面上安装压力传感器，并在试验中用数据采集记录设备获取试验数据。国外各大科研及试飞机构进行了大量的压力测量飞行试验及新设备风洞验证试验，验证了很多新的技术和方法，积累了大量的测压设备设计、制造及测试经验。国内外飞行试验领域常用的压力分布测量方法按测量设备及原理分为常规压力分布法及光学压力分布测量法，其中常规压力分布法又包括扫描阀法、MEMS 测压带法、膜式压力传感器法。

1）基于扫描阀的压力分布测量。扫描阀法基本原理是通过在试验部件或粘贴在测压部件上的测压带表面开孔将空气引入测压传气管，由就近布置的压力扫描阀进行压力采集并转换为工程单位后，输入采集系统进行数据采集和存储。扫描阀法具有可靠性强可重复利用等优点，因此被广泛地应用于飞行试验和风洞试验压力分布测量，其缺点是直接打孔会在一定程度上破坏试验部件（测压带会引起试验部件外形改变），测压传气管过长会引起延迟、气密等问题；同时测压孔如果分布不当，会提前诱导发生转捩。

扫描阀测压系统通常由两部分组成：压力采集系统和压力扫描阀。压力采集系统通过计算机对扫描阀进行远程控制，进行压力测量，同时将所采数据经采集系统发送至机载采集器，最终与其他飞行参数同步记录。其工作原理如图 5-7 所示。

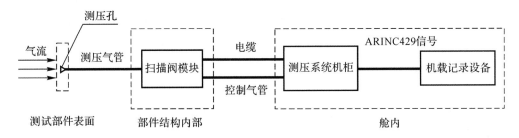

图 5-7　扫描阀法测压系统工作原理

在飞行试验时，通常需要完成测压系统改装，即压力采集系统的安装、扫描阀模块安装、部件表面开孔以及测试电路气路的组建。在改装完成后，还需要对测试系统进行气密性和延迟性检查。

2）光学压力分布测量法。光学压力分布测量法即 PSP（Pressure Sensitive Paint）光强法，PSP 是一种基于具有"氧猝灭"效应的荧光探针制备的特殊涂料，本质是一种光学传感器。如图 5-8 所示,PSP 中的荧光探针分子接收特定波长的光子后,其能级从电子基态激发到电子激发态,激发态的电子通过辐射过程和无辐射过程回到基态。辐射过程即涂料发出荧光的过程。而在无辐射过程中,激发态可以通过激发态探针分子与氧分子相互作用而失活,即"氧猝灭"效应。根据亨利定律,在 PSP 涂层内的氧浓度与涂层表面气体的氧分压成正比。对于空气,其压力正比于氧分压,因此涂层表面气压越高,PSP 涂层中氧分子越多,"氧猝灭"效应越强烈,涂层荧光强度越低。

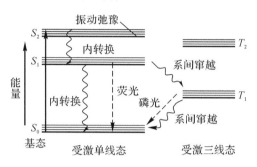

图 5-8 PSP 测量原理图

PSP 光强法测量系统由 PSP 涂层、激发光源、采集设备、同步设备等组成。相比扫描阀法,PSP 光强法的优势在于:以非接触方式获得被测对象表面压力图谱,空间分辨率高,对流场的扰动小;适用于难以布置测压管路的测量区域。

目前,普遍认为扫描阀法测压试验结果精度高于 PSP 光强法试验结果,飞行试验时往往在试验对象上布置若干测压孔,试验过程中同时利用 PSP 测量系统和扫描阀系统采集试验结果,然后采用扫描阀试验数据对 PSP 试验数据进行修正。

(2)气动阻力测量技术。阻力是作用于飞机上的空气动力合力在平行于飞行方向上的分量。它必定指向后方,阻碍飞行。阻力可分为摩擦阻力和压差阻力两种。而压差阻力又可分为黏性压差阻力、诱导阻力、激波阻力。在高亚声速飞机巡航时,摩擦阻力和诱导阻力占据了总阻力的绝大部分,而摩擦阻力超过了总阻力的一半。所以气动阻力测量主要是指对这两部分阻力的测量工作。

气动总阻力的测量主要有动量法、天平测力法、激光多普勒测速法等测试方法,其中飞行试验应用的最成熟和最普遍的方法就是动量法。

动量法的基本测量原理是通过测量尾流场的流动参数,利用动量定理计算飞行阻力,其计算公式可参见 4.5.3 节,具体公式推导可参考相关文献。

利用动量法测量阻力的飞行试验中,必须对尾流内的总压和静压进行测量。目前尾流内总压和静压的测量设备主要有两类:一类叫作尾流探头,如图 5-9 所示;另一类叫作尾流耙,如图 5-10 所示。相比而言:尾流耙的测试精度较高,但结构复杂,改装困难,一般不适于在高速飞行时进行测量;尾流探头的测试精度稍低于尾流耙,但其结构简单,改装方便,低速和高速时都可使用。

(3)边界层转捩测量。边界层转捩测量可实现流场可视化并获取机翼、尾翼、短舱等部件的转捩线位置,在层流风洞试验和飞行试验中获得了广泛的应用。常见的边界层转捩测量包括油流法、萘升华法、热线/热膜法、红外热像技术、液晶法等。

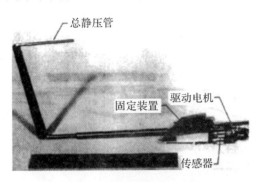

图 5-9 尾流探头示意图

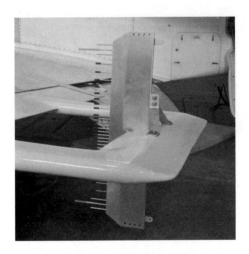

图 5-10 尾流耙示意图

兰利研究中心与阿姆斯 Dryden 飞行研究设备部联合,利用带层流机翼翼套的 F-14A 变后掠翼飞机进行了机翼表面边界层转捩流动显示与测量研究,如图 5-11 所示。飞行试验机翼表面流动显示与测量综合采用了边界层耙、表面总压管、热膜探头、液晶显示等方法。试验结果显示,热膜法能精确地确定飞行状态下机翼附面层转捩位置。边界层耙方法不仅能指示附面层转捩位置,而且能提供与表面摩擦有关的参数。液晶法能给出边界层转捩的整体图形,较为形象直观。表面总压管不能确切地指示边界层转捩位置,在多数情况下,该方法指示的转捩位置多于一个,使得结果难以判断。

油流法或者萘升华法常用于转捩监测,这两种方法使用的可视化介质可能会影响流动,同时也难以在飞行试验中实施和控制;热线/热膜法只能给出个别点的层流/湍流情况,转捩线只能通过这些点的流动信息进行估计,也会改变被测对象表面粗糙度。红外成像技术作为全局非接触式的边界层转捩测量方法,能够探测整个测试区域边界层,在大多数情况下,都能形成合理清晰的图像以显示转捩。在边界层全局测量方面,该技术已成为必需的技术工具,并在后续层流飞行试验中得到广泛应用。下文将着重对红外热像技术进行介绍。

使用红外成像技术测量边界层转捩主要是基于:层流边界层热传递很小,其气动表面的温度几乎保持不变;而湍流边界层热传递很高,气动表面会快速和环境气流交换热量从而达到相同的温度。现代红外扫描系统能够观测到 0.1℃ 的辐射温度差,通过加热等手段可获得转捩前、后 1~2℃ 的温差。温度差在 1℃ 时就能获得较好的红外图像,若温度差在 2℃,那图像质量能够达到优良状态。因此,通过红外图像从黑变白或从白变黑的效果能够明显看到表面温度变化,从而以一个明显的梯度指示出转捩位置。

图 5 - 11 F - 14A 层流飞行试验

根据雷诺相似原理,热传递系数 α_h 由下列参数的简化形式决定:

$$\alpha_h = \frac{1}{2} c_f \frac{U\lambda}{\nu} \tag{5.1}$$

式中:c_f 为壁面摩擦因数;U 为流速;λ 为流体导热系数;ν 为运动黏性系数。需要注意的是,就飞机所涉及的研究范围而言,λ 不随压力而变化。式(5.1)阐明了这样的事实:由于表面摩擦阻力小,层流边界层热传递很小;而在湍流边界层,由于摩擦阻力增大,所以热传递系数也增大。

如果流体和气动表面之间存在温差,那么气动表面的不同位置处于不同的温度。在湍流中,尤其是刚好处于转捩之后的位置,热传递将会很快,气动表面会快速交换从而达到与流体温度相同的温度。另外,在转捩位置上游的层流边界层内(此处壁面剪切应力最小),气动表面温度几乎保持不变。

红外转捩测量系统需要具备表面加热、红外成像等功能,整套系统包含加热模块、数据处理模块、供电设备、红外相机等设备。

飞行试验时,红外相机通常安装于客舱或专用吊舱内,光窗必须为由锗、硅或硒化锌制成的专用红外透射玻璃光窗。

(4)大气湍流测量。湍流度定义为

$$Tu(u') = \frac{u'}{U_\infty} \tag{5.2}$$

式中:u' 为湍流速度脉动的均二次方根(RMS);U_∞ 为飞行速度。

由于层流边界层流动对譬如噪声、振动、昆虫污染、大气条件等外部干扰非常敏感，这些因素的可接受度必须在气动设计中予以考虑。关于大气条件，其中最重要的一个因素是大气湍流，这一因素不仅在飞行试验中很重要，而且在数值仿真和风洞试验中同样重要。国外开展了大量的大气湍流度测量研究，其中大部分是随着层流飞行试验一同进行的，如图 5 - 12 所示。

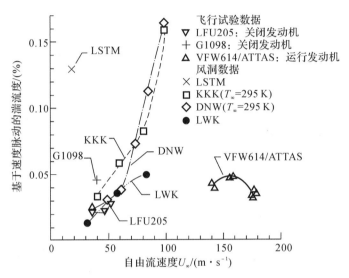

图 5 - 12　欧盟进行的飞行和风洞试验测得的湍流度

在欧盟合作框架下的自然层流短舱项目中，牛津大学实施了自由来流湍流度的飞行测量，使用的是 DLR VFW614/ATTAS 试验机，测试高度范围是 17 600～21 400 ft，马赫数范围是 $0.45Ma$～$0.57Ma$。在自然层流翼套项目中，DLR 使用 LFU 205 飞机进行了自然层流湍流度的测量，测试速度范围是 70～130 kts。在德国开展的研究项目中，柏林理工大学使用 G 109B 研究机测量了 40 m/s 飞行时的大气湍流度。

其中的测量结果表明：

1）在 17 600～21 400 ft 高度范围内和 $0.45Ma$～$0.57Ma$ 范围内，VFW614/ATTAS 测得的湍流度在 0.034%～0.048% 范围内；

2）其他飞行试验也表明湍流度低至 0.05%；

3）风洞测试显示：只有在低速（50 m/s）条件下，风洞湍流度可以达到 0.05%。

在飞行试验中，常用的大气湍流测量设备包括热线/热膜、激光测速仪等。

2. 飞机构型、飞行状态及机动输入设计

层流试飞的飞机构型主要取决于验证对象，每更换一种试验段可称为一种飞机构型。如根据试验段为非层流、自然、混合层流试验段分别称为非层流构型、自然层流构型和混合层流构型。

飞行状态一般选择为稳定平飞，飞行速度、高度则依据飞机特点以及需要验证的速度、高度、雷诺数目标来确定。在某些特殊情况下，会采取特定的机动动作，如 F - 14 翼套飞行试验采用侧滑机动来研究 15°后掠角下机翼的边界层转捩特性，采用收敛转弯机动来研究非配平迎角下机翼的边界层转捩特性。

5.3 飞行试验数据处理方法

5.3.1 固定翼飞行器气动参数辨识

早期的气动参数辨识是从稳态飞行和长周期振荡数据获取飞行特性。20 世纪 40—50 年代,频域法和回归技术在工程界普及,频域法、回归技术、图形技术、模拟匹配技术在气动辨识中得到广泛应用。随着现代控制理论、统计数学和电子计算机技术的迅速发展,系统辨识理论不断丰富和完善。气动参数辨识的目的是建立空气动力系数的数学模型,亦即建立气动力系数与飞行状态参数的关系式。这个关系式可以是代数方程、积分方程或微分方程形式。线性模型在飞行器研制中得到广泛应用,至今仍是飞行器运动稳定性、飞行品质和飞行性能分析的基础。不过,当飞行器处于大攻角飞行状态时,例如飞机的失速、尾旋区和过失速机动状态等,线性气动力模型不再适用,需要采用多项式模型、样条函数模型、阶跃响应函数模型、状态空间模型、微分方程模型等各种形式的非线性气动力数学模型。

本节首先给出固定翼飞行器刚体六自由度非线性动力学系统的气动参数辨识最大似然算法,然后分别给出纵向和横侧向小扰动运动的气动参数辨识增广广义卡尔曼滤波算法,最后对无人机闭环系统辨识方法进行简要综述。

5.3.1.1 六自由度模型气动参数辨识

当飞机作大机动飞行时,纵横向运动互相耦合,必须采用六自由度动力学方程。由于飞行试验的大气环境通常较好,可忽略过程噪声。因此,这里给出以六自由度动力学方程组作为状态方程组、不考虑过程噪声的气动参数辨识最大似然法和具体算式。采用这套算式既可用于面对称飞行器六自由度飞行状态的气动参数辨识,也可用于轴对称型或纵向、横侧向运动等简化情况的气动参数辨识。

1. 空气动力数学模型

用最大似然法进行气动参数辨识,首先要求给出空气动力的数学模型。这里采用多项式模型,其中气动静导数取至三阶或五阶项以反映非线性特性,舵面效率和动导数只取线性项。气动力系数的数学模型和相应的气动参数的具体形式如下:

$$Y_A = C_{A0} + C_{AB}(\alpha^2 + \beta^2) \tag{5.3}$$

$$Y_Y = C_{Y0} + C_{Y\beta}\beta + C_{Y\beta^3}\beta^3 + C_{Y\delta_r}\delta_r \tag{5.4}$$

$$Y_N = C_{N0} + C_{N_\alpha}\alpha + C_{N_\alpha^3}\alpha^3 + C_{N\delta_e}\delta_e \tag{5.5}$$

$$Y_L = C_{L0} + C_{L\alpha}\alpha + C_{L\beta}\beta + C_{L\delta_a}\delta_a + C_{L\delta_r}\delta_r + C_{Lp}p\frac{l}{2V} + C_{Lq}q\frac{c_A}{2V} + C_{Lr}r\frac{l}{2V} \tag{5.6}$$

$$Y_m = C_{m0} + C_{m\alpha}\alpha + C_{m\alpha}^3\alpha^3 + C_{m\alpha}^5\alpha^5 + C_{m\delta_e}\delta_e + C_{m\dot{\delta}_e}\dot{\delta}_e\frac{c_A}{2V} + C_{mq}q\frac{c_A}{2V} + C_{mp}p\frac{l}{2V} \tag{5.7}$$

$$Y_n = C_{n0} + C_{n\beta}\beta + C_{n\beta^3}\beta^3 + C_{n\beta^5}\beta^5 + C_{n\delta_r}\delta_r + C_{n\dot{\delta}_r}\dot{\delta}_r\frac{l}{2V} + C_{nr}r\frac{l}{2V} + C_{np}p\frac{l}{2V} \tag{5.8}$$

式中：C_A 为平均空气动力弦长；l 为横侧向参考长度，通常取为机翼展长；δ_a、δ_e、δ_r 分别为滚转、俯仰、偏航舵面的偏度。

2. 气动参数辨识方程组

飞行器六自由度动力学系统包括 3 个速度分量、3 个角速率分量、3 个欧拉角和 3 个位置坐标，共 12 个状态变量。由于偏航角和位置坐标对各气动参数和其他状态变量没有影响，因此在气动参数辨识的状态方程组中可以略去。位置坐标或高度通过大气密度值影响气动力和气动力矩，在状态方程组中应予保留。当高度有测量值，且密度也有测量值时，可以直接采用测量值，而略去状态方程组中的高度方程。由于状态变量的初值是未知的，它对最大似然参数辨识结果的影响又较大，因此，通常将状态变量的初值作为未知参数进行辨识。

飞行器气动参数辨识的状态变量、观测变量和待辨识参数分别为：

状态变量：
$$\boldsymbol{x}(t) = (u, v, w, p, q, r, \theta, \varphi, h)^{\mathrm{T}}$$

观测变量：
$$\boldsymbol{y}(t) = (p, q, r, a_x, a_y, a_z, \alpha, \beta, \theta, \varphi, h)^{\mathrm{T}}$$

待辨识参数：
$$\begin{aligned}
\boldsymbol{\theta} = (&C_{l0}, C_{l_a}, C_{l\beta}, C_{l\delta_a}, C_{l\delta_r}, C_{lp}, C_{lq}, C_{lr}, C_{m0}, C_{ma}, C_{ma^3}, C_{ma^5}, C_{m\delta_e}, C_{m\dot{\delta}_e}, \\
&C_{mq}, C_{mp}, C_{n0}, C_{n\beta}, C_{n\beta^3}, C_{n\beta^5}, C_{n\delta_r}, C_{n\dot{\delta}_r}, C_{nr}, C_{np}, C_{A0}, C_{AB}, C_{Y0}, C_{Y\beta}, C_{Y\beta^3}, \\
&C_{Y\delta_r}, C_{N0}, C_{Na}, C_{Na^3}, C_{N\delta_e}, u_0, v_0, w_0, p_0, q_0, r_0, \theta_0, \phi_0, h_0)^{\mathrm{T}}
\end{aligned}$$

下面给出气动参数辨识最大似然法的具体算式：

（1）状态方程组：

$$\dot{u} = -qw + rv + g(n_x - \sin\theta) \tag{5.9}$$

$$\dot{v} = -ru + pw + g(n_y + \cos\theta\sin\varphi) \tag{5.10}$$

$$\dot{w} = -pv + qu + g(n_z + \cos\theta\cos\varphi) \tag{5.11}$$

$$\begin{aligned}
\dot{p} = \frac{1}{D}\bigg[&\left(\frac{I_y - I_z}{I_x} - \frac{I_{xz}^2}{I_x I_z}\right)qr + \left(\frac{I_x - I_y}{I_z} + 1\right)\frac{I_{xz}}{I_x}pq + \\
&\frac{q_\infty Sl}{I_x}\left(C_{l0} + C_{l_a} + C_{l\beta}\beta + C_{l\delta_a}\delta_a + C_{l\delta_r}\delta_r + C_{lp}p\frac{l}{2V} + C_{lq}q\frac{c_A}{2V} + C_{lr}r\frac{l}{2V}\right)\bigg]
\end{aligned} \tag{5.12}$$

$$\begin{aligned}
\dot{p} = \frac{I_z - I_x}{I_y} \cdot pr - \frac{I_{xz}}{I_y}(p^2 - r^2) + \\
\frac{q_\infty Sl}{I_y}\left(C_{m0} + C_{ma}\alpha + C_{ma^3}\alpha^3 + C_{ma^5}\alpha^5 + C_{m\delta_e}\delta_e + C_{m\dot{\delta}_e}\dot{\delta}_e\frac{c_A}{2V} + C_{mq}q\frac{c_A}{2V} + C_{mp}p\frac{l}{2V}\right)
\end{aligned} \tag{5.13}$$

$$\begin{aligned}
\dot{r} = \frac{1}{D}\bigg[&\left(\frac{I_x - I_y}{I_z} + \frac{I_{xz}^2}{I_x I_z}\right)pq + \left(\frac{I_y - I_z}{I_x} - 1\right)\frac{I_{xz}}{I_z}qr + \\
&\frac{q_\infty Sl}{I_z}\left(C_{n0} + C_{n\beta}\beta + C_{n\beta^3}\beta^3 + C_{n\beta^5}\beta^5 + C_{n\delta_r}\delta_r + C_{n\dot{\delta}_r}\dot{\delta}_r\frac{l}{2V} + C_{nr}r\frac{l}{2V} + C_{np}p\frac{l}{2V}\right)\bigg]
\end{aligned} \tag{5.14}$$

$$\dot{\theta} = q\cos\phi - r\sin\phi \tag{5.15}$$

$$\dot{\phi} = p + \tan\theta(q\sin\phi + r\cos\phi) \tag{5.16}$$

$$\dot{h} = u\sin\theta - v\cos\theta\sin\phi - w\cos\theta\cos\phi \tag{5.17}$$

式中：

$$n_x = \frac{1}{mg}(T\cos\Psi_T\cos\varphi_T - q_\infty SC_A) \tag{5.18}$$

$$n_y = \frac{1}{mg}(T\sin\Psi_T + q_\infty SC_Y) \tag{5.19}$$

$$n_z = \frac{1}{mg}(T\cos\Psi_T\sin\phi_T - q_\infty SC_N) \tag{5.20}$$

为 3 个体轴方向的过载；S 为参考面积；T 为发动机推力；Ψ_T 为推力作用线与 Oxz 平面的夹角；φ_T 为推力作用线在 xOz 平面上的投影与轴的夹角。

推力作用线偏离质心通常较小，且难以准确测定，它所形成的力矩可并入气动力矩的常数项中。状态方程组的积分初值可先取实测值，再迭代校正。

（2）观测方程组：

$$p = p + \varepsilon_1 \tag{5.21}$$

$$q = q + \varepsilon_2 \tag{5.22}$$

$$r = r + \varepsilon_3 \tag{5.23}$$

$$n_x = \frac{1}{mg}\{T\cos\Psi_T\cos\phi_T - q_\infty S[C_{A0} + C_{AB}(\alpha^2 + \beta^2)]\} + \varepsilon_4 \tag{5.24}$$

$$n_y = \frac{1}{mg}[T\sin\Psi_T + q_\infty S(C_{Y0} + C_{Y\beta}\beta + C_{Y\beta^3}\beta^3 + C_{Y\delta_r}\delta_r)] + \varepsilon_5 \tag{5.25}$$

$$n_z = \frac{1}{mg}[T\cos\Psi_T\sin\phi_T - q_\infty S(C_{N0} + C_{N_a}\alpha + C_{N\alpha^3}\alpha^3 + C_{N\delta_e}\delta_e)] + \varepsilon_6 \tag{5.26}$$

$$a = \arctan\frac{w - w_w}{u - u_w} + \varepsilon_7 \tag{5.27}$$

$$\beta = \arcsin\frac{v - \nu_w}{V} + \varepsilon_8 \tag{5.28}$$

$$\theta = \theta + \varepsilon_9 \tag{5.29}$$

$$\phi = \phi + \varepsilon_{10} \tag{5.30}$$

$$h = h + \varepsilon_{11} \tag{5.31}$$

式中：ε_i 为零均值随机观测噪声；u_w、v_w、w_w 稳态风在体轴系上的投影。

$$V = \sqrt{(u - u_w)^2 + (v - \nu_w)^2 + (\omega - w_w)^2} \tag{5.32}$$

（3）最大似然准则：

$$J(\theta) = \sum_{i=1}^{N}[\boldsymbol{v}^T(i)\boldsymbol{R}^{-1}\boldsymbol{v}(i) + \ln|\boldsymbol{R}|] \tag{5.33}$$

式中：$\boldsymbol{v}(i)$ 为输出误差，可以表示为

$$\boldsymbol{v}(i) = \hat{\boldsymbol{y}}(i) - \boldsymbol{y}_m(i) \tag{5.34}$$

式中：$\hat{\boldsymbol{y}}(i)$ 为由观测方程计算得到的观测量，$\boldsymbol{y}_m(i)$ 为观测量的实测值；$\boldsymbol{R}$ 是测量噪声的协方差矩阵，当测量噪声的统计特性未知时，采用 $\boldsymbol{R}$ 的最优估计，即

$$\hat{\boldsymbol{R}} = \frac{1}{N}\sum_{i=1}^{N}\boldsymbol{v}(i)\boldsymbol{v}^T(i) \tag{5.35}$$

（4）牛顿-拉夫逊迭代修正公式：

$$\Delta\boldsymbol{\theta} = \left(\frac{\partial^2 J}{\partial\theta_k\partial\theta_l}\right)_{43\times43}^{-1}\left(\frac{\partial J}{\partial\theta_k}\right)_{43\times1} \tag{5.36}$$

式中：

$$\frac{\partial J}{\partial\theta_k} = 2\sum_{i=1}^{N}\boldsymbol{v}^{\mathrm{T}}(i)\boldsymbol{R}^{-1}\frac{\partial\hat{\boldsymbol{y}}(i)}{\partial\theta_k} \tag{5.37}$$

$$\frac{\partial^2 J}{\partial\theta_k\partial\theta_l} = 2\sum_{i=1}^{N}\frac{\partial\hat{\boldsymbol{y}}^{\mathrm{T}}(i)}{\partial\theta_k}\boldsymbol{R}^{-1}\frac{\partial\hat{\boldsymbol{y}}(i)}{\partial\theta_l} \tag{5.38}$$

式中：$\dfrac{\partial\hat{\boldsymbol{y}}(i)}{\partial\theta_k}$代表的是观测量对待辨识参数的灵敏度。

用上述算式编制计算程序，可以从飞行器飞行试验数据或动态响应仿真数据辨识气动参数。此方法收敛较快，一般迭代 3～4 次即可收敛。

5.3.1.2　纵向气动参数辨识

当飞行器在铅垂平面内飞行时，可以用 3 个自由度描述之。研究飞行器稳定性和操纵性的小扰动线化方程组，也可以解耦成两组独立无关的方程组，即纵向小扰动方程组和横侧向小扰动方程组。本节给出应用增广的广义卡尔曼算法进行气动参数辨识的具体算式，其中气动力采用线性模型。

对于纵向机动和纵向小扰动，飞行器运动的状态参数简化为 $\boldsymbol{x}=(u,w,q)^{\mathrm{T}}$，状态方程组为

$$\dot{u} = -qw + g(n_x - \sin\theta) \tag{5.39}$$

$$\dot{w} = qu + g(n_z - \cos\theta) \tag{5.40}$$

$$\dot{q} = \frac{q_\infty Sl}{I_y}\left(C_{m0} + C_{m_\alpha}\alpha + C_{m_{o_e}}\delta_e + C_{mq}q\,\frac{c_A}{2V}\right) \tag{5.41}$$

式中：

$$n_x = \frac{1}{mg}\left[T\cos\varphi_T - q_\infty SC_A\right] \tag{5.42}$$

$$n_z = \frac{1}{mg}\left[T\sin\varphi_T - q_\infty S(C_{N_\alpha}\alpha + C_{N_{\delta_e}}\delta_e)\right] \tag{5.43}$$

$$\alpha = \arctan\frac{w - w_w}{u - u_w} \tag{5.44}$$

待辨识的气动参数为

$$\boldsymbol{\theta} = (C_A, C_{N\alpha}, C_{N_{\delta_e}}, C_{m0}, C_{m\alpha}, C_{mq}, C_{m\delta_e})^{\mathrm{T}} \equiv (\theta_1, \theta_2, \cdots, \theta_7)^{\mathrm{T}} \tag{5.45}$$

满足

$$\dot{\theta}_i = 0(1, 2, \cdots, 7) \tag{5.46}$$

定义增广的状态矢量 $\boldsymbol{x}_a$ 为

$$\boldsymbol{x}_a = (u, w, q, \theta_1, \theta_2, \cdots, \theta_7)^{\mathrm{T}} = (x_1, x_2, \cdots, x_{10})^{\mathrm{T}} \tag{5.47}$$

观测矢量 $\boldsymbol{y}$ 取为

$$\boldsymbol{y} = (q, n_x, n_z)^{\mathrm{T}} \tag{5.48}$$

基于以上方程可以推导出相关的状态矩阵和观测矩阵，忽略过程噪声的影响，便可采用增广的广义卡尔曼算法辨识飞行器纵向气动参数。

5.3.1.3 横侧向气动参数辨识

当飞行器作小扰动飞行时,横侧向运动可与纵向运动解耦。因此,在横侧向运动方程中,纵向运动变量作为已知的时间历程而出现。本节给出应用增广的广义卡尔曼滤波法进行气动参数辨识的具体算式,其中气动力采用线性模型。

飞行器横侧向气动参数辨识的状态变量、观测变量和待辨识参数为:

状态变量:
$$\boldsymbol{x}(t) = (v, p, r, \varphi)^{\mathrm{T}}$$

观测变量:
$$\boldsymbol{y}(t) = (\beta, p, r, \varphi, a_y)^{\mathrm{T}}$$

待辨识参数:
$$\boldsymbol{\theta} = (C_{Y\beta}, C_{Y\delta_r}, C_{l\beta}, C_{lp}, C_{lr}, C_{l\delta_a}, C_{l\delta_r}, C_{n\beta}, C_{np}, C_{nr}, C_{n\delta_a}, C_{n\delta_r})^{\mathrm{T}}$$

(1)状态方程组:

$$\dot{v} = -r\tilde{u} + p\tilde{w} + g(n_y + \cos\tilde{\theta}\sin\phi) \tag{5.49}$$

$$\dot{p} = \frac{1}{D}\left[\left(\frac{I_y - I_z}{I_x} - \frac{I_{xx}^2}{I_x I_z}\right)\tilde{q}r + \left(\frac{I_x - I_y}{I_z} + 1\right)\frac{I_{xx}}{I_x}p\tilde{q} + \frac{q_\infty Sl}{I_x}\left(C_l + \frac{I_{xx}}{I_z}C_n\right)\right] \tag{5.50}$$

$$\dot{r} = \frac{1}{D}\left[\left(\frac{I_x - I_y}{I_z} + \frac{I_{xx}^2}{I_x I_z}\right)p\tilde{q} + \left(\frac{I_y - I_z}{I_x} - 1\right)\frac{I_{xx}}{I_z}\tilde{q}r + \frac{q_\infty Sl}{I_z}\left(C_n + \frac{I_{xx}}{I_x}C_l\right)\right] \tag{5.51}$$

$$\dot{\phi} = p + \tan\tilde{\theta}(\tilde{q}\sin\phi + r\cos\phi) \tag{5.52}$$

$$\dot{\theta}_i = 0, i = 1, 2, \cdots, 12 \tag{5.53}$$

式中:$\tilde{u}$、$\tilde{w}$、$\tilde{q}$、$\tilde{\theta}$ 为已知时间历程。

$$D = 1 - \frac{I_{xx}}{I_x I_z} \tag{5.54}$$

$$n_y = \frac{1}{mg}(T\cos\boldsymbol{\Psi}_T\sin\varphi_T + q_\infty SC_Y) \tag{5.55}$$

气动力模型为

$$C_Y = C_{Y\beta}\beta + C_{Y\delta_r}\delta_r \tag{5.56}$$

$$C_L = C_{L\beta}\beta + C_{Lp}p\frac{l}{2V} + C_{Lr}r\frac{l}{2V} + C_{L\delta_a}\delta_a + C_{L\delta_r}\delta_r \tag{5.57}$$

$$C_n = C_{n\beta}\beta + C_{np}p\frac{l}{2V} + C_{nr}r\frac{l}{2V} + C_{n\delta_a}\delta_a + C_{n\delta_r}\delta_r \tag{5.58}$$

为简化参数辨识方程组,令

$$C_{L1} \equiv C_L + \frac{I_{xx}}{I_z}C_n = C_{L1\beta}\beta + C_{L1p}p\frac{l}{2V} + C_{L1r}r\frac{l}{2V} + C_{L1\delta_a}\delta_a + C_{L1\delta_r}\delta_r \tag{5.59}$$

$$C_{n1} \equiv C_n + \frac{I_{xx}}{I_x}C_l = C_{n1\beta}\beta + C_{n1p}p\frac{l}{2V} + C_{n1r}r\frac{l}{2V} + C_{n1\delta_a}\delta_a + C_{n1\delta_r}\delta_r \tag{5.60}$$

将 C_{L1} 和 C_{n1} 代入状态方程[见式(5.50)和式(5.51)],从而,待辨识参数中的力矩导数变为 $C_{L1\beta}$、C_{l1p}、C_{l1r}、$C_{l1\delta_a}$、$C_{l1\delta_r}$ 和 $C_{n1\beta}$、C_{n1p}、C_{n1r}、$C_{n1\delta_a}$、$C_{n1\delta_r}$。辨识得到上述参数之后,可利用下式求出飞行器的气动参数 $C_{L\beta}$、C_{Lp}、C_{Lr}、$C_{L\delta_a}$、$C_{L\delta_r}$ 和 $C_{n\beta}$、C_{np}、C_{nr}、$C_{n\delta_a}$、$C_{n\delta_r}$:

$$C_{Lx_i} = \frac{1}{D}\left(C_{L1x_i} - \frac{I_{xx}}{I_z}C_{n1x_i}\right) \tag{5.61}$$

$$C_{nx_i} = \frac{1}{D}\left(C_{n1x_i} - \frac{I_{xx}}{I_x}C_{L1x_i}\right), x_i = \beta, p, r, \delta_a, \delta_r \tag{5.62}$$

状态方程组的积分初值中,$p(0)$、$r(0)$、$\phi(0)$ 取实测值,$v(0)$ 由下式计算:

$$v(0) = V(0)\sin\beta(0) + v_w(0) \tag{5.63}$$

(2)观测方程组:

$$\beta = \arcsin\frac{v - v_w}{V} + \varepsilon_1 \tag{5.64}$$

$$p = p + \varepsilon_2 \tag{5.65}$$

$$r = r + \varepsilon_3 \tag{5.66}$$

$$\phi = \phi + \varepsilon_4 \tag{5.67}$$

$$n_y = \frac{1}{mg}\left[T\cos\Psi_T\sin\varphi_T + q_\infty S(C_{Y\beta}\beta + C_{Y\delta_Y}\delta_r)\right] + \varepsilon_5 \tag{5.68}$$

式中:ε_i 为零均值随机观测噪声。

$$V = \sqrt{(u - u_w)^2 + (v - v_w)^2 + (w - w_w)^2} \tag{5.69}$$

基于以上状态方程组和观测方程组,得到它们线性化后的系数矩阵,同时结合描述过程噪声和观测噪声特性的特性矩阵,利用增广的广义卡尔曼滤波算法估计横侧向气动导数。

5.3.1.4　无人机闭环系统辨识方法综述

为保证飞行安全性,无人飞行器采用闭环控制进行飞行试验。其结果是飞控系统极大地限制了运动模态的发展和动力学特性的体现,进而削弱了气动参数的可辨识性,增加了气动参数辨识的难度。目前,闭环系统辨识主要有 3 种方法:直接法、间接法、联合输入输出法。这 3 种方法各有其特点,但无论哪种方法输入信号设计对于准确获取气动参数辨识结果都是至关重要的。NASA、DLR 等在工程中均主要采用直接辨识方法,其中又以最大似然法应用最为普遍。对于静不稳定飞机,为克服最大似然法中状态方程和灵敏度方程积分发散的问题,Preissier 引入了方程解耦技术。随着计算机技术快速发展,利用在线辨识方法实现飞行器自适应控制越来越受到重视。气动参数在线辨识技术几乎均采用 Kalman 滤波及其改进算法。其中,牛津大学 Julier 和 Uhlmann 等提出的无迹 Kalman 滤波算法(UKF)在气动参数在线辨识领域极具应用前景。在辨识不确定度方面,有一些理论研究成果,如估计偏差、估计分散度、不确定度椭球、不灵敏度、置信区间等。但在工程上,大多仍以 CR 界或修正 CR 界作为参数估计的不确定度。

20 世纪 70 年代,中国空气动力研究与发展中心联合国内多家单位开展气动参数辨识技术联合攻关,发展了飞行试验预处理、数据相容性检验、模型辨识、参数估计和准度评价等一系列气动参数辨识具体技术,形成了一整套系统的技术方法,并在各类无人机项目研制中得到了广泛应用。近年来,随着飞行器性能不断提升,对气动特性预测精准度要求越来越高。中国空气动力研究与发展中心与多个飞行器设计单位联合,从气动参数辨识角度出发设计输入信号,取得了较为理想的气动参数辨识结果。此外,中国飞行试验研究院、西北工业大学、哈尔滨工业大学、北京航空航天大学等单位亦针对不同对象开展了气动参数辨识研究和应用工作。

5.3.2　层流飞行试验数据处理方法

层流飞行测量技术主要包括压力分布测量、气动阻力测量、边界层转捩测量等,其中动量法测阻力、红外成像法测转捩的数据处理方法具体可参见风洞试验章节,本节仅对压力分布测量飞行试验数据处理做简要介绍。

5.3.2.1 压力分布测量飞行试验数据处理

对原始数据的处理原则为:在尊重试验结果的前提下,对明显不符合经验规律甚至错误的测点数据进行修正,对于经验规律相比误差不大或无足够理论依据说明其不正确的数据采用保留试验结果的处理方法。

本节的公式和计算中所使用的静压都假定是已经经过修正的,静压和总压的测量值及其精度应由测试单位给出。

在亚声速流动中,在测得翼型表面的压力差以及飞行中的总压和静压后,就可以计算翼型表面的压力分布。压力系数 C_p 的计算公式为

$$C_p = \frac{p_i - p_\infty}{q} = \frac{\Delta p_i}{q} \tag{5.70}$$

式中:Δp_i 为压力扫描阀所测得的压力差,而 q 表示动压。

$$q = \frac{1}{2}\rho V^2 = 0.7 p_s Ma^2 \tag{5.71}$$

式中:Ma 为马赫数;p_s 为静压。

在完全气体定常等熵流动中,沿流线上压强与马赫数 Ma 的变化关系如下:

$$p_0 = p_s \left(1 + \frac{\gamma - 1}{2} Ma^2\right)^{\frac{\gamma}{\gamma - 1}} \tag{5.72}$$

式中:p_0、p_s 分别表示总压和静压;γ 为气体的比热比。在实践中,在通常温度和通常压力下的气流,除了边界层、尾流、射流以及通过激波的流动以外,对于连续的亚声速流动和超声速流动,式(5.72)均可以应用。

由式(5.70)~式(5.72)可以推导出压力系数 C_p 的最终计算公式:

$$C_p = \frac{\Delta p_i}{0.7 p_s Ma^2} \tag{5.73}$$

$$Ma^2 = 5\left[\left(\frac{p_0}{p_s}\right)^{\frac{\gamma-1}{\gamma}} - 1\right] \tag{5.74}$$

由式(5.73)和式(5.74)可以看到,在亚声速流动中,只要测出了压力差 Δp_i、总压 p_0 和静压 p_s,就可以计算得到压力系数 C_p。

5.3.2.2 误差分析及数据修正

对原始数据的修正原则为:在尊重试验结果的前提下,对明显不符合经验规律甚至错误的测点数据进行修正,对于经验规律相比误差不大或无足够理论依据说明其不正确的数据采用保留试验结果的处理方法。

对于压力分布测量飞行试验数据处理主要考虑以下几个方面的误差:

(1)飞行参数的误差及修正:在进行数据处理时需要的飞行参数有攻角、静压及马赫数等,而在压力分布测量任务进行之前,可以先进行空速校准等科目的试飞。修正后的静压、马赫数等参数误差在可接受范围之内,可用于压力分布测量飞行试验的数据处理。

(2)延迟修正:压力分布飞行试验的测试设备分别布置在机舱和测试部件内部,这一点与风洞试验不同。特别是对于民机而言,大的展长造成了测试剖面分布范围较大,在飞行试验数据处理时要考虑将所有测点的采集时间统一到相同的时刻。这一点可以通过进行延迟

试验来进行。

　　(3)温度效应影响:由于飞行试验是在真实的飞行环境中进行,随着飞行高度的增加,大气的温度不断降低。对于不同的测试设备,其测试原理会有一定的差异,但是温度对测试结果都存在着不同程度的影响。因此,在测试设备进行数据采集或输出时,应当对最终输出数据进行温度补偿或修正。

　　(4)测试改装对测试结果的影响:压力分布测量飞行试验进行的测试改装对测试部件的气动外形有一定改变,会对测量结果有一定的影响。在飞行试验之前,可以通过 CFD 计算来评价不同的测试设备和测试方法对测量结果所产生的影响。根据计算结果,如果影响较小可不做修正,如果影响较大,不能忽略,针对不同的飞机及测试对象应当根据计算结果做出适当的修正。

5.4　层流测试飞行试验的需求和挑战

　　飞行试验是层流测试考核的重要手段,也是层流技术走向工程应用的关键步骤。如何设计或改装一型满足层流测试需求的飞机,能够在测试点高质量、高效率地实现压力分布、转捩位置、阻力精确测量,是极富挑战性的。这不仅需要总体设计权衡,使飞机既能够在预定的高度、速度、雷诺数飞行,又能够满足测试设备装机工作的需求,还需要通过精细化设计,使层流测试能够克服振动、阳光等不利因素影响,获得高质量的测试结果。

　　多重约束下,研制层流专用实验机是一个很好的解决方案,X‐56多用途技术验证平台就是一个很好的例子。X‐56A 技术验证机主要用于试验主动大展弦比机翼颤振抑制和阵风载荷减缓技术,采用了模块化布局,有 2 套机身和 4 套机翼,不仅完成了预期的验证目标,还在该实验机上完成了柔性机翼和轻质结构技术飞行验证。

参 考 文 献

[1]　周自全.飞行试验工程[M].北京:航空工业出版社,2010.

[2]　WILLIAM S S, ANDREW L C, HELEN L R. Passive control of transition in three‐dimensional boundary layers, with emphasis on discrete roughness elements [J]. Philosophical Transactions of the Royal Society A Mathematical Physical & Engineering Sciences, 2011(369):1352‐1364.

[3]　ASHO K. Transonic airfoil aerodynamic characterisation by means of PIV[D]. Delft: Delft University of Technology, 2008.

[4]　褚江,王晓江,焦晓辉.动量法翼型阻力飞行测量技术[J].科学技术与工程,2012,12(15):3695‐3699.

[5]　BIANCA T A, ROBERT R M, HARRY R C. Techniques used in the F14 Variable‐sweep transition flight experiment[J]. Journal of Aircraft, 1991, 28(10):622.

[6]　杨世铭,陶文铨. 传热学[M].北京:高等教育出版社,2006.

第6章 层流专用双体实验机
——总体气动设计

飞机需求复杂性和机载系统复杂性的逐步攀升是现代飞机研发面临的重要问题之一，复杂度的攀升导致飞机研发周期和经费呈指数级增长，急需发展更先进的飞机设计方法以完善现有的飞机设计流程，减少设计反复，提质增效。层流飞行实验机的研发，既具有创新性强、技术引导性强、验证可信度高等特点，又面临设计手段和经验欠缺等问题，更迫切地需要高效正向设计方法加以指导，以便从根本上探究技术实验机设计系统工程的本质，进而促进飞机设计技术的发展。

本章简要介绍基于模型的系统工程（Model Based System Engineering，MBSE），以及该理论和方法对于复杂飞机系统研发的重要意义。在层流飞行实验机研制难度大、周期紧和经费少的现实背景下，通过引入 MBSE 方法论，开展了实验机总体气动设计，取得了良好效果，确保了层流实验机的总体性能指标和研制节点。

6.1 基于模型系统工程的概念

我国杰出科学家钱学森指出："系统工程是组织管理系统的规划、研究、设计、制造、试验和使用的科学方法，是一种对所有系统都具有普遍意义的科学方法。"

日本工业标准的定义是："系统工程是为了更好地达到系统目标而对系统的构成要素、组织结构、信息流动和控制机制进行分析与设计的技术。"

美国著名学者切斯纳指出："系统工程认为虽然每个系统都由许多不同的特殊功能部分组成，而这些功能部分之间又存在着相互关系，但是每一个系统都是一个完整的整体，每一个系统都要求有一个和多个目标，系统工程则是按照各个目标进行权衡，全面求得最优解或满意解的方法，并使各组成部分最大限度的互相适应。"

美国联邦航空管理局（FAA）系统工程手册中，系统工程被定义为一门学科，与其他学科不同的是，系统工程关注的是系统整体的设计和实现而不是各个部分，它将所有变量考虑在内，并在技术层面将各个环节有机联系起来。

《中国大百科全书自动控制与系统工程卷》指出："系统工程是从整体出发合理开发、设计、实施和运用系统的工程技术,它是系统科学直接改造世界的工程技术。"

总之,系统工程是一门研究大规模复杂系统的交叉学科,是根据整体协调的需要,综合运用各种现代科学思想、理论、技术、方法、工具对系统进行研究分析、设计、制造和服务,使系统整体尽量达到最佳协调和满意的优化。

飞机是一个极大规模复杂的系统,是大航空系统之系统成员之一,是由许多高度相互关联,高度复杂的系统所组成的系统。飞机设计主要涉及天、地、通、载四大系统。天指飞机平台系统,地指地面控制站(无人机)以及维护保障系统,通指通信数据链系统,载指有效载荷,也是我们常指的任务系统。一般我们讲的飞机设计主要指飞机平台系统设计,主要包含总体、气动、结构、强度、航电、飞控、机电、供电、液压、起落架控制、照明、动力、燃油、环控、环境防护、氧气救生、生活设施、中央维护等系统。飞机设计所涉及的每一个系统均是涉及多学科、多专业的复杂系统,飞机作为庞大的复杂系统,设计过程中往往涉及成千上万成品厂家、几十万设计人员参与。

系统工程设计理念和思维一直贯穿于飞机设计全过程。飞机设计一般遵循以下阶段划分:立项论证阶段、方案设计阶段、工程研制阶段、设计定型阶段以及交付用户后的使用维护阶段。其中:方案设计阶段又可细分为初步设计阶段、详细初步设计阶段、详细设计阶段;设计定型阶段,军用飞机设计依据最新装备试验鉴定程序要求,又可细分为性能试验、作战试验和在服役考核。性能验证试验支撑状态鉴定,验证飞机的性能,作战试验支撑验证飞机体系作战效能,在役考核支撑验证飞机战场环境适应性。

飞机设计自立项论证初期就严格遵循系统工程设计理念,依据产品服役场景捕获全寿命周期使用需求,从需求定义→需求分解→功能验证→逻辑架构→物理实现→试验验证,是系统工程在复杂产品设计中的典型应用。在复杂产品设计过程中,经典的系统工程理论,基于当时的科学技术发展水平,系统工程活动的产出是一系列基于自然语言的文档,比如用户的需求、设计方案等。这个文档又是"文本格式的",也可以说传统的系统工程的是"基于文本的系统工程"。实际上,在飞机设计过程中,经常会出现各系统、专业之间设计方案的设计输入、输出,尤其是关联性比较强的系统之间,要求、数据传递不严谨、不一致,验证不充分,且费时费力容易出错,需要后期花费大量的人力、物力、财力来复查复核。有的甚至直至出现飞行事故后,在事故处理过程中才能发现设计中隐含的缺陷和漏洞。如 2018 年 10 月 29 日,B737 Max 飞机印尼狮航事故,事故调查发现飞机防失速的机动特性增强系统(MCAS)设计和认证没有充分考虑飞机失控的可能性。

针对传统系统工程的不足,基于模型的系统工程方法论应运而生。基于模型的系统工程,以经典系统工程方法论为理论基础,强调从用户需求出发,充分利用现代信息化建模技术,开展需求定义、需求分解、功能验证、逻辑架构、产品设计以及试验验证。在需求自顶向下分解与方案实现过程,建立和管理下发功能、需求、指标参数、系统架构等模型,进行关联追溯。

在自顶向下的各层级分解与方案实现过程中,均采用现代化建模手段建立数字模型,在产品物理模型实现之前,通过多专业、多学科之间的协同仿真进行验证。如图 6-1 所示,在各层级系统原理性物理方案实现后,实时开展子系统级物理试验验证,系统级物理试验验证和半物理试验验证。待产品物理实现后,开展全机级物理地面试验。每一层级试验完成后,均实时迭代开展数字模型校核与修正。对于航空器最终还需开展空中试飞验证,验证产品的性能指标与设计要求的符合性,建立天-地之间数据相关性,修正数字仿真模型。待产品交付用户后,在服役过程中继续开展使用场景适用性验证。

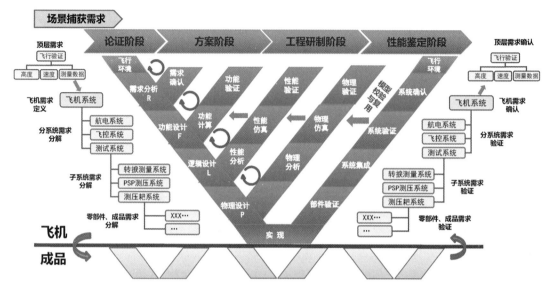

图 6-1 基于 MBSE 的创新产品研发流程

注:见彩插第 17 页。

从基于模型的系统工程方法论来看,需求的动态变化与迭代和模型贯穿于产品的全寿命周期。产品设计需求来源于预测的使用场景,一般在产品设计过程中,依据使用场景需求的变化,动态调整设计需求。在方案实现过程中,实时优化验证数字仿真模型,从产品交付客户直至报废,都在开展设计-使用相关性修正,优化完善模型。在产品研制全生命周期通过模型验证,发现产品缺陷,及时优化完善产品,避免类似航空安全事件的发生。

国内飞机研制经历了 4 个大的阶段,新中国成立初期的维护维修阶段、仿制阶段、自主设计阶段以及自主创新阶段。前期的飞机设计基本上都可以看到参考机的影子,飞机设计过程中对使用需求研究不足。基于自主创新的飞机研发必须基于用户使用或作战需求,未来产品才能具备较强的生存能力。基于模型的系统工程方法论更加强调需求及场景适应性的重要性,所以现代飞机设计前期需求论证工作大大延长,极大地拓展和延伸了飞机设计前期工作。

在现代飞机研发过程中,新需求、新技术、新材料的广泛应用使得充分利用成熟的无人机技术开展不同尺度的技术验证逐渐成为现代飞机设计必不可缺的手段之一。通过开展技术验证机飞行验证取得的飞行试验数据,可以支撑天-地-数相关性研究,实时迭代修正MBSE 数学模型。通过充分的前期模型验证,可以在飞机研发早期充分暴露和化解技术风险。在现代飞机设计中,技术验证机已经成为飞机各阶段必备的手段之一,也是基于模型的系统工程重要的模型之一。

6.2　基于模型系统工程在飞机设计中的应用

从 20 世纪 60 年代起,国外航空航天和国防领域就一直采用系统工程作为研制管理方法。近年来,随着系统规模及复杂度急剧增长,以文档和实物产品为依托的传统系统工程已经无法有效满足这一研制需求。而信息技术在工程系统研制中的深度融合,促使数字模型逐渐替代文档成为信息的载体,仿真等虚拟验证方法逐渐替代实物试验手段。而互联网技术以及正在兴起的物联网技术更是为系统工程各环节的无缝数字化集成和人员间的高效协同提供了强有力的支撑。这一系统工程数字化发展思路中最典型的代表正是国际系统工程学(International Council on Systems Engineering,INCOSE)倡议和推广的基于模型的系统工程(Model Based Systems Engineering,MBSE),MBSE 主张以模型的形式支撑并持续贯穿系统研制全过程。

在系统工程方法论应用之前,美国第二代战斗机 F-111、F-4 等在交付空军时只解决了 57% 的问题,还有 43% 的问题到交付使用后才逐步解决,严重影响了飞机的作战使用。有的飞机任务要求分析粗糙,研制到 50% 才发现根本不能满足使用要求,只能半途中止,在经历了一系列的挫折和失败后,耗费了数以亿计美元后,人们发现如果应用了系统工程的原理和方法,那么这些失败是可以避免或至少可以减缓的。自从将系统工程方法引入飞机研制过程后,取得了许多令人瞩目的研制成果,如 F-16、F-22 和 B777 等型号。

MBSE 是对系统工程方法的进一步实践与升级,主要强调基于模型和全寿命周期两个概念,可以大大地提高研制效率,对飞机产品的生命周期活动进行优化,是复杂产品系统工程实践的升级和趋势,并在国外工业界、学术界已经有了较为广泛的研究与实践。

MISSE-X 项目是兰利研究中心主导的应用 MBSE 的试点项目,在工程需求定义及系统规范设计阶段应用 MBSE 工具与方法,取得了显著的效果。空客公司在 A350 系列飞机的开发中全面采用 MBSE,在飞机研制中逐层细化需求并进行功能分析和设计综合,不仅实现了顶层系统需求分解与确认,也实现了向供应商、分包商的需求分配和管理。洛克希德·马丁公司采用 MBSE 方法来统一进行需求管理和系统架构构建,并延伸到机械、电子设备以及软件等设计与分析之中,如基于 MatLab 的算法分析以及 System C、Verilog、ANSYS 的软/硬件的设计与分析,Adams 的性能分析,SEER 的成本分析等,构建了完整的基于模型的航空和防务产品的开发环境。采纳 MBSE 方法覆盖航电全领域的系统定义和系统测试模型。罗克韦尔-柯林斯公司依据 INCOSE 系统工程手册制定了其自身的系统工程能力框架,涵盖了系统思考、需求管理、系统定义、接口管理、系统功能分析、系统架构设计、确认和验证等能力,覆盖了总工程师、项目管理者、总设计师、系统工程师、系统设计师、开发工程师、质量工程师、服务工程师等岗位职责,实现了从航空动力系统到子系统到部件的系统工程迭代。波音公司构建了以任务和需求定义、逻辑和功能集成、功能和逻辑架构设计为核心的覆盖产品全生命周期的 MBSE 过程,从运行概念到需求到设计到生产。

MBSE 方法论通过的实践应用与再提炼,定义了一个创新产品从需求、功能、逻辑定义到物理设计、分系统集成验证,最终到产品交付的完整研发流程以及研发流程中各个分系统的设计与验证方法,为复杂产品设计提供了方法论基础。

6.3　基于 MBSE 的层流技术实验机设计方法

6.3.1　层流技术实验机方案构想

层流机翼技术无人飞行实验机(简称层流实验机)将试验对象"搬至"空中进行试验。为了体现飞行试验的优势与价值,实验机飞行高度应贴近客机、公务机的巡航高度。飞机应具有较高的飞行速度,且飞机尺寸应保证飞行验证处于较高的雷诺数。实验机测试系统应具备转捩位置、压力分布、尾迹阻力等测量能力。同时,作为一型无人验证平台,层流实验机应比有人机具有更低的成本、更高的灵活性。综合考虑高空、高速和高雷诺数的自然/混合层流机翼飞行验证能力以及转捩位置、压力分布、尾迹阻力等的测量能力以及低成本、高灵活性等要求,确定了层流实验机以下的设计原则及技术指标要求:

(1)采用验证段模块化可更换设计,能同时实现自然/混合层流验证需求;

(2)机载系统方面,尽可能采用成熟货架产品,降低研制成本;

(3)测试系统应满足转捩位置、压力分布、尾迹阻力的测量需求;

(4)飞行高度要求:10 000 m 左右;

(5)飞行速度要求:接近主流民航客机,在 $0.8Ma$ 左右;

(6)飞行雷诺数要求:1.0×10^7 左右。

6.3.2　基于 MBSE 的实验机设计方法

为了实现层流技术实验机"快、好、省"研制目标,在实验机设计中引入并贯彻了 MBSE 设计思想。以层流技术实验机的全机气动力研发为例,为了化解实验机对配装不同试验段的气动与操稳包容性风险,减少设计反复,在详细设计发图前,开展了"CFD、风洞试验和带动力缩比自由飞行试验"3 类基于模型的模拟验证,如图 6-2 所示。3 种模拟手段互为补充,可保证在研发前端对全机气动与操稳特性进行充分验证,减少后端的真机试飞与实物更改。不仅节省经费与周期,还能够确保层流实验机研制一次成功(首架机即可用于层流飞行测试,不设专门的试飞样机)。

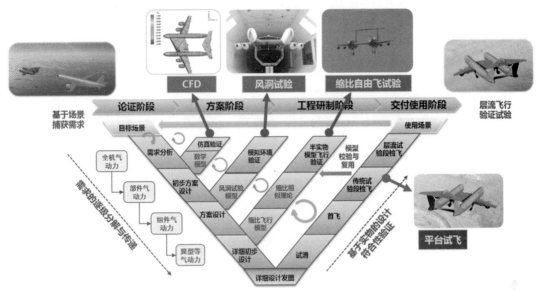

图 6-2　基于 MBSE 的层流实验机气动力研发流程

注:见彩插第 17 页。

6.4　层流技术实验机气动布局设计

6.4.1　实验机气动布局方案设计流程

作为一项设计活动,标准的飞机设计流程有 3 个主要阶段:方案设计阶段、初步设计阶段和详细设计阶段,如图 6-3 所示。飞机设计的各个阶段具有高度的分层、迭代特征,各阶段建立在不同精度的模型之上。分层表现在各阶段输入/输出明确:阶段结束时方案是收敛的,且具有明确的标志,如转阶段评审活动;迭代体现在整个阶段是动态循环的,各阶段的反馈信息会持续影响上游的设计活动。这些与前文中 MBSE 所描述的设计方法论是不谋而合的。方案设计阶段的主要任务是输入需求指标,如任务载荷、航程等,通过任务性能分析、翼载荷等大参数设计、布局选型、重量估算等活动,初步确定飞机尺寸、重量、气动布局形式、气动力设计要求等;初步设计阶段的主要任务是翼型设计、翼面参数设计、性能和品质评估、重量和平衡设计、结构强度设计、系统布局、费用分析等,初步设计阶段结束的标志是飞机初步设计方案的冻结。详细设计阶段的主要任务是设计细节的完善,该阶段结束的标志是结构和系统的详细设计发图。作为一型实验机,层流飞机的研制遵循飞机设计的一般流程(见图 6-3),但又根据研究需要做了适度的简化。

气动布局设计的主要活动集中于方案设计和初步设计阶段。具体到层流实验机,气动布局设计流程如图 6-4 所示,在方案设计阶段,气动布局设计的任务是从设计要求出发,完成基本布局形式选型、验证段基本尺寸确定、动力装置与起落架选型等;在初步设计阶段,气动布局设计的主要任务是完成气动布局方案的设计和初步评估验证,并冻结气动布局方案;在详细设计阶段,气动布局设计的主要任务是结合实际情况完成飞机的修型和细节完善。

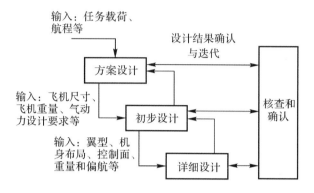

图 6-3　飞机设计活动的流程

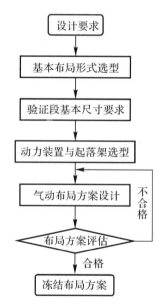

图 6-4　层流实验机气动布局的设计流程

6.4.2　全机基本气动布局形式选型

层流实验机应具备实现高空($H=8\ 000\sim10\ 000\ \text{m}$)、高速($Ma=0.8$)和高雷诺数($Re=1.0\times10^7$)下的自然/混合层流机翼飞行验证能力以及转捩位置、压力分布、尾迹阻力等的测量能力。以之为起点,综合考虑试验段模块化更换、试验段测试环境和测试设备装机,共提出两种飞行验证平台的气动布局方案,分别为双机身方案(见图 6-5)和背撑方案(见图 6-6)。

实验机双机身方案气动布局采用双机身、倒 V 尾设计,可收放双自行车式起落架。内翼段为可更换矩形验证试验段,前缘与双机身前缘平齐,外翼下吊装两台发动机。

实验机背撑方案气动布局采用下单翼,V 尾设计,可收放前三点式起落架。可更换矩形验证试验段置于机身上方靠后位置,两台发动机置于机翼上方。

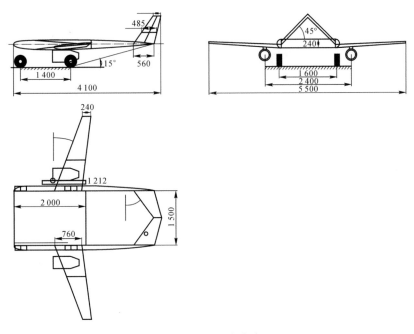

图 6 - 5　双机身方案

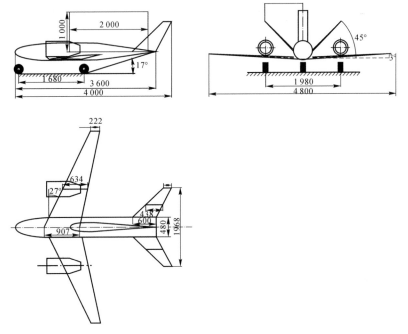

图 6 - 6　背撑方案

经过初步分析,背撑方案存在以下不足:

(1)背撑方案试验段对 V 尾影响较大,尾翼及其舵面效率降低;

(2)背撑方案为了获得试验段迎角,需侧滑飞行,不利于试验的进行;

(3)背撑方案不利于测试设备的安装,测试设备只能安装在机翼或 V 尾翼尖处;

(4)机翼上置发动机形式对机翼气动力影响较大。

因此,选择双机身方案继续开展层流实验机设计工作。

6.4.3 层流试验段基本尺寸需求分析

为了能够较好地模拟高亚声速民机的真实飞行环境,层流机翼飞行实验机的典型飞行马赫数和飞行高度分别取为 $0.7Ma$ 和 $8\,000$ m,层流试验段的雷诺数不小于 $1\,000$ 万,即层流试验段的平均气动弦长不小于 1.44 m。

运用 CFD 手段评估了试验段翼尖三维流动对层流区的影响,如图 $6-7$ 所示。随着展弦比的增大,翼尖上翻气流对翼段中部的影响逐渐减弱,二维流动特征得到明显加强。在翼尖附近区域,流动三维效应均较强,干扰严重,很早便发生转捩,层流特性难以维持。试验翼段中部要想获得不小于 $50\%c$ 的较好层流区,则试验翼段展弦比应当不小于 0.9,即层流试验段的有效展长不小于 1.3 m。

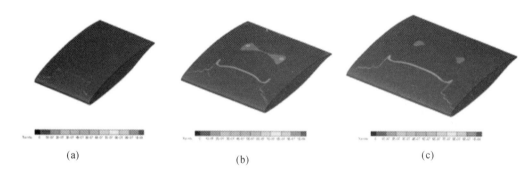

      (a)   (b)   (c)

图 6 - 7 不同展弦比的试验段表面黏性系数云图

(a) $b/c=0.53$; (b) $b/c=0.8$; (c) $b/c=1.0$

注:见彩插第 17 页。

6.4.4 层流实验机动力装置与起落架选型

6.4.4.1 动力装置选型

基于层流试验段的基本尺寸及飞行高度速度需求,经总体参数分析,预计层流技术实验机起飞总重为 $1\sim1.3$ t 量级,起飞翼载为 $250\sim300$ kg/m²,起飞推力为 $550\sim750$ kgf(1 kgf ≈9.8 N)。

依据需求推力要求及国内小推力发动机实际情况,选择某型 190 kgf 级涡喷发动机、某型 260 kgf 级涡扇发动机进行了调研。

190 kgf 级发动机为估算推重比和翼载荷的基准发动机,其参数见表 $6-1$,外形见图 $6-8$。

表 6-1　190 kgf 级涡喷发动机

项目	数　值
推力	地面最大推力＞190 daN；耗油率 1.4 kg/(daN·h)
重量	干重量：27 kg
尺寸	最大直径：320 mm；最大长度：720 mm

注：1 daN＝10 N。

图 6-8　190 kgf 级涡喷发动机

260 kgf 级发动机参数见表 6-2，外形如图 6-9 所示。

表 6-2 260 kgf 级涡扇发动机

项目	数值
推力	地面最大推力＞260 kgf；耗油率≤0.65 kg/(daN·h)
重量	68 kg(干重量)
尺寸	1 100 mm×310 mm×408 mm

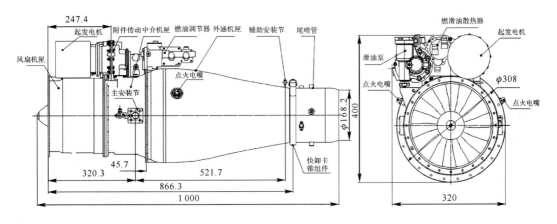

图 6-9　260 kgf 级涡扇发动机

190 kgf 级涡喷发动机为成熟货架产品,价格和技术风险低。根据动力需求考虑采用翼吊双发或四发设计。

260 kgf 级涡扇发动机可采用双发设计,但其正在研制之中,有一定技术风险,且价格较高。

前两轮设计中,分别选用了两台 190 kgf 级涡喷发动机和两台 260 kgf 级涡扇发动机作为动力装置,平行开展布局方案设计。但随着方案设计的逐步深入,发现双发方案全机推力不足,难以达到飞行试验所需的高度和速度。因此在第三轮方案改进设计中,明确动力配置为 4 台 190 kgf 级涡喷发动机,以保证全机推重比和任务可靠度。

6.4.4.2 起落架装置选型

依据实验机设计原则,起落架希望采用成熟货架产品,或者仅进行有限更改就能满足设计要求。经过调研,初步选定的某型起落架如图 6 - 10 所示,具备减摆、刹车、电动收放功能。由于采用双机身布局,需要将其更改为四点式起落架,并更改收放方向,前起向前收起,主起向后收起。

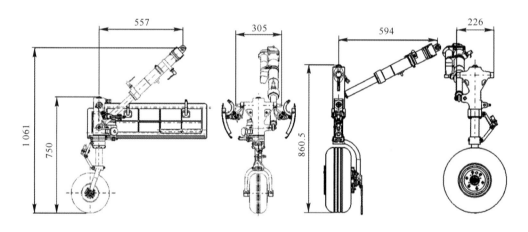

图 6 - 10 某型起落架

6.4.5 全机气动布局演变历程

层流技术实验机的气动布局共经历 3.2 轮次的迭代与优化设计,如图 6 - 11 所示。

0 轮方案是在项目之初,为实现层流飞行验证,提出的两种飞行验证平台概念布局形式,分别为双体布局和背撑常规布局。通过分析与权衡,选择双体布局进一步完善方案。

1 轮方案是在 0 轮双机身方案的基础上,结合起落架、动力装置、测试设备等成品选型和约束,进行的初步气动布局方案设计。相对于 0 轮方案,主要改进包括:调整内/外翼面积,使升力分布更协调;适当后移机翼,以匹配焦点与重心位置关系;将内翼前缘后掠角由 0°改为 8°,更符合自然层流翼型应用场景;机身截面形状由半圆形改为椭圆形,增大机身容积;调整尾翼布局参数,优化操稳特性。性能评估表明,该方案面临推力不足的风险,需从重量控制、增推、减阻等方面化解风险。

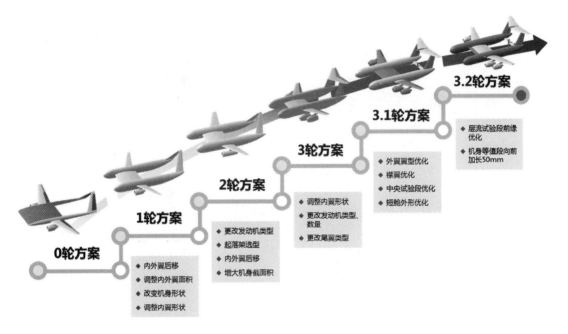

图 6 - 11　气动布局方案演变历程

注：见彩插第 18 页。

　　2 轮方案是在 1 轮方案的基础上进行的改进设计，主要对发动机选型进一步论证，并对其位置进行了调整，形成了双发翼吊和双发机身尾部布局两套布局方案。气动力评估表明，双发机身尾部布局对全机阻力特性改善不大，且存在进气效率相对较差和全机重心难匹配的问题，后续选择在双发翼吊方案上开展进一步优化设计工作。针对双发翼吊方案的 CFD 流场分析表明，由于内翼段下洗流对倒 V 尾翼影响较大，全机尾翼效率偏低。同时，飞机仍面临着推力不足的风险，较难实现所期望的飞行马赫数。

　　3 轮方案是在 2 轮双发翼吊方案的基础上，对动力装置数量、尾翼形式、机翼位置等进行的改进设计，主要改进为：由双发方案改为四发方案，解决推力不足问题；尾翼由倒 V 尾改为 π 尾翼，解决原尾翼效率低的问题；调整机翼、机身相对位置，匹配重心和焦点位置关系；详细设计与评估舵面尺寸和偏度；等等。经过计算分析与风洞试验，发现实验机存在低速性能差与高速层流区过短的问题。

　　3.1 轮方案是在 3 轮方案的基础上，分别对外翼和中央试验段的翼型和扭转角配置进行了优化设计。优化中央翼的目的主要是增加设计点的层流区长度；优化外翼和襟翼的主要目的提高低速起降性能；同时，也对发动机短舱进行了优化设计，主要为了减小短舱的型阻与干扰阻力。

　　3.2 轮方案是在 3.1 轮优化设计方案的基础上进行了方案的微调，包括机身等直段向前增加 50 mm 以解决前起落架收起的结构干涉问题，以及对层流翼型前缘进行优化修型以改善自然层流试验段低速过早分离的问题。

最终形成的 3.2 轮全机三视图如图 6-12(配装自然层流试验段)所示。

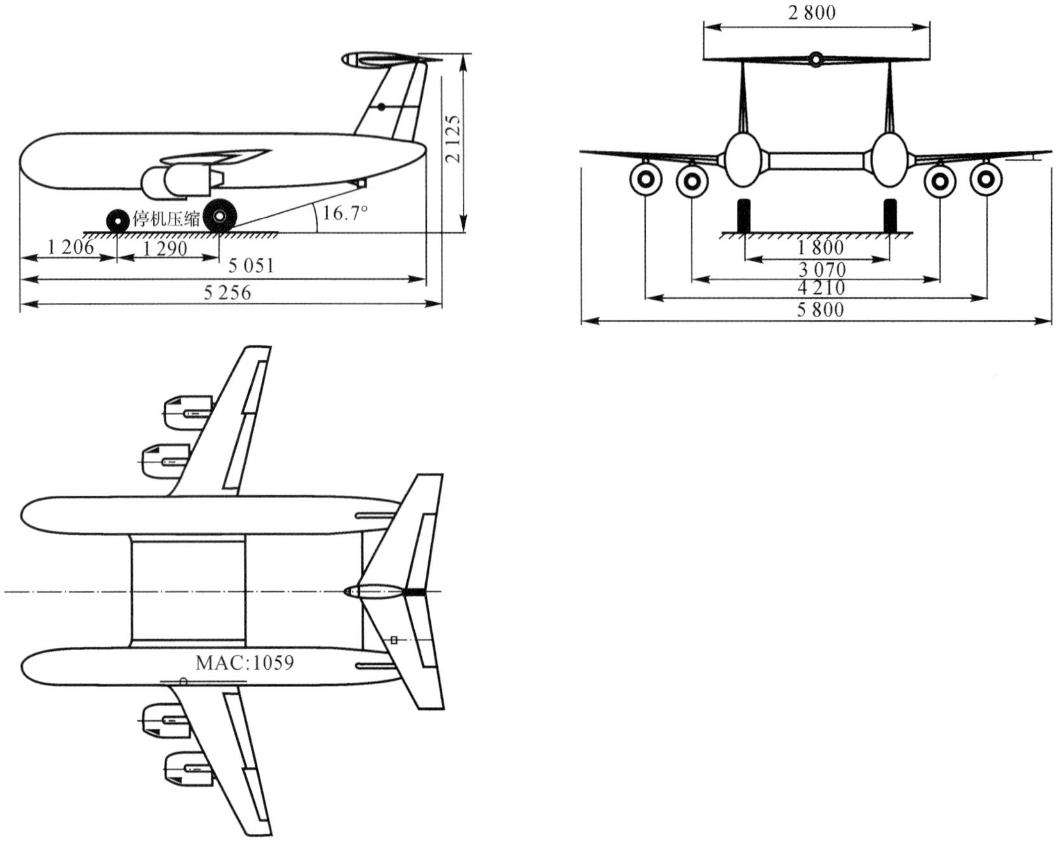

图 6-12 第 3.2 轮方案三视图(配装自然层流试验段)

6.4.6 自然层流试验段设计

伴随着全机气动布局多轮次改进设计,同步开展了自然层流试验段的迭代优化设计。

6.4.6.1 自然层流基本翼型设计

运用层流机翼工程设计方法开展了自然层流翼型初始设计,设计马赫数 0.7,$R=1.1\times10^7$,翼型相对厚度 12%。无限翼展层流机翼的 CFD 数值计算结果表明,迎角 0°时,翼段上表面层流区范围可以达到的 $40\%c$,如图 6-13 所示。

6.4.6.2 自然层流试验段平面参数

在自然层流试验段设计伊始,采用 8°前缘后掠角设计,但由于层流实验机采用了双机身布局,为避免两侧机身对中间的自然层流试验段产生非对称干扰,自然层流试验段需采用左右对称的楔形前缘设计(见图 6-14)虚线部分。CFD 评估表明,楔形前缘产生的涡流会对层流流动产生破坏,因此,自然层流试验段最终选择了无后掠设计,(见图 6-14)。自然层流试验段安装角+2°,弦长 1.44 m,扣除两侧机身后的外露展长 1.35 m,展弦比 0.94。

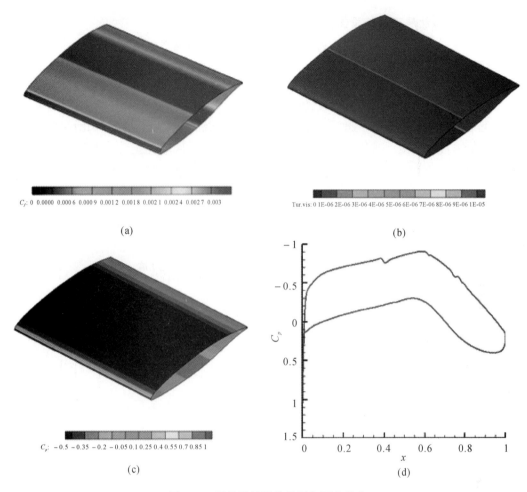

C_f: 0　0.0000　0.000 6　0.000 9　0.001 2　0.001 8　0.002 1　0.002 4　0.002 7　0.003

(a)

Tur.vis: 0　1E-06　2E-06　3E-06　4E-06　5E-06　6E-06　7E-06　8E-06　9E-06　1E-05

(b)

C_p: -0.5　-0.35　-0.2　-0.05　0.1　0.25　0.4　0.55　0.7　0.85　1

(c)

(d)

图 6-13　层流翼型计算云图与压力分布

（a）表面摩阻因数云图；　（b）湍流黏性系数云图；　（c）表面压力颁云图；　（d）对称面压力分布

注:见彩插第 18 页。

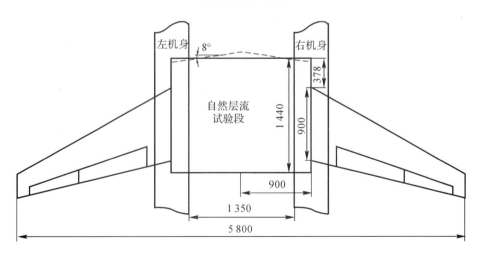

图 6-14　自然层流试验段平面参数

6.4.6.3 自然层流试验段优化设计

为了在飞行试验中验证层流机翼的减阻效果,需要在自然层流试验段与非层流翼型试验段之间进行同等升力系数下的阻力对比,即自然层流试验段应当与非层流翼型试验段具有相同的典型设计升力系数。层流实验机初始配装的非层流翼型试验段采用某型公务机翼型,经评估,自然层流试验段的典型设计升力系数与非层流翼型试验段不匹配,自然层流试验段的低速失速特性也不够理想。为此,针对自然层流翼型开展了两轮次优化设计。

自然层流试验段第一轮优化设计重点解决其与非层流翼型试验段的升力系数匹配问题,两者的设计升力系数均为 0.19,马赫数均为 0.7 时,层流翼段的对应设计迎角为 $+2°$(即机身迎角 $0°$)。尽量使层流翼型上表面压力形态保持不变,对其后缘下表面进行"后加载"设计,使层流翼型设计升力系数与非层流翼型相匹配。翼型优化前、后的外形对比及压力分布对比分别如图 6-15 和图 6-16(注:翼型截面图中的纵坐标 y 为翼型高度,不同于 CFD 全机模型坐标轴系的 y 轴定义)所示。

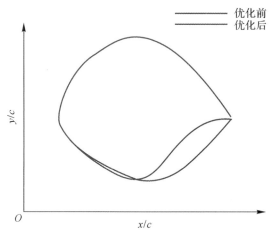

图 6-15 层流翼型第一轮优化前、后对比

注:见彩插第 19 页。

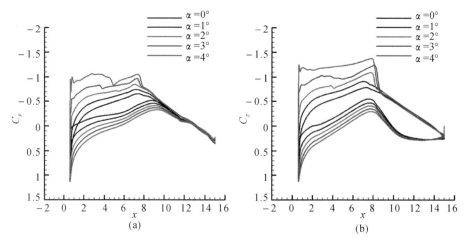

图 6-16 翼型优化前、后的压力分布对比

(a)优化前; (b)优化后

注:见彩插第 19 页。

自然层流试验段第二轮优化设计重点改善失速特性,主要对翼型头部前缘半径进行了小量修改。优化前、后的翼型对比如图 6-17 所示,优化后的自然层流翼型与非层流翼型的对比如图 6-18 所示。

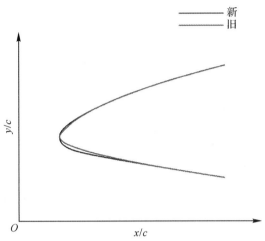

图 6-17 层流翼型第二轮优化前、后对比
注:见彩插第 19 页。

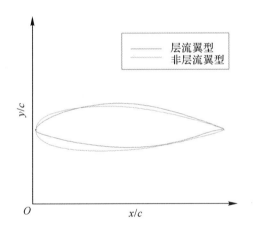

图 6-18 优化后的层流翼型与非层流翼型对比
注:见彩插第 19 页。

运用 CFD 对层流翼型与非层流翼型的转捩特性进行了对比,计算马赫数 0.7,湍流度 0.3%。由 CFD 计算得出的转捩位置对比见表 6-3,在 ±2°迎角(机身迎角)范围内,层流翼型转捩位置非层流统翼型推后约 15%c。

表 6-3 转捩位置数值模拟计算结果

迎角/(°)	-2	-1	0	1	2	3
非层流翼型转捩位置	40.0%c	37.5%c	30.0%c	12.0%c	10.0%c	10.0%c
层流翼型转捩位置	55.0%c	55.5%c	45.0%c	37.5%c	27.5%c	22.5%c

限于篇幅,这里仅给出 0.7Ma、迎角 0°时的计算云图和压力、摩擦力分布,其中,层流翼段与非层流翼段上、下翼面摩擦力云图对比如图 6-19 所示,层流翼段非层流统翼段上、下翼面摩擦因数及压力分布对比见图 6-20 所示,图中"y=0"和"y=0.3"分别表示翼段中部剖面和中部偏右 0.3 m 处的剖面。

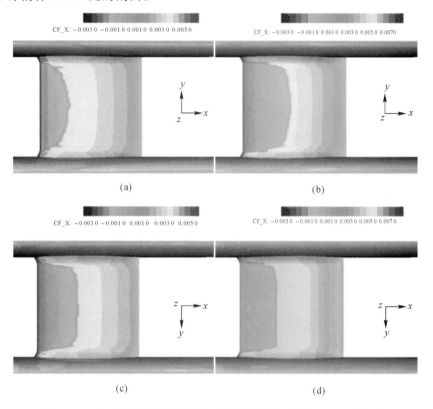

图 6-19　非层流翼段与层流翼段摩擦因数云图对比(0.7Ma,迎角 0°)

(a)非层流翼上翼面;　(b)层流翼上翼面;　(c)非层流翼下翼面;　(d)层流翼下翼面

注:见彩插第 20 页。

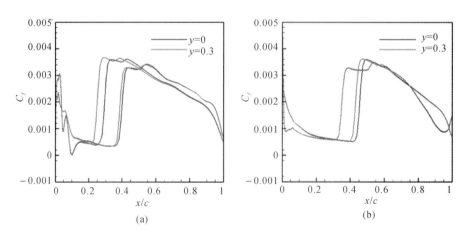

图 6-20　非层流翼段与层流翼段摩擦因数及压力分布对比(0.7Ma,迎角 0°)

注:见彩插第 20 页。

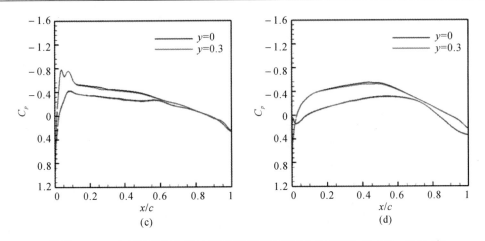

续图 6‑20　非层流翼段与层流翼段摩擦因数及压力分布对比($0.7Ma$,迎角$0°$)
(a) 非层流翼摩擦因数；　(b) 层流翼摩擦因数；　(c) 非层流翼压力分布；　(d) 层流翼压力分布

在自然层流机翼试验段和与之对比的非层流翼型试验段上翼面均布置了 9 个压力监测孔,如图 6‑21 所示,监测孔与机身内部的压力扫描阀相连,通过这 9 个点位的压力数据对压敏漆(Pressure Sensitive Paint,PSP)涂层压力分布测量数据进行监测与校核,提高层流实验机飞行试验的可靠性与准确性。

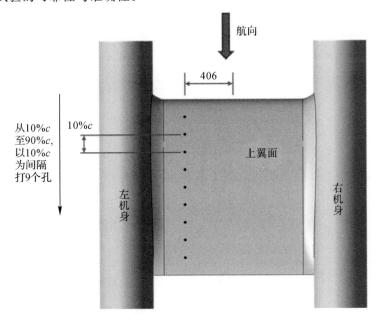

图 6‑21　自然层流试验段上翼面的压力监测点

6.4.6.4　自然层流试验段风洞试验验证

在沈阳 FL‑60 跨超声速增压风洞中进行了自然层流翼段与非层流翼段的对比试验,试验马赫数 0.7~0.8,雷诺数 $3.81\times10^6\sim8.98\times10^6$,湍流度 0.3%~0.4%。采用 1：6.25 缩比模型,如图 6‑22 所示,左、右半机身中部为可更换式中央翼试验段,可在层流翼段与传统翼段之间切换。试验段上翼面涂有红外涂层和 PSP 涂层,采用红外热像转捩测量和 PSP 表面压力分布测量相结合的方式分析边界层转捩位置。在中央翼后部约 c 处安装有竖直的尾迹耙,采用尾迹总压测量的方式反算翼型总阻力。

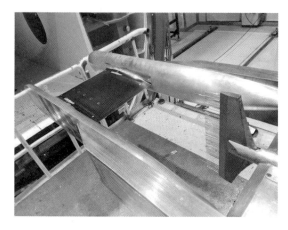

图 6 - 22　试验模型现场照片

在风洞试验中,对上翼面压力监测点的扫描阀测量数据与 PSP 测量数据的相对偏差量进行了统计分析,相对偏差量的概率密度分布如图 6 - 23 所示。C_p 偏差落在 ±0.05 以内的采样点数占比为 60%,相对偏差量落在 ±0.1 以内的采样点数占比为 98%,且 PSP 测量结果的压力分布趋势与压力扫描阀测量结果一致性良好。这说明 PSP 测量数据可作为压力梯度分布特性分析使用。

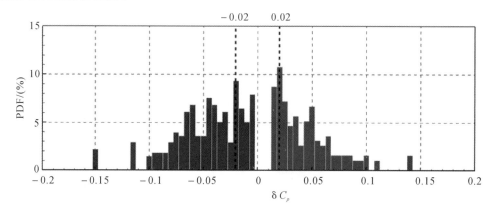

图 6 - 23　PSP 与压力扫描阀的相对偏差值统计

注:见彩插第 21 页。

由红外热像转捩测量和 PSP 压力分布测量综合得出的,层流翼段与非层流翼段在设计升力系数下的转捩位置对比见表 6 - 4,相对于非层流翼段,层流翼段转捩位置延迟量可达到 40%c,延迟转捩效果显著。

风洞静压 0.2 MPa 时,各马赫数下层流翼段与非层流翼段的转捩位置对比分别如图 6 - 24~图 6 - 26 所示,在负迎角及 0°迎角(机身迎角)时,层流翼段的转捩位置比非层流翼段大幅度推迟,但超过 0°迎角后,层流翼段的转捩位置优势迅速缩减,逐渐向非层流翼段靠拢。

表 6 - 4　层流翼段与非层流翼段设计升力系数下的转捩位置

序号	试验状态	$Re/10^6$	非层流翼段(x/c)	层流翼段(x/c)	转捩延迟量$(\Delta x/c)$
1	$0.7Ma$	3.81	0.117	0.601	0.484
2	$(\alpha=0°)$	5.96	0.109	0.549	0.440
3	$0.75Ma$	3.97	0.174	0.599	0.425
4	$(\alpha=-0.2°)$	6.20	0.156	0.551	0.395
5	$0.8Ma$	4.11	0.276	0.578	0.302
6	$(\alpha=-0.4°)$	6.41	0.287	0.547	0.260

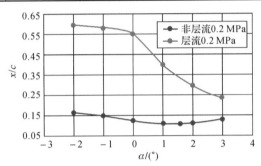

图 6 - 24　层流翼段与非层流翼段转捩位置对比$(0.7Ma,Re=5.96×10^6)$

注:见彩插第 21 页。

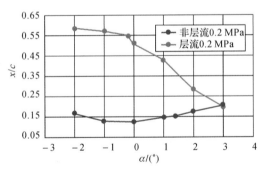

图 6 - 25　层流翼段与非层流翼段转捩位置对比$(0.75Ma,Re=6.0×10^6)$

注:见彩插第 21 页。

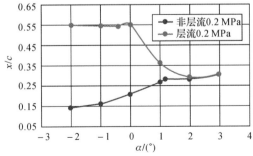

图 6 - 26　层流翼段与非层流翼段转捩位置对比$(0.8Ma,Re=6.41×10^6)$

注:见彩插第 22 页。

图 6-27 和图 6-28 分别进一步给出了非层流翼段和层流翼段设计升力系数下转捩位置随雷诺数的变化曲线,可以看出,层流翼段的转捩位置对雷诺数更敏感,雷诺数越大,转捩位置越靠前。

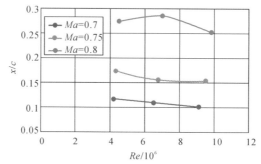

图 6-27　非层流翼段设计点状态转捩位置随 *Re* 的变化曲线

注:见彩插第 22 页。

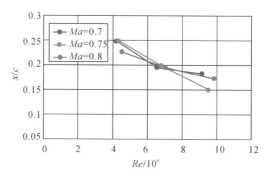

图 6-28　层流翼段设计点状态转捩位置随 *Re* 的变化曲线

注:见彩插第 22 页。

风洞静压 0.2 MPa 时,由尾迹耙所测的非层流翼段和层流翼段升力系数设计点的尾迹总压剖面对比如图 6-29 所示,与非层流翼段相比,层流翼段后方的总压损失明显降低,且通过尾迹形状可以看出层流翼段表现出了更好的附着流动特性。

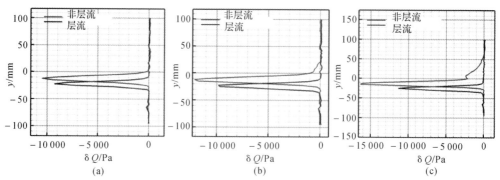

图 6-29　非层流翼段与层流翼段设计状态的尾迹总压剖面对比(*Ma* = 0.8, *p*₀ = 0.2 MPa)

(a) $Ma=0.7$;　(b) $Ma=0.75$;　(c) $Ma=0.8$

注:见彩插第 23 页。

由尾迹总压分布反算出的非层流翼段和层流翼段升力系数设计点的阻力对比见表 6-5,与非层流翼段相比,层流翼段的减阻量十分可观,达到了预期设计目标。

表 6-5　非层流翼段与层流翼段设计状态的尾迹阻力对比

序号	试验状态	$Re/10^6$	非层流翼段 C_D	层流翼段 C_D	减阻量 (ΔC_D)	减阻百分比/(%)
1	0.7Ma ($\alpha=0°$)	3.81	0.009 3	0.004 3	0.005 0	53.1
2		5.96	0.007 4	0.005 1	0.002 3	31.2
3	0.75Ma ($\alpha=-0.2°$)	3.97	0.008 8	0.004 5	0.004 3	49.2
4		6.20	0.008 3	0.005 7	0.002 6	31.1
5	0.8Ma ($\alpha=-0.4°$)	4.11	0.011 7	0.004 9	0.006 8	58.5
6		6.41	0.012 7	0.005 7	0.006 9	54.7

6.4.7　混合层流试验段设计

6.4.7.1　混合层流试验段初始设计

混合层流(Hybrid Laminar Flow Control, HLFC)试验段需对多种转捩机制进行研究,并通过在前缘适当区域微孔吸气来对转捩特性进行主动控制,延迟边界层转捩。

混合层流试验段在设计时遵循以下原则:

(1)试验翼段的气动设计应与飞行平台相适配,包括升力系数、焦点位置等;

(2)不吸气时,小迎角阶段,试验翼段的自然转捩机制由 CF 涡失稳主导;

(3)不吸气时,大迎角阶段,试验翼段的自然转捩机制由 TS 波失稳主导;

(4)在 $-0.5°\sim+2.5°$ 的试验迎角(机身迎角)范围内,采用吸气控制后都能够显著推迟转捩;

(5)推迟转捩所需吸气质量流量尽可能小;

(6)尽可能降低前缘吸气区域的吸力峰值大小,并降低满足所需吸气速度时的吸气壁板内/外压力差,以减小对吸气泵的功率需求,吸气泵功率上限 650 W。

为了能够模拟横流 CF 涡转捩,混合层流试验段采用了带 28°后掠角的非对称梯形翼。考虑其与自然层流试验段的气动焦点匹配性后,形成的混合层流试验段平面参数如图 6-30 所示。混合层流试验段 $1/4c$ 后掠角 25.4°,安装角 $+2°$(与自然层流翼段保持一致),平均气动弦长 1.44 m,扣除两侧机身后的外露展长 1.35 m,展弦比 0.94。

为保证合理的低速性能,对混合层流试验段的初始翼型进行改进,运用速势方程快速评估方法对翼型进行优化并人工修型。形成的混合层流初始翼型如图 6-31 所示,翼型相对厚度 12%。该翼型在小迎角下具有较大的顺压梯度,可明显抑制 TS 波的增长,转捩模式为 CF 涡失稳。该翼型在大迎角下头部出现一段较小的逆压梯度,可以有效抑制横流失稳,随后出现较长的顺压梯度。

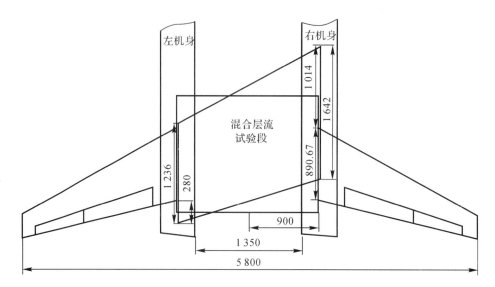

图 6-30　混合层流试验段平面参数

图 6-31　混合层流试验段初始翼型

经 CFD 流动分析,初步确定的吸气区域展向宽度 0.6 m,吸气中心略偏向右侧,上翼面部分为 $12\%c$,下翼面部分为 $1.8\%c$,如图 6-32 所示。吸气孔直径 $60\sim80\ \mu m$,孔间距为 $10\sim12$ 倍孔径。$0°$ 机身迎角下,前缘吸气可使转捩位置推迟至 $50\%c$ 以后。

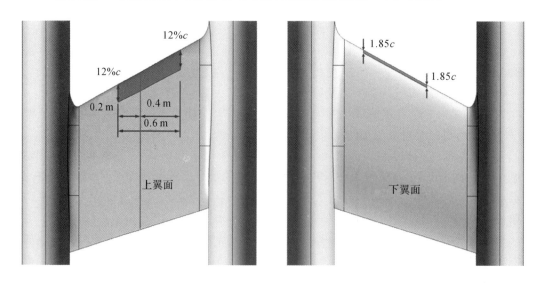

图 6-32　混合层流试验段前缘吸气区域(初始方案)

注:见彩插第 23 页。

为控制全机重心范围,并尽可能减少吸气能量损失以及吸气泵振动对机载设备造成的不利影响,吸气泵以吊舱形式吊挂于混合层流试验段下部。根据吸气泵工作环境温度、环境压力及初步吸气功率需求,选取干式涡轮泵作为吸气装置(见图 6-33),涡轮泵重 25 kg,采用 220 V 单相交流电,8 000 m 高空最大可用功率 650 W。

图 6-33　干式涡轮泵

基于吸气泵外形尺寸包络,考虑重心位置、电缆及管道布置后,初步形成的混合层流吸气泵吊舱及挂架外形方案(见图 6-34)。吊舱为纺锤体,挂架为常规的梯形挂架,主要尺寸参数如下:

吊舱直径:0.387 m;

吊舱长度:1.300 m;

挂架厚度:0.090 m;

挂架底部弦长:0.550 m;

挂架前缘后掠角:24°(吊舱视角);

吊舱距下翼面最小距离:0.127 m。

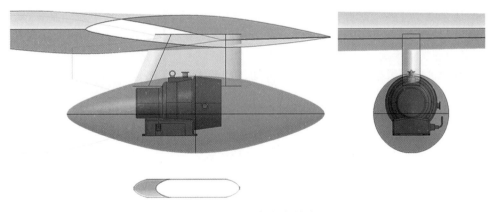

图 6-34　吊舱及挂架初始外形

6.4.7.2 混合层流试验段优化设计

针对混合层流试验段初始方案的 CFD 计算评估表明,挂架两侧在 0.7Ma 时会产生强激波分离,如图 6-35 所示,不仅显著增加飞机阻力,还对混合层流试验段上翼面产生流动干扰,影响混合层流试验段的翼型设计及吸气控制效果。

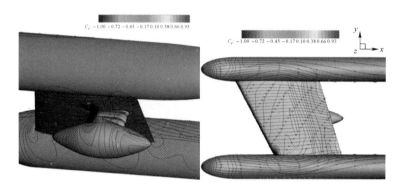

图 6-35　初始方案 CFD 流线图及压力云图(0.7Ma、0°迎角)

注:见彩插第 23 页。

同时,针对吸气控制的 CFD 数值模拟还表明,由于混合层流翼型上表面顺压梯度较大(沿弦向压力递减),导致 10%c 以后的区域因负压较大而出现吹气现象,0°迎角时甚至从 8%c 开始就已经出现吹气现象。这对混合层流的吸气控制是十分不利的,因此在后续设计中应减缓上表面顺压增长,避免在吸气控制区域因过大的负压而出现吹气现象。

从减弱吊舱挂架激波分离和减缓翼型上表面顺压梯度两方面出发,对混合层流试验段的翼型、吸气泵吊舱外形及挂架外形进行了 3 轮次优化设计(见图 6-36)。其中,减弱吊舱挂架处激波所采取的主要方法如下:

(1)将吊舱尽可能下移,远离试验段下翼面。以起落装置极限压缩(含轮胎瘪胎)时吊舱不蹭地为前提,将吊舱最大限度的下移,减弱吊舱与翼面的气动干扰。

(2)优化挂架外形。这包括截面形状及侧向投影参数,如采用翼型截面,增加挂架长宽比,优化挂架前缘前掠/后掠角等,改善挂架扰流的流动特性。

(3)优化吊舱外形。基于吸气泵外形包络优化吊舱的截面分布,减小最大直径,增大长细比,减缓吊舱头部曲面特别是上部曲面的变化梯度。在优化自身阻力的同时,减弱其对试验段下翼面的气动干扰。

(4)优化试验段翼型。将翼型下半部分曲线的曲率放缓,结合吊舱上部曲面优化,共同改善跨声速面积律特性。

经 3 轮次优化改进后,吸气泵吊舱外形呈牛角包形状,挂架自上而下为后掠梯形翼。挂架及吊舱的主要参数如下:

吊舱尺寸:1.370 m×0.343 m×0.330 m(长×宽×高);

挂架厚度:0.080 m;

挂架顶部弦长:0.672 m;

挂架前缘后掠角:40°;

吊舱距下翼面最小距离:0.269 m。

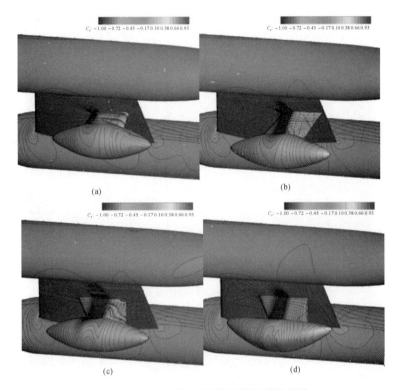

图 6 - 36　混合层流试验段及吊舱优化设计

（a）初始方案；　（b）第 1 轮优化；　（c）第 2 轮优化；　（d）第 3 轮优化

注：见彩插第 24 页。

优化后的混合层流试验段在典型飞行迎角下（0°机身迎角）的 CFD 流线图及压力云图如图 6 - 37 所示，与图 6 - 35 初始方案相比，挂架后缘区域已无明显的激波分离，上翼面翼稍前缘处受吊舱及挂架的影响也显著减小。

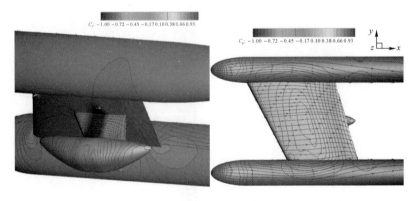

图 6 - 37　改进方案 CFD 流线图及压力云图（0.7Ma、0°迎角）

注：见彩插第 24 页。

混合层流试验段优化前、后的翼型截面压力分布对比如图 6 - 38 所示，尽管初始方案与优化方案压力监测截面的展向位置略有不同，但仍可看出优化方案上翼面 $5\%c\sim20\%c$ 范围内的顺压梯度明显变缓,利于主动吸气控制,减弱吸气功率需求。

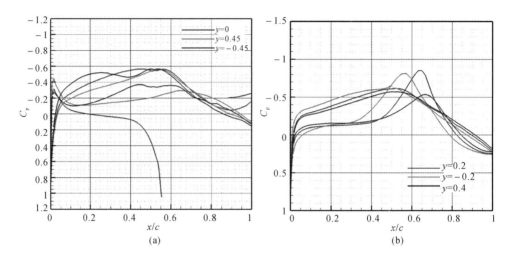

图 6 - 38　试验翼段优化前、后的截面压力分布对比

(a)初始方案翼型截面压力分布;　(b)优化方案翼型截面压力分布

注:见彩插第 25 页。

以吸气功率不超过 600 W 为约束(在吸气泵可用功率 650 W 基础上预留 50 W 余量),运用 CFD 手段对吸气控制方式、吸气区域和吸气区域蒙皮厚度等要素对转捩位置的影响进行了大量研究,最终确定的吸气区域如图 6 - 39 所示,吸气区展向宽度由初始的 0.6 m 缩减为 0.45 m,上、下翼面的弦长位置保持不变,分别为 $12\%c$ 和 $1.8\%c$。吸气区域设有大量的微型吸气孔,孔径 $60\sim80~\mu m$,孔间距为 $10\sim12$ 倍孔径,总计有 15 万~21 万个吸气孔。吸气泵通过连接于吸气腔后部的气管对吸气区进行吸气,吸气区蒙皮厚度不超过 1 mm(厚度越大,吸气孔流阻越大,所需的吸气功率越大),吸气泵通过吊舱上的开孔将气体直接排出机外。

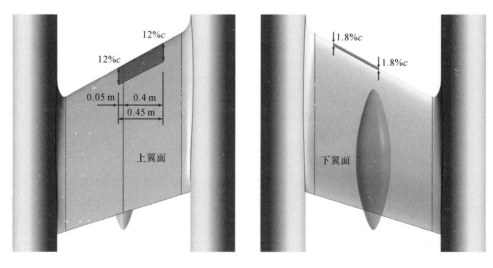

图 6 - 39　混合层流试验段吸气区域(最终方案)

注:见彩插第 25 页。

虽然吸气区域展向距离仅为 0.45 m,但为了避免前缘可拆卸壁板左、右安装间隙所诱发的湍流楔对后方层流测试区产生影响(使有效试验区展向变窄),前缘可拆卸壁板的展向宽度应在吸气区域的基础上左、右两边各预留一定距离:吸气区左侧(试验段的翼梢方向)至少应预留 0.15 m;右侧(试验段的翼根方向)至少应预留 0.08 m。由此确定的可拆卸吸气腔及相关组件(见图 6 - 40)。

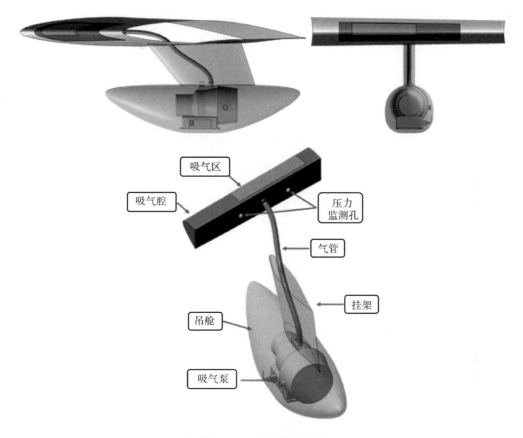

图 6 - 40 吸气装置组成

注:见彩插第 25 页。

为了使飞行试验结论更为准确、可靠,混合层流试验段总计设置了 19 个压力监测点,由压力扫描阀进行压力系数测量:

(1)在试验段前缘可拆卸吸气腔的两侧紧邻位置分别设置 6 个压力监测孔(见图 6 - 41),对由吸气腔的吹吸气情况进行监测;

(2)在试验段上翼面吸气腔后部的红外、PSP 测量区,沿 30° 斜线依次设置 5 个压力监测孔(见图 6 - 41),对 PSP 涂层测得的压力分布数据进行监测与校核;

(3)在吸气腔底板部位设置 2 个压力监测孔(见图 6 - 40),对吸气腔的背压进行监测,继而对吸气流量进行监控。

基于大量的 CFD 数值模拟结果,给出的典型巡航状态(8 000 m、0.7Ma)最优化吸气方案及其对混合层流试验段转捩位置的控制效果见表 6 - 6。在 −0.5°～+1.5° 的重点关注迎角范围内,微孔吸气可以使转捩位置推迟至 50%c 以后,满足"不小于 40%c"的设计指标要求,并且所需的吸气功率不超过 503 W。其中,1°迎角时,由于试验段上翼面的压力分布形态最利于抑制 TS 波和 CF 涡增长,自然层流区最长,所需的吸气流量及功率最小,甚至不吸气即能满足转捩位置要求;迎角超过 1.5°以后,上翼面开始出现逆压梯度,TS 波迅速增长并主导转捩,自然层流状态的转捩位置提前至 $15\%c$ 左右。此时,试验翼段右半部分(翼根方向)的两个截面在吸气控制下仍可以将转捩位置推迟至 $50\%c$ 以后,但左半部分的 $y=-0.2$ 截面在有限的吸气功率下几乎没有控制效果。

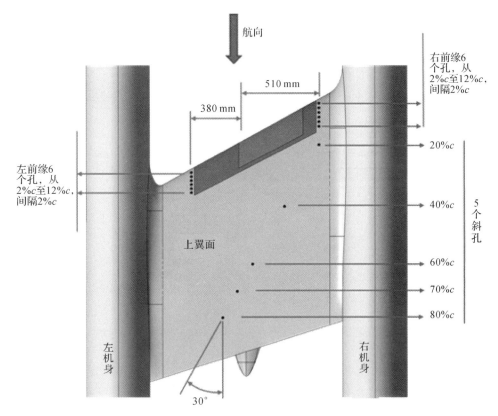

图 6-41 混合层流试验段上翼面的压力监测点

注:见彩插第 25 页。

关于吸气强度 C_q(微孔吸气速度/自由来流速度),由于微孔吸气的不均匀性,这里仅能以平均值进行表述,表 6-6 中各状态的平均吸气强度 C_q 均在 0.000 53～0.000 73 范围内。

表 6-6 最优化吸气方案与转捩位置控制效果

序号	迎角/(°)	截面	自然转捩位置	吸气后转捩位置	吸气流量/($m^3 \cdot s^{-1}$)	需用功率/W
1		$y=0.4$	约 $25\%c$	约 $50\%c$		
2	-0.5	$y=0.2$	约 $30\%c$	约 $50\%c$	0.035 885	454.9
3		$y=-0.2$	约 $35\%c$	约 $50\%c$		

续　表

序号	迎角/ (°)	截面	自然转捩位置	吸气后转捩位置	吸气流量/ (m³·s⁻¹)	需用功率/ W
4		$y=0.4$	约 35%c	约 55%c		
5	0	$y=0.2$	约 35%c	约 55%c	0.035 855	476.9
6		$y=-0.2$	约 40%c	约 55%c		
7		$y=0.4$	约 40%c	约 55%c		
8	0.5	$y=0.2$	约 40%c	约 55%c	0.026 381	502.8
9		$y=-0.2$	约 50%c	约 55%c		
10		$y=0.4$	约 50%c	约 55%c		
11	1	$y=0.2$	约 50%c	约 55%c	0.026 156	413.0
12		$y=-0.2$	约 45%c	约 50%c		
13		$y=0.4$	约 20%c	约 55%c		
14	1.5	$y=0.2$	约 50%c	约 55%c	0.035 151	496.7
15		$y=-0.2$	约 30%c	约 50%c		
16		$y=0.4$	约 15%c	约 55%c		
17	2	$y=0.2$	约 15%c	约 50%c	0.026 437	497.4
18		$y=-0.2$	约 10%c	约 10%c		
19		$y=0.4$	约 15%c	约 55%c		
20	2.5	$y=0.2$	约 10%c	约 50%c	0.028 764	582.2
21		$y=-0.2$	约 10%c	约 10%c		

6.4.7.3　混合层流试验段风洞试验验证

在 FL-60 跨超声速增压风洞中进行了混合层流试验段层流特性风洞试验,试验模型为 1∶6.25 缩比,风洞湍流度 0.3%～0.4%,试验马赫数 0.6～0.8,试验雷诺数 3.27×10^6～ 8.98×10^6。

$0.7Ma$、风洞压力 0.15 MPa 时,未吸气时的自然转捩红外热像图和吸气时的转捩红外热像图分别如图 6-42 和图 6-43 所示,吸气强度为 0.000 4。未吸气时,自然转捩位置在 16%c～18%c 处,吸气后,转捩位置最多可推后至 50%c 以后,达到了延迟转捩的预期效果。

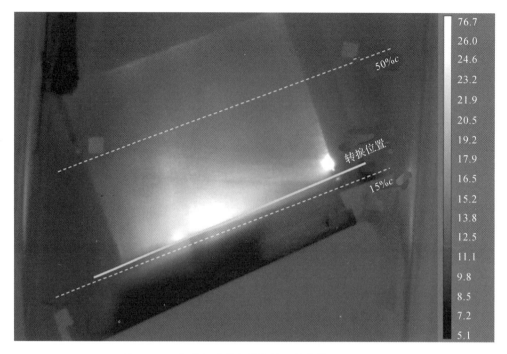

图 6 - 42　未吸气时的自然转捩红外热像图(0.7Ma)

注:见彩插第 26 页。

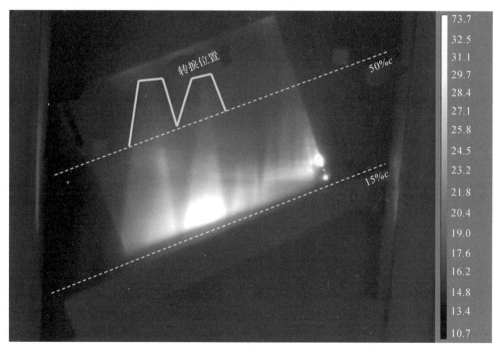

图 6 - 43　吸气时的转捩红外热像图(0.7Ma、$C_p \approx -0.000\,4$)

注:见彩插第 26 页。

6.4.8　层流测试系统布局方案设计

伴随着全机气动布局的多轮次改进设计,层流测量系统的布局方案也进行了优化完善设计。

层流测试系统包括转捩测量系统、压力分布测量系统和尾迹测量系统,三者分别采用红外转捩测量、压敏漆测量和尾迹耙测量方式。其中,红外光路和 PSP 光路基本一致,两者集中在同一个光学吊舱中。

由于试验段的红外发射率会对观测效果产生影响,为达到满意的观测效果,观测角不应超过 80°。在早期的倒 V 尾翼布局方案上,通过在倒 V 尾翼上方架设吊舱或抬高尾翼以满足视角要求,见图 6 - 44。

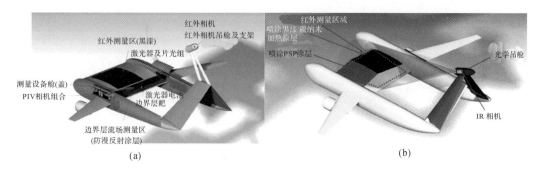

图 6 - 44　早期光学吊舱安装方案

(a) 架设吊舱方案;　(b) 抬高尾翼方案

注:见彩插第 26 页。

在 π 尾翼布局方案中,光学吊舱安装在平尾中前部,设计垂尾高度时充分考虑了红外观测角的要求。红外相机高出机翼上表面 1.2 m,位于后缘下游 1.4 m,在上表面 $10\%c$ 的观测角是 78°,在上表面 $20\%c$ 处的观测角是 70°,预计可用机翼表面观测范围是从 $10\%c$ 到后缘。光学吊舱最终安装方案如图 6 - 45 所示。

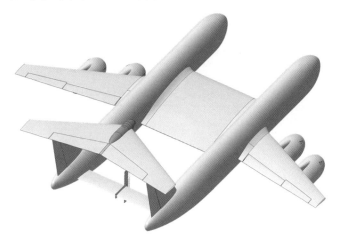

图 6 - 45　光学吊舱最终安装方案

对于光学吊舱形状,也进行了多方案对比研究(见图 6-46)。综合考虑红外、PSP 相机布置和气动影响,选择方案四作为最终外形。

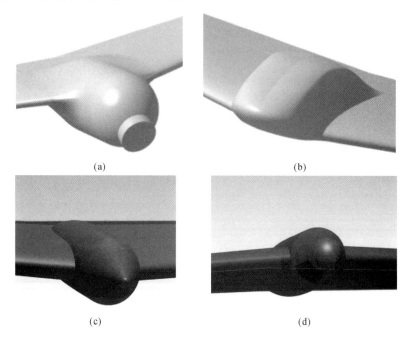

(a)　　　　　　　　　　　　　　(b)

(c)　　　　　　　　　　　　　　(d)

图 6-46　光学吊舱形状优化
(a)方案一; (b)方案二; (c)方案三; (d)方案四

尾迹耙架设在双机身尾段中部,如图 6-47 所示,采用沿支架轴向移动的方式实现多站位的尾迹测量。

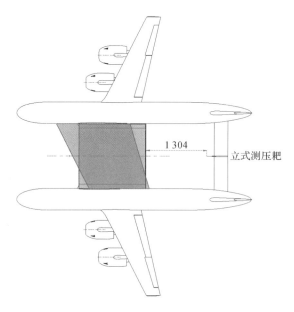

图 6-47　尾迹测量方案

实验机中央试验段机翼展弦比是 0.94,为避免由于两侧机身-机翼角区对尾迹的影响干扰,尾迹测量截面不宜过度地远离机翼后缘;根据以往风洞试验测量经验,当尾迹耙测量截面距离后缘 c 时,测量数据有效,阻力系数重复精度可达到 3 count。对于实验机尾迹的飞行测量,选定在中央试验段后缘下游 c 处,即与后缘距离 1 500 mm,如图 6 - 48 所示。

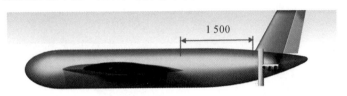

图 6 - 48 尾迹耙安装位置示意图

6.4.9 全机气动布局方案简介

层流技术实验机采用"双机身+π尾翼+4 台翼吊涡喷发动机"的基本气动布局形式,左、右机身之间为飞行试验验证段,左、右外翼下各吊挂 2 台小型涡喷发动机,可收放双自行车式起落架,前起向前收起,主起向后收起。全机三视图如图 6 - 24 所示。

左、右外翼为后掠梯形翼,其后缘内侧为简单襟翼,供起飞、着陆增升使用;后缘外侧为副翼,供横向配平与滚转操纵使用。

π尾翼由双垂尾和其顶部的平尾组成,双垂尾底部分别和左、右机身尾段相连,顶部与平尾相连。垂尾和平尾后缘分别设有方向舵和升降舵。平尾前缘中部安装设有红外相机、PSP 相机、激光光窗等层流测试设备整流舱。

左、右机身均为立椭圆截面大长细比柱状外形,两者之间为层流飞行验证段,不设置活动翼面。层流实验机共有 3 个可更换的验证段,分别为非层流翼型试验段、自然层流试验段和混合层流试验段,前两者采用平直翼设计(图 6 - 49),混合层流试验段采用后掠翼设计,下部悬挂吸气泵吊舱(见图 6 - 50)。

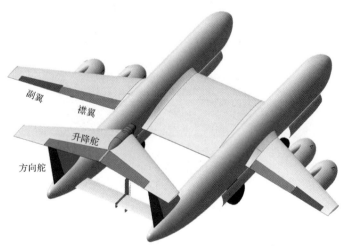

图 6 - 49 配装自然层流试验段的层流实验机

注:见彩插第 26 页。

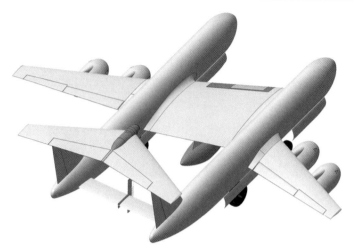

图 6-50　配装混合层流试验段的层流实验机

注:见彩插第 26 页。

　　左、右后机身之间设置有一个小型翼面,翼面中部安装立式测压耙,用于验证段的尾流压力测量。

6.5　层流技术实验机全机总体布置

　　层流实验机机体主要分为十大部件,如图 6-51 所示,分别为左机身、右机身、中央翼(3个可拆换翼段)、左外翼、右外翼、发动机与吊挂(4 台)、左垂尾、右垂尾、平尾和尾迹耙支撑结构。

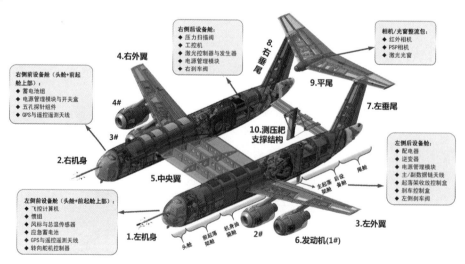

图 6-51　层流实验机全机总体布置(配装自然层流试验段)

注:见彩插第 27 页。

6.5.1　机身布置

左、右机身采用框梁式主承力结构,均由 12 个机身框和 4 根纵梁组成。机身框将机身从前往后分为 6 个舱段,分别为头舱、前起落架舱、机身油箱舱、主起落架舱、后设备舱和尾舱。其中,头舱和前起落架舱顶部部分区域并称为前设备舱。

左、右机身在机载设备的布置上遵循以下原则:除起落架组件和油箱组件外,左机身主要安装飞机自身系统与设备,右机身主要安装层流飞行测试相关系统与设备。

左侧前设备舱主要布置的设备包括飞控计算机、惯导组件、风标组件、总温传感器、应急蓄电池、电源管理模块 1、GPS 天线、遥控遥测天线 1 和前轮转向舵机控制器。

右侧前设备舱主要布置的设备包括任务蓄电池组(层流测试系统专用)、电源开关盒、电源管理模块 3、五孔探针组件、GPS 天线、遥控遥测天线 2 和前轮转向舵机控制器。

左、右前起落架舱主要用于收纳前起落架组件,前起落架向前收起。除此之外,其顶部还为前设备舱和机身油箱让出了空间。

左、右机身各设置 4 个分体式油箱,其中 3 个位于油箱舱,另 1 个位于前起落架舱顶部。8 个机身油箱总计可装载 300 kg 航空煤油。

左、右主起落架舱用于收纳主起落架组件,主起落架向后收起。

左侧后设备舱主要布置的设备包括配电器、电源管理模块 2、逆变器、主/副数据链天线、GPS 天线、起落架收放控制盒、刹车控制盒、左侧刹车阀。

右侧后设备舱主要布置的设备包括逆变器、电源管理模块 4、压力扫描阀、机载工控机、激光控制器、激光发生器、GPS 天线、右刹车阀。

左机身尾舱布置有电源开关盒、接地盒和遥控遥测天线。

右机身尾舱设置有弹出式减速伞组件和遥控遥测天线。

6.5.2　主要翼面布置

层流实验机的所有翼面内部均不设置油箱,仅安装舵机组件、燃油管路、测压软管、翼尖灯及相关线缆。外翼、平尾和垂尾采用双翼梁结构,3 个中央试验翼段采用三翼梁结构。其中,混合层流试验段前缘设置有微孔吸气腔,翼下吊挂吸气泵吊舱,吸气腔与吸气泵之间通过内部管路相连,如图 6-52 所示。3 个中央试验翼段的上翼面均设置有压力检测孔,其测压软管通过试验段内部进入右机身,并与右后设备舱的压力扫描阀相连接。

平尾前缘中部设置有综合光窗整流舱,内部设置有红外相机、PSP 相机和激光光窗等组件,用于对试验翼段上翼面的流动形态进行测量。

6.5.3　短舱吊挂布置

4 台小型涡喷发动机以翼下吊挂形式安装于外翼前梁和加强翼肋上,如图 6-53 所示,挂架采用整体封闭式翼盒结构,以增强承载能力。每个发动机短舱内有 1 个 ECU 和 2 个燃油泵。燃油管路、发电机线缆、ECU 线缆、发动机启动油路、发动机启动电缆均通过吊挂前缘进入机翼内部。

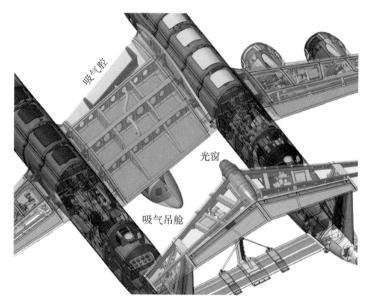

图 6‑52　混合层流试验段内部布置

注：见彩插第 27 页。

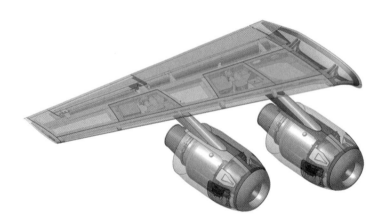

图 6‑53　短舱吊挂内部布置

注：见彩插第 27 页。

6.5.4　尾迹耙支撑结构布置

尾迹耙支撑结构由支撑小翼、夹持式支撑座、两侧辅助支撑座（可拆卸）和立式测压耙组成，如图 6‑54 所示。支撑小翼采用双管梁结构，在支撑测压耙的同时，也是左、右机身之间的电缆通道。立式测压耙上设有 85 个测压探针，其 85 根测压软管经支撑小翼内部进入右机身，并与右后设备舱的压力扫描阀相连接。

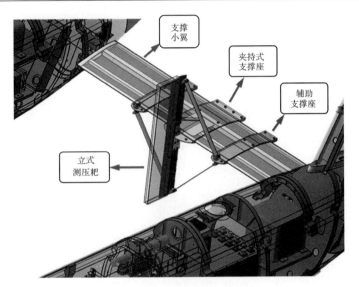

图 6 - 54 测压耙支撑结构

注:见彩插第 27 页。

6.6 层流技术实验机总体方案评估

6.6.1 全机重量、重心

经全机称重和燃油测量试验,配装非层流中央翼时,全机重量与重心见表 6 - 7,满足设计需求,其中重心范围包括因起落架收放和燃油消耗而引起的重心变化。配装另外两个试验翼段时,使用空机重量和重心范围略有差异,但均满足各自的设计需求,此处不赘述。

表 6 - 7 全机重量与重心(配装非层流中央翼)

序号	项目	设计需求	评估结果
1	最大起飞重量	≤1 200 kg	1 174 kg
2	使用空机重量	≤900 kg	895 kg
3	最大燃油装载量	≥300 kg	300.6 kg
4	最大着陆重量	同最大起飞重量	1 174 kg
5	重心前后范围	33％MAC～47％MAC	33.3％MAC～44.5％MAC

6.6.2 全机气动特性

运用工程估算算法、CFD 数值计算和风洞试验相结合的手段,综合形成了全机气动力数据集。这里仅给出配装非层流中央翼的全机高速/低速纵向气动力曲线。

全机高速升力与俯仰力矩曲线如图 6 - 55 所示。

全机高速极曲线如图 6 - 56 所示。

全机低速升力与俯仰力矩曲线如图 6 - 57 所示。

全机低速极曲线如图 6 - 58 所示。

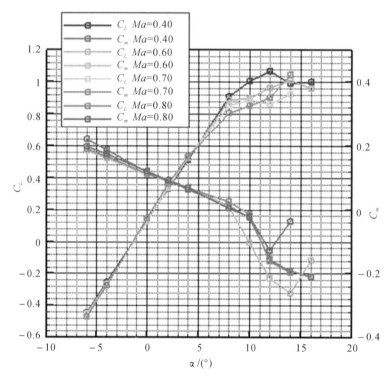

图 6 - 55　全机高速升力曲线与俯仰力矩曲线(配装非层流中央翼)

注：见彩插第 28 页。

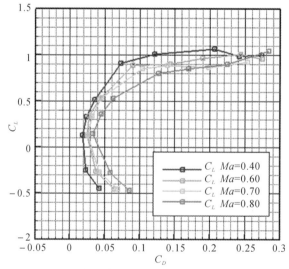

图 6 - 56　全机高速极曲线(配装非层流中央翼)

注：见彩插第 28 页。

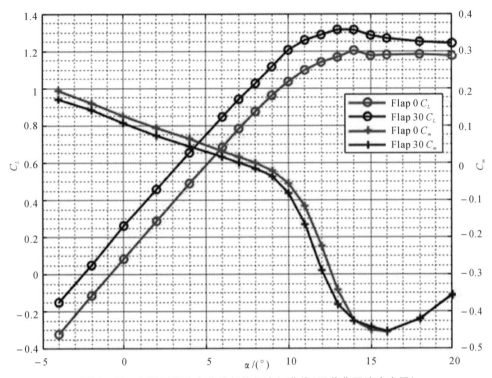

图 6 - 57　全机低速升力曲线与俯仰力矩曲线（配装非层流中央翼）

注：见彩插第 28 页。

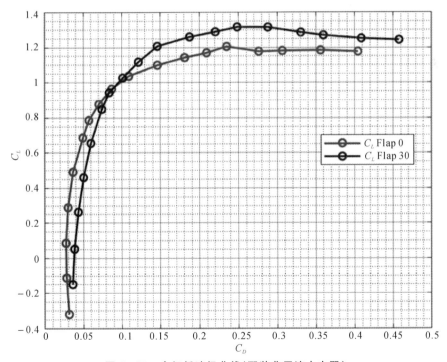

图 6 - 58　全机低速极曲线（配装非层流中央翼）

注：见彩插第 28 页。

6.6.3 飞行性能

基于全机气动力、重量和动力装置数据,计算得出的层流实验机配装非层流中央翼时的主要飞行性能见表 6-8,速度、高度、航时、起降距离等满足设计需求。换装自然层流试验段和混合层流试验段后,主要飞行性能略有差异,但也均满足设计需求。

表 6-8 主要飞行性能(配装非层流中央翼)

序号	项目	设计需求	评估结果
1	最大平飞速度(半油)	≥0.8Ma	0.82Ma
2	实用升限(半油)	≥10 000 m	11 728 m
3	任务飞行速度	0.6~0.8Ma	0.7Ma
4	任务飞行高度	8 000 m	8 000 m
5	任务飞行时间	≥20 min	38 min
6	最大起飞重量状态起飞滑跑距离(海平面标准大气)	≤1 500 m	888.6 m
7	最大着陆重量状态着陆滑跑距离(海平面标准大气)	≤2 500 m	1 886 m

层流技术实验机配装非层流中央翼的典型飞行速度包线如图 6-59(半油状态)所示。

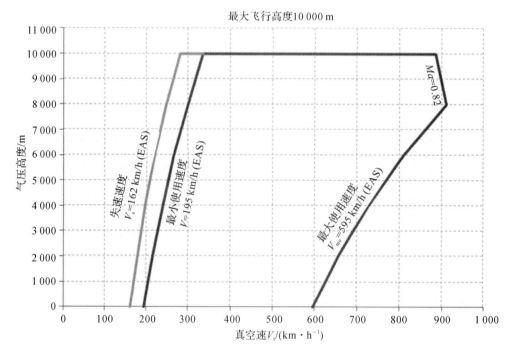

图 6-59 高度速度包线(配装非层流中央翼,半油)

注:见彩插第 28 页。

6.6.4　飞行品质

基于全机气动力、重量、重心和动力装置数据,对层流实验机配装 3 种中央试验段时,飞机本体的操纵与稳定特性进行了计算评估,主要结论如下:

(1)飞机具有按速度的静稳定性。

(2)飞机纵向运动模态特性大部分满足 1 级标准,部分边界状态为 2 级标准。限于篇幅,这里仅给出配装非层流试验段时的全机纵向短周期操纵反应(见图 6-60 和图 6-61)。

(3)飞机横航向运动模态大部分满足 1 级标准,部分边界状态为 2 级标准。限于篇幅,这里仅给出配装非层流试验段时的全机荷兰滚阻尼比随速度的变化曲线(见图 6-62)。

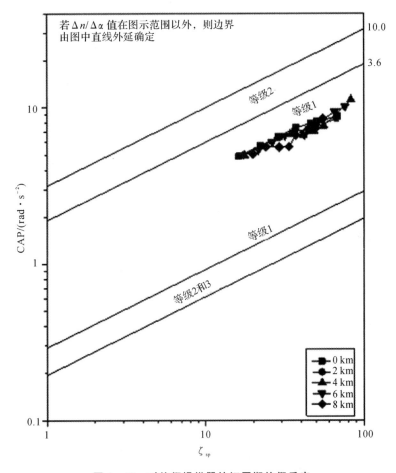

图 6-60　对俯仰操纵器的短周期俯仰反应

为进一步验证层流技术实验机配装 3 种中央试验段的全机操纵与稳定特性,以及验证飞行控制律设计的有效性,开展了 1:2.32 缩比的全机带动力自由飞行试验。缩比飞行试验模型翼展 2.5 m,起飞重量约 50 kg。缩比飞行试验于已经进行(见图 6-63),试验中不仅换装了非层流、自然层流和混合层流 3 种中央试验段,还进行了襟翼和起落架构型切换的飞行试验。试验结果表明,层流技术实验机配装 3 种中央试验段时,飞机在起降和巡航阶段均具有较好的飞行品质。

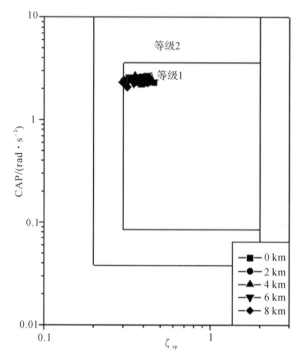

图 6-61 纵向操纵期望参数

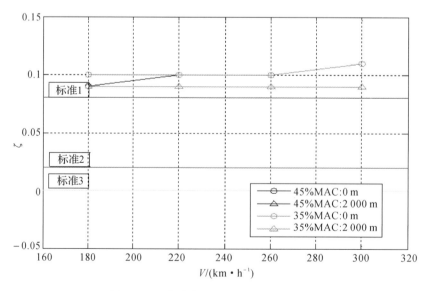

图 6-62 荷兰滚阻尼比随速度变化曲线

注:见彩插第 28 页。

图 6 - 63 层流技术实验机缩比模型带动力自由飞行试验

参 考 文 献

［1］ HOWELLS A，BUSHELL S. Experiences of using model based systems engineering［M］. United Kingdom：IBM Software，Hampshire，England，2010.

［2］ 王崑声，袁建华，陈红涛，等. 国外基于模型的系统工程方法研究与实践［J］. 中国航天，2012，11：52 - 57.

［3］ 贾晨曦，王林峰. 国内基于模型的系统工程面临的挑战及发展建议［J］. 系统科学学报，2016，24（4）：100 - 104.

［4］ 郤鹏飞. 浅谈民用飞机系统研制中的系统工程运用［J］. 科技创新导报,2015,24：84 - 85.

［5］ DICKERSON C E. Model driven architecture for Model Based Systems Engineering ［J］. Lecture Notes in Computer Science，2005，3228：249 - 261.

［6］ 朱静,杨晖,高亚辉,等. 基于模型的系统工程概述［J］. 航空发动机,2016,42（4）：12 - 16.

［7］ 理查德，史维. 航空航天科技出版工程 7：飞行器设计［M］. 北京：北京理工大学出版社,2016.

第7章 层流专用双体实验机
——结构强度设计

随着现代航空技术的发展,固定翼飞机等飞行器大量采用新型材料和先进工艺,机体、机翼等结构部件承受的载荷、振动环境也更加复杂。对专用层流实验机而言,有其独特的需求:非层流、自然层流、混合层流段可替换模块化的结构设计、尾迹耙结构设计、平尾相机安装结构设计等。基于需求,需要结构强度在保证安全的情况下进行结构与测试的一体化设计,考虑预埋应变片、传感器等。

本章对专用层流实验机结构强度设计进行概述,重点对多模块可替换的中央翼自然层流和混合层流段与双机身结构对接区域、尾迹耙安装结构、平尾相机测量结构等进行阐述与分析。

7.1 多模块可替换结构设计

机体结构设计和制造应遵守总体设计的三视图、总体布置、外形数模以及对结构工艺设计、加工制造的基本要求,并综合考虑材料选用、强度要求、刚度要求、稳定性要求、制造工艺、运输拆装、系统装载、维护使用性、重量/重心控制等要求。对保障性设计要兼顾实验机性能与经济性原则,实验机机体结构强度和刚度设计参照行业的相关规范要求执行。

7.1.1 模块化可替换概述

通常认为模块是指由若干零件组成的部件或若干元素组成的子系统。它具有相对的独立性,同时与其他模块连接处有标准的接口,具有互换性。模块应具有 3 个特点:功能独立性、接口标准化、模块系列化。模块化指使用模块的概念对产品进行规划和组织,它是将系统分解为各模块并可按某种逻辑方式进行模块组合的过程。从工作任务的执行方面来看,单一的模块化组合实现的效果对某些任务来说可能不是最优的,这就要求系统具有可重构性/可替换性来适应不同工作任务以达到最优,使系统可实现的功能范围扩大,从而提高系统的适应性。

模块化是可重构/可替换的基础,根据模块是否为不同产品所采用,模块可划分为通用模块和专用模块。通用模块是指在产品族中被多个产品所采用的模块,其尺寸、形状和特征或特性在不同产品中是完全一样的;专用模块指只被一个产品所采用的模块,是为了满足特定的需求而采用的模块产品。通过更换或增加专用模块,可以派生出一系列产品。

对于多构型模块设计没有固定的模式,主要属于定性分析和设计,最终的设计结果取决于设计人员的经验、意图和创造性思维。对于多构型模块飞行器结构设计的载荷形式,多构型模块飞行器多设计点、多构型、多任务剖面的特点,使得主结构载荷情况复杂,通常着重关注它们与非层流结构的共同点和差异。从保证飞机安全角度来说,目前规范的载荷设计一般要求也适用于多构型模块飞行器。因此多构型模块飞行器的载荷形式与非层流飞行器相同,包括飞行载荷、地面载荷和其他载荷 3 个部分。在考虑飞机受载情况时,也应考虑要求的和预期会遇到的在重心位置、重量分布、气动构型、推力或功率、高度、速度和大气类型等方面的严重工况组合。多构型模块飞行器外形会发生变化,作用于飞行器的气动力将随之改变,所以还需要在非层流载荷基础上,考虑不同构型载荷情况。

对于多构型模块飞行器结构,静强度是飞行器结构强度的基础,通过静强度设计和验证控制结构强度和变形,为结构安全性提供最基本的条件,并支持动强度、气动弹性、耐久性和损伤容限设计的实现。对于多构型模块飞行器结构静强度设计而言,总体上可参照现有设计规范及准则,例如现有规范中关于变形、内力、应力/应变、与限制载荷相关的有害变形要求、与极限载荷相关的破坏要求等总体要求均可直接用于多构型模块飞行器。但对于多构型模块飞行器特殊结构,应在参照现有规范的同时兼顾多构型模块飞行器的结构、功能及使用特点,对特殊部位采取特殊的设计要求或更大的安全系数。多构型模块飞行器由于其模块化安装结构较为复杂,大多数承担机构与结构承载的双重任务。与非层流飞机相比,其模块化结构及其接头将承受反复的拆装过程,对这些机构及连接要求具备较大的安全裕度及刚度,以保证其可靠性及功能完整性。如对于多构型模块飞行器通用模块与专用模块的对接面,由于专用模块拆装次数较多,对于该对接面的静强度设计,就应预留较大的安全裕度,必要时应确定特殊的接头系数,以应对多次拆装可能带来的不利因素。对于变形较大的区域,由于其应力幅差大,在静强度设计中应通过应力控制,避免其提前出现疲劳问题;对于使用复合材料、新型智能材料的多构型模块结构,应对其材料许用值、结构许用值进行重点研究,并且要重点考虑环境因素。

飞行器的耐久性与损伤容限设计的原则、方法也适用于多构型模块飞行器。通过耐久性及损伤容限设计,为结构的长寿命、高可靠性、高出勤率、低维修成本及安全性等综合性能的实现奠定基础。对多构型模块飞行器应充分考虑其特殊的使用方法,将特殊的使用要求视为必须考虑的寿命指标之一,尤为重要的是:必须综合给出全部使用条件、方式方法等。应该把耐久性设计和损伤容限设计作为多构型模块飞行器的主要设计准则。在设计使用载荷/环境谱作用下,按耐久性设计的机体结构,其耐久性使用寿命应大于设计使用寿命;且在整个设计使用寿命期内,应保证机体结构具有良好的使用状态和低的维修费用。在设计使用载荷/环境谱作用下,按损伤容限设计的机体结构,在给定的不修理使用期内,应使因未能查出的缺陷、裂纹和其他损伤的扩展而造成的飞机失事概率减至最低,以保证机体结构的安全。为了满足耐久性和损伤容限评定的需要,应根据设计使用寿命和设计使用方法编制设计使用载荷谱;以反映结构在设计使用分布内的基准使用情况,从而满足设计使用寿命。应根据设计使用寿命和设计使用方法编制化学/热/气候环境谱。环境谱中应包括所有重要的腐蚀环境;但可根据具体使用情况,略去对结构损伤影响很小的腐蚀环境,或者对某些腐蚀损伤小的环境进行适当的归并。为便于分析和试验验证,环境谱应做适当的当量化处理。应开展关键结构、智能材料和典型工艺的耐久性与损伤容限性能评价、模型方法评估及寿命预测技术研究,为结构长寿命与高可靠性设计提供方法模型,并在试验中加以验证。对可重构/可替换飞机结构的耐久性寿命评定,无论是常规的结构还是典型特殊结构,均可借鉴和采用已有的成熟的分析方法。但是,在使用这些方法的同时,有些结构的分析方法还必须进行验证和完善,对于多构型模块飞机结构应做针对性的技术研究和攻关,特别是考虑模块化结构及其接头安装过程中可能引起的损伤。

针对多构型模块飞行器,特殊的设计方案会使其出现与非层流飞行器不同的动力学特性。不同构型下的飞行器的振动特性会发生改变。模块化结构可能带来的间隙使得非线性动力学问题凸显,动态可靠性设计需求显著。从保证飞行器安全角度来说,在继承目前已有的动强度设计规范的基础上,需要不断地补充新的设计要求,以适应多构型模块飞机的研制。建议重点关注以下动强度设计要求:不同模块构型下各种激励源及各种动载荷的量级、类别及其作用的位置或区域;智能材料和结构的动力学性能;系统和结构的振动特性以及振动模态参数的变化规律;各种动响应量值控制要求;模块结构间隙增大带来的动力学问题;等等。

气动弹性设计的目的是飞行环境内飞机及其部件应具有足够的速度安全余量和阻尼安全余量,以防止颤振、发散或其他动态气动弹性、气动伺服弹性的不稳定性。这些要求适用于飞机的整个设计范围。从保证飞机安全角度来说,目前气动弹性设计规范的一般性要求也适用于多构型模块飞行器。多构型模块飞行器的气动弹性特点依赖于不同任务系统下的飞行包线和构型状态。因此,多构型模块飞行器气动弹性设计要求与非层流飞行器气动弹性设计的一般要求基本相同。多构型模块飞行器所遇到的气动弹性问题基本上与非层流飞行器的气动弹性问题相同。多构型模块飞行器自身的一些特点,使得在非层流飞行器上不显著的气动弹性问题凸现出来,如多构型模块飞行器普遍使用柔性蒙皮,则局部壁板颤振问题成为重点关注的方面。另外,多构型模块飞行器可在全马赫数范围内获得比较好的飞行性能,因此需考虑跨声速颤振问题。飞行过程中的变形会带来结构刚度、气动力的变化,由此带来结构和气动力的非线性颤振问题。随着新型功能/智能材料/结构的应用越来越广泛,由材料/结构非线性带来的非线性颤振问题必须得到重视。多构型模块飞行器与非层流飞行器相比,大部分的气动弹性问题是类似的,一些新的使用环境以及新结构/材料的应用也带来了新的气动弹性问题。从保证飞行器安全的角度来看,与非层流飞行器相比,气动弹性设计要求基本一致,只是在具体的设计中须考虑一些新的内容。

综上所述:对于多构型模块飞行器在强度设计过程中,要遵循载荷全面、内容完整、方法可靠以及流程规范的原则;对于多构型模块飞行器的强度总体要求可以采用规范中现有的规定;对于多构型模块飞行器特殊功能结构及特殊材料结构,应在现有规范规定的基础上,分类给出附加的强度设计要求,以保证结构安全性、维修性、可靠性等。

7.1.2 结构设计要求

飞行器结构设计一般要求如下:结构布置应满足总体布置和性能要求,做到安全可靠、可维护、重量轻、工艺性好、成本低;结构布置应简洁、传力路线短、综合利用,尽量参照其他已投入运营、成熟飞机的结构;结构布置应保证主要受力构件的连续性,防止剖面出现突变,避免受剪板出现硬点;避免结构件处于复杂受力状态或偏心产生附加的次应力;结构布置应使主要结构件易于接近及检查,容易产生裂纹等损伤的重要构件要设计成可检查、修理和更换的构件;结构设计应注意变形的一致性,非主要受力构件与主要受力构件相连时,应避免主要构件变形产生附加载荷撕坏了非主要受力构件;整机的结构布置应是合理、协调、完整的,包括不同部段或部件的结构布置和细节设计以及界面的协调;结构的变形不能妨碍舱门的打开、操纵面的运动,不能降低系统的可靠性及飞机的安全;应防止活动件、操纵面与固定结构发生摩擦;为便于安装、检查和舱内的密封,结构件的横剖面一般应为开剖面;为防止腐蚀,结构应设置排液孔,避免液体聚集,避免不同电位材料直接接触,金属与碳纤维复合材料连接处应铺设至少一层玻璃纤维以防止发生电化学腐蚀;应采用其他飞机上验证过的结构细节,或应有充分的试验证明其是可靠的,才能用于结构设计。

层流实验机结构研制的具体技术要求如下:结构应满足机载设备的安装和维护需求;结构应对人工遥控、数据遥控遥测、图像传输等无线电装置考虑电磁兼容性,避免相互干扰或性能下降;结构应满足机载系统的散热要求;结构应便于更换中央翼段;在满足系统设备安装要求的条件下,应具有较好的可达性,便于对相关系统进行检查和维护;机体结构与其他系统集成后,在不同油量状态下确保重心处于规定的范围内;主承力部件安全系数不小于1.5;结构应满足飞行试验的静强度和动强度要求,可承受 $-1g\sim2.5g$ 的法向静态过载;在限制载荷下,结构不得出现有害的永久变形,在极限载荷作用下结构不发生破坏;飞机结构在预期的飞行环境和给定的飞行包线范围内,不发生颤振、嗡鸣、发散、气动伺服弹性等气动弹性不稳定现象;各个操纵面可连续偏转,偏转角度满足设计要求;结构设计具有良好的工艺性;机体结构设计满足低成本要求;机体具备防化学腐蚀性能;保证大分段部件的完整性;机体结构便于运输拆装,中央翼结构设计应便于拆装更换;机体设计支撑点和吊点应便于托举、挂装和装配使用;机体应具有合理的维护口盖及设备舱盖;机体结构设计应有足够的设备、部件装配通道;阻力伞的设计应满足实验机减速度要求;机体上设计有阻力伞挂点,满足稳定减速的要求;光学吊舱结构设计需匹配两个相机窗口接口和相应的位置空间;尾流耙撑杆刚度、强度应满足尾流耙使用要求;中央翼(3 个)均需沿弦长方向打一系列测压孔,需满足设计要求;混合层流中央翼需沿展向方向打一系列孔,需满足相关设计要求;机翼上设计有照明装置;机体固定维护口盖缝隙不大于 1 mm;起落架舱门满足起落架功能要求,起落架舱门闭合缝隙不大于 2 mm,优先满足运动功能。

7.1.3　实验机结构简介

实验机为双机身布局,双机身之间为可更换的中央翼段,采用双自行车式起落架滑跑起降,外翼段左、右各布置 2 台涡喷发动机,共 4 台。机体结构主要由左机身、右机身、外翼、中央翼、平尾、垂尾、短舱吊挂等结构件组成。

机身结构:采用双机身结构,机身蒙皮划分为左蒙皮、右蒙皮、上蒙皮、下蒙皮、机头罩、尾罩等部分,机身布置有 13 个隔框,4 根欧米茄纵梁,还有头舱、前起落架舱、油箱舱、主起落架舱、后部设备舱、伞舱等。其中,油箱舱内采用硬质油箱设计,前起落架和主起落架舱门随起落架的收放实现关闭或打开。

外翼结构:采用双梁式布局,主翼段沿 $15\%c$ 附近布置机翼前梁,沿 $60\%c$ 附近布置机翼后梁,翼梁采用工形截面,前、后翼梁间布置 6 个翼肋。

中央翼-自然层流/非层流翼段、混合层流结构:采用三梁式布局,由梁、肋和蒙皮构成,翼梁和翼梁接头采用一体机加成型。

平尾结构:采用双梁式布局,翼梁采用 C 形截面,翼肋通过角片与梁腹板连接,翼梁上下缘条与蒙皮连接,前、后翼梁间布置 8 个翼肋,其中 6 个翼肋为 C 形截面,2 个翼肋为工形截面,工形截面肋用于连接平尾与垂尾接头,前梁布置 8 个前缘隔板,后梁布置 3 个舵面接头。

垂尾结构:采用双梁式布局,前梁沿 $15\%c$ 附近布置机翼前梁,沿 $45\%c$ 附近布置机翼后梁,翼梁采用 C 形截面,布置了 4 个前缘隔板,4 个盒段肋,3 个后缘隔板。

实验机的结构总体布置如图 7-1 所示。

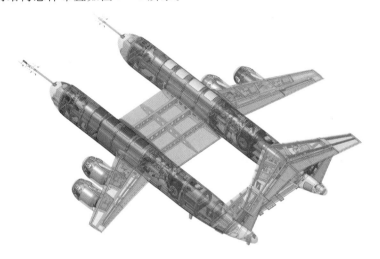

图 7-1　实验机结构总体布置图

注:见彩插第 29 页。

机体设计分离面划分如图 7-2 所示。

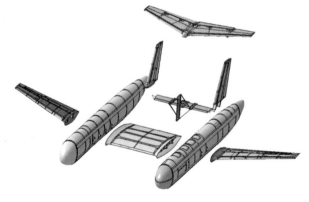

图 7-2　机体分离面划分示意图

注:见彩插第 29 页。

飞机在飞行过程中,主要承受气动载荷和发动机、起落架及内部其他装载及结构本身质量力所带来的惯性载荷。气动载荷通过蒙皮传递至全机骨架,机体结构、发动机、起落架和燃油等部件的惯性载荷通过接头直接作用在加强框或梁上,加强结构通过局部加强及支撑将载荷以剪流的形式传给蒙皮。机身蒙皮本身承受和传递全部扭矩,并将弯矩传给梁框。

飞机在降落和滑行过程中,起落架承受地面载荷,平衡机体结构、发动机、燃油等质量产生的惯性载荷。地面载荷通过前、主起落架传递至起落架接头,而后通过连接传至机身骨架与全机气动载荷和惯性载荷平衡。

机身机加框采用铝合金材料,4 根欧米茄纵梁、蒙皮采用层压板;前、主起落架舱布置铝合金机加框和纵梁来安装前、主起落架;设备舱布置地板以便于设备支架的安装;中央翼翼梁、肋采用铝合金机加成型,蒙皮采用金属蒙皮;外翼蒙皮采用碳纤维复合材料层合板结构;翼梁、翼肋、发动机挂架采用铝合金金属结构;起落架、发动机、机翼等集中载荷较大的连接接头均采用金属材料。主传力结构如图 7-3 所示。

图 7-3　主传力结构示意图

注:见彩插第 29 页。

7.1.4　模块可替换结构:中央翼-自然层流

中央翼-自然层流翼采用三梁式布局,由梁、肋、复材整流罩和蒙皮构成。翼梁和翼梁接头一体机加成型,整流罩和整流罩边条采用复材结构,翼肋和蒙皮采用铝合金结构。

前梁沿 $20\%c$ 附近布置机翼前梁,沿 $45\%c$ 附近布置机翼中梁,沿 $70\%c$ 附近布置机翼后梁,翼梁采用工形截面。平行气流方向布置 3 个翼肋。机翼段蒙皮分后缘蒙皮、上蒙皮、下蒙皮、上蒙皮整流罩左、下蒙皮整流罩左、上蒙皮整流罩右、下蒙皮整流罩右共 7 块。中央翼左、右机翼通过翼梁接头用螺栓固定,整流边条通过胶接固定,整流罩通过托板螺母固定在整流边条。中央翼蒙皮类零件包括上、下蒙皮,上蒙皮前缘与下蒙皮搭接位置设置下陷,实现上、下蒙皮搭接,从而实现机翼前缘无逆气流台阶。中央翼沿弦向布置测压孔,测压孔通过软管连接压力扫描阀。中央翼底层喷涂红外加热涂层(含电极)后,喷涂光学(Pressure Sensitive Paint,PSP)涂层(喷涂区域为任意区域,喷涂完毕后进行抛光处理)。中央翼-自然层流结构布局如图7-4所示。中央翼-非层流翼型结构布置与自然层流相类似,不再另行描述。

图7-4 中央翼结构布局示意

注:见彩插第29页。

中央翼前梁为工形截面梁,两端接头与翼梁本体为一体化结构,由铝合金机加成型,长1 160 mm,高144 mm,缘条宽40 mm,缘条厚度1.8 mm,腹板厚度1.5 mm。

中央翼中梁为工形截面梁,两端接头与翼梁本体为一体化结构,由铝合金机加成型,长1 160 mm,高167 mm,缘条宽40 mm,缘条厚度1.8 mm,腹板厚度1.5 mm。

中央翼后梁为工形截面梁,两端接头与翼梁本体为一体化结构,由铝合金机加成型,长1 160 mm,高142 mm,缘条宽40 mm,缘条厚度1.8 mm,腹板厚度1.5 mm。

中央翼梁结构如图7-5所示。

图7-5 中央翼梁结构图

中央翼肋为 C 形截面肋,缘条宽 28 mm,缘条厚度 1.5 mm,腹板厚度 1.5 mm,铝合金机加成型。翼肋通过腹板翻边或角片与梁腹板连接,翼肋上下缘条与蒙皮连接。翼肋结构如图 7-6 所示。

中央翼-自然层流蒙皮分为后缘蒙皮、上蒙皮、下蒙皮、上蒙皮整流罩左、下蒙皮整流罩左、上蒙皮整流罩右、下蒙皮整流罩右。中央翼-自然层流蒙皮如图 7-7 所示,测压孔位置如图 7-8 所示。

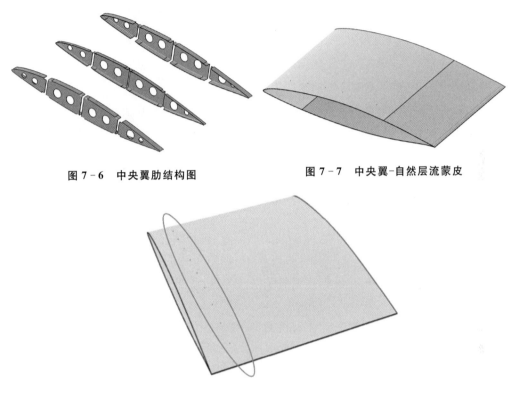

图 7-6　中央翼肋结构图　　　　　　图 7-7　中央翼-自然层流蒙皮

图 7-8　中央翼-自然层流蒙皮测压孔位置

7.1.5　模块可替换结构:中央翼-混合层流

中央翼-混合层流翼采用三梁式布局,由梁、肋和蒙皮构成。翼梁和翼梁接头一体机加成型,翼肋和蒙皮采用铝合金结构。翼梁采用工形截面,平行气流方向布置 3 个翼肋,前缘 3 个隔板;后缘 6 个隔板。蒙皮分前缘蒙皮、上蒙皮、下蒙皮共 3 块,上、下蒙皮在前梁缘条区域对接,通过胶栓与翼梁连接紧固。中央翼-混合层流结构如图 7-9 所示。

中央翼-混合层流翼梁包括前梁、中梁和后梁。翼梁结构如图 7-10 所示。

中央翼-混合层流前梁为工形截面梁,两端接头与翼梁本体为一体化结构,由铝合金机加成型,长 1 230 mm,高 154 mm,缘条宽 70 mm,缘条厚度 2 mm,腹板厚度 1.5 mm。

中央翼-混合层流中梁为工形截面梁,两端接头与翼梁本体为一体化结构,由铝合金机加成型,长 1 220 mm,高 1 175 mm,缘条宽 70 mm,缘条厚度 2 mm,腹板厚度 1.5 mm。

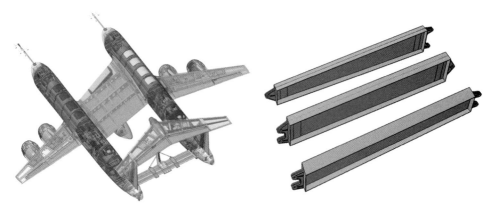

图 7-9　中央翼-混合层流结构图

注：见彩插第 29 页。

图 7-10　翼梁结构

中央翼-混合层流后梁为工字形截面梁，两端接头与翼梁本体为一体化结构，由铝合金机加成型，长 1 220 mm，高 135 mm，缘条宽 70 mm，缘条厚度 2 mm，腹板厚度 1.5 mm。

中央翼肋为 C 形截面，缘条宽 28 mm，缘条厚度 1.5 mm，腹板厚度 1.5 mm，铝合金机加成型。翼肋通过腹板翻边或角片与梁腹板连接，翼肋上下缘条与蒙皮连接。翼肋结构如图 7-11 所示。

混合层流试验段上翼面总计布置 17 个压力监测点，包括抽气腔左右两侧前缘的各 6 个顺弦向监测点（孔），以及试验段中后段与弦向成 30°夹角布置的 5 个监测点（孔）。监测点（孔）具体位置如图 7-12 所示。17 个压力监测点的开孔、预埋测压管及进入机身的方式同非层流翼型试验段。

图 7-11　中央翼-混合层流翼肋结构图

图 7-12　中央翼-混合层流
测压孔布置要求

7.1.6　模块可替换结构：机身-自然层流/非层流翼段

中央翼有 3 个翼型，要求可更换。为满足设计要求，将左机身与中央翼对接结构设计为与框一体机加成型件,右机身与自然层流翼后梁的对接接头设计为分体的形式。在自然层流和非层流翼型状态下可将 4♯框对接接头拆下。右机身分体接头通过螺栓与机身框连接。中央翼(自然层流、非层流翼型)前梁与机身 5♯框连接,中梁与机身 6♯框连接,后梁与机身7♯框连接。连接结构如图 7 - 13 所示。

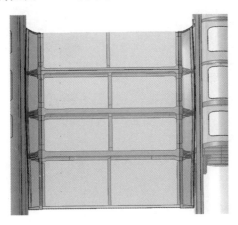

图 7 - 13　机身-自然层流/非层流翼型连接结构图

7.1.7　模块可替换结构:机身-混合层流翼段

对混合层流而言,为满足设计要求,将左机身与中央翼对接结构设计为与框一体机加成型件,右机身与混合翼前梁对接接头设计为分体的形式,在安装混合翼的状态下,可将右机身 7♯框接头拆下。右机身分体接头通过螺栓与机身框连接。混合翼前梁与左机身 5♯框连接,与右机身 4♯框连接,混合翼中梁与左机身 6♯框连接,与右机身 5♯框连接,混合翼前梁与左机身 7♯框连接,与右机身 6♯框连接。机身与混合层流翼对接如图 7 - 14 所示,左机身接头结构如图 7 - 15 所示,右机身接头结构如图 7 - 16 所示。

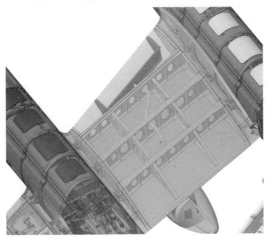

图 7 - 14　机身-混合翼对接示意

注:见彩插第 29 页。

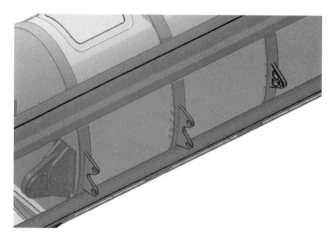

图 7 - 15　左机身接头结构示意

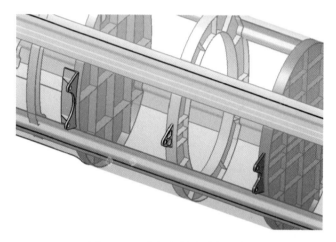

图 7 - 16　右机身接头结构示意

7.1.8　层流段微孔的结构设计

实验机混合层流前缘吸气蒙皮的材料为 304 不锈钢,需要加工吸气密孔。打孔加工的主要技术指标包括:

(1)在混合层流试验段上进行打孔(展向长度 0.45 m,弦向区域为下翼面前缘至 1.4%c,上翼面前缘至 12.0%c),打孔数量约 21 万个;

(2)孔径:(70±5)μm;

(3)孔间距:(700±5)μm;

(4)开孔区蒙皮厚度≥1.0 mm。

根据三维模型设计要求,开孔区域为不规则曲面,展开面积为 105 129.86 mm²,开孔数量为 214 550 个。根据三维数模由编程软件自动生成数控加工程序,由机床加工保证精度。加工零件及加工区域如图 7 - 17 所示。

图 7 - 17　打孔区域示意图

(a) 上蒙皮开孔区域；　(b) 下蒙皮开孔区域

考虑到工件的材质为 304 不锈钢，且孔径为 70 μm，属于微小孔径，综合考虑现有的打孔技术，对比一些传统的打孔方案，最终采用激光打孔的方法。激光打孔的原理是指激光经聚焦后作为高强度热源对材料进行加热，使激光作用区内材料融化或汽化继而蒸发，而形成孔洞的激光加工过程。针对打孔后孔径的测量，使用电子显微镜来完成。用显微镜分划板上的十字叉丝刻线垂线先后与孔像左、右两边的轮廓线相切，两次相切时读数之差即为孔径值。对模拟实验的结果进行测量，孔径的测量结果为 $(70\pm5)\mu$m，孔径的加工精度满足需求。检测结果如图 7 - 18 所示。

(a)

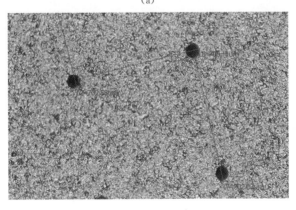

(b)

图 7 - 18　孔径检测结果

7.1.9 平尾及测试设备安装结构设计

层流实验机采用双机身布局,左右机身尾部中间通过两根方管和尾迹耙相连。尾迹耙主要承受尾迹耙自身重力、支撑及辅助张线支架带来的惯性载荷和空气产生的气动载荷,尾迹耙与周围结构连接的模型如图 7-19 所示,尾迹耙结构如图 7-20 所示。

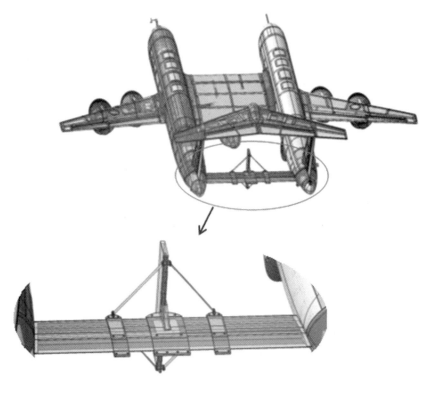

图 7-19 尾迹耙连接模型

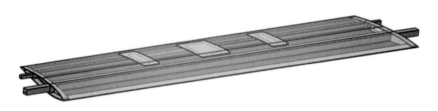

图 7-20 尾迹耙结构模型

平尾相机安装如图 7-21 所示,左前梁内侧与右前梁内侧通过角盒将左、右梁以及相机安装结构连接。平尾后梁分为左、右两部分,通过角盒与左、右两侧后梁缘条、腹板分别连接紧固,相机安装结构置于其中。平尾翼梁以及相机安装结构采用铝合金机加成型。光学相机安装在平尾对称面处,同时布置相应的减振措施。电路和光路管线在结构内部布置。

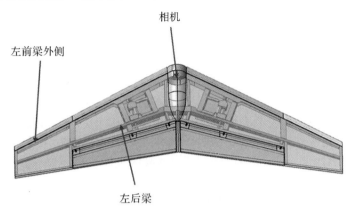

图 7 - 21　平尾相机位置示意

7.2　多模块可替换强度设计

7.2.1　强度设计要求

强度计算应充分考虑实验机在空中和地面可能遇到的各种载荷工况。强度设计要求如下：对于使用载荷和设计载荷，应力分析与试验应证明并未超过该材料的屈服应力和极限许用应力，应在整个设计温度谱范围内校核其屈服机械特性和极限机械特性；设计载荷由限制载荷乘以安全系数得到，结构必须能承受极限载荷不破坏；必须表明每一种临界受载情况下均符合强度和变形要求，只有在经验证是可靠的或经试验验证的分析方法才可用于结构分析表明结构的符合性；除非另有规定，所确定的空中载荷和地面载荷必须与计及实验机上每一项重量的惯性力相平衡，这些载荷的分布必须保守地近似或尽可能准确地反映真实情况；如果载荷作用下的结构变形会显著改变外载荷或内力的分布，那么这种载荷分布变化必须加以考虑；有限元计算结果应与结构实际传力路径一致，对于传力复杂部位和主要连接部位应建立细节有限元实验机模型进行计算校核。

7.2.2　强度设计流程

采用有限元方法进行应力、应变、变形等计算是现代飞机强度设计的重要方法，也是强度校核和细节分析计算的基础。在有限元建模分析过程中，应保证结构模型简化合理、单元刚度数据准确，单元连接、载荷施加、边界约束、模型装配等符合结构传力特性。

在具体的强度分析中，可采用全机→部件→细节的层次化有限元分析步骤，保证层次清晰，结果可靠。应力计算的目的是获得结构在外载荷和环境作用下的内力、应力、应变以及变形，计算结果除用于强度校核外，也是耐久性/损伤容限分析的基础。飞机结构应力计算工作分为总体应力计算、局部应力计算或细节应力计算。在方案设计阶段，开展总体应力计算，评估结构总体强度是否满足设计要求。总体应力计算以全机结构或部件为对象，主要采用有限元方法，建立全机结构或部件有限元模型，施加严重载荷工况的载荷，在合理的边界约束条件下进行计算。在详细设计阶段,以总体应力计算模型和结果为基础,开展局部/细节结构的应力分析。局部/细节应力分析主要针对几何构型复杂或应力分布/梯度变化较大的结构件或部位,建立细节模型并细化网格,将总体应力计算得到的位移或内力作为边界约束条件,进行两次计算,确定更加详细、真实的应力、应变状态,用于强度分析计算、疲劳分析和损伤容限分析。

结构应力计算应遵循如下基本原则:所采用的计算方法和软件必须经过测试和鉴定;位移及分布要满足结构刚度控制要求,应力及分布要满足结构强度控制要求;当边界条件(如边界的支持刚度)不能可靠确定时,应适当增加过渡区来模拟实际边界的支持状态,但过渡区的结果在后续强度校核中不得引用;施加的载荷必须能够模拟真实载荷的作用特征,包括作用点、量值和分布;约束反力必须与结构外载荷构成平衡力系,保证解的唯一性和防止改变外载荷在结构内部的传递;对于承受自身平衡力系的自由体结构,位移约束可优选确定,但必须限制刚体的 6 个自由度(静定的)。工程方法强度计算的工作基本流程如图 7-22 所示,有限元方法强度计算工作基本流程如图 7-23 所示。

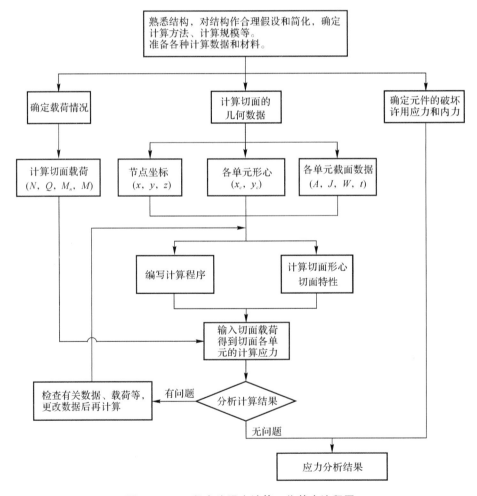

图 7-22　工程方法强度计算工作基本流程图

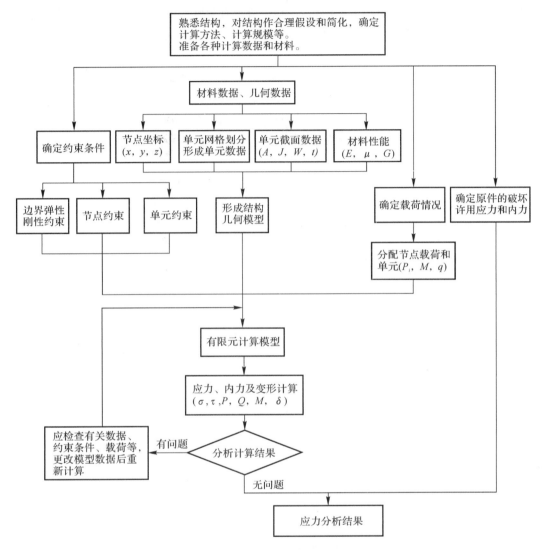

图 7 - 23 有限元方法强度计算工作基本流程图

稳定性计算同样必须符合静强度设计总要求,即结构必须能够承受限制载荷而无有害的永久变形,能够承受极限载荷而不破坏。对于薄壁组合结构,其弹性失稳应力一般较低,应保证结构的弹性失稳符合疲劳设计要求。具体的稳定性工程分析方法可参照《飞机设计手册 第九册》(航空工业出版社,2001 年)、《结构稳定性手册》、《实用飞机结构应力分析与尺寸设计》等相关章节内容。对于边界或载荷较为复杂或者工程分析手册中无对应的稳定性分析方法时,可采用建立有限元模型的方法进行线弹性或非线性屈曲分析。

强度计算是对结构的静强度或刚度进行评价,给出满足设计要求的程度。强度计算结论以安全裕度表示。结构强度计算应遵循如下基本原则:选择相应的失效模式、失效判据进行计算;影响飞行安全的主承力结构件、功能结构件、结构细节都必须进行强度计算;对非主要承力结构件可分类计算其受载严重的典型结构;结构件的强度计算必须包含其承受的临界载荷情况和所有载荷情况下的不同失效模式;对于有特殊系数要求的结构项目,强度计算时应选取其合理的数值;材料性能许用值的选取应符合相应规定;对于不满足强度要求的结构项目,必须指明并提出相应的结构设计改进建议。

强度计算时:对于杆单元,进行拉伸/压缩校核;对于梁单元,进行拉伸/压缩、剪切、弯曲以及综合应力计算;对于板单元,进行拉伸/压缩、剪切以及综合应力计算;对于连接件,根据受力情况进行拉伸、剪切、弯曲以及综合受力计算;对孔进行挤压和剪切计算。稳定性计算应包括蒙皮/腹板弹性失稳计算、桁条局部失稳计算、钉间失稳计算、壁板失稳破坏计算等,给出稳定性分析结果。

针对层流机翼双体实验机结构强度设计机体刚度提出以下要求:

(1)使用载荷下,机翼翼尖挠度不超过3%(翼尖变形量/全机半展长);

(2)巡航载荷下,机翼翼尖扭转角变化不超过2°。

7.2.3 强度设计分析

本节主要从强度校核方法和有限元模型的建立进行叙述,基于全机有限元模型应力分析结果和强度计算方法,即可对机体结构强度进行设计。

7.2.3.1 安全裕度

安全裕度的表达方式如下:

$$安全裕度 = \frac{许用载荷}{工作载荷} - 1$$

式中:许用载荷为对应于某种失效模式的结构失效临界载荷/应力/应变;工作载荷为结构承受的极限载荷或在该载荷下产生的应力/应变。

7.2.3.2 复合材料结构设计值

设计值应根据所设计具体结构的完整性要求(强度、刚度、耐久性和损伤容限),在已有许用值、代表结构典型特征(试样、元件和结构细节件)的试验结果及设计和使用经验的基础上制定设计值,并通过组合件、部件试验验证设计值是否满足强度要求。由于设计值与材料、工艺和结构特征密切相关,因此设计值的建立基于大量的试样、元件和结构细节件试验。参考《复合材料结构设计手册》(航空工业出版社,2001年版)提供的部分飞机结构的设计许用应变,并借鉴国外设计资料制定了层流实验机碳纤维复合材料层板的初步设计值:

许用拉伸应变 $\varepsilon_{\text{Tension Allowable}}$:5 000 $\mu m/m$;

许用压缩应变 $\varepsilon_{\text{Compression Allowable}}$:-4 000 $\mu m/m$;

许用剪切应变 $\gamma_{\text{Shear Allowable}}$:6 000 $\mu m/m$;

挤压许用强度:400 MPa;

拉脱许用强度(层间剪切强度):90 MPa。

7.2.3.3 金属材料失效

金属材料失效采用第四强度理论,即结构的 Von Mises 应力超过了材料拉伸强度极限 F_{tu} 就认为结构破坏。

7.2.3.4　复合材料失效

复合材料失效准则通常分为首层失效准则和逐层失效准则,在工程校核中通常使用首层失效准则,即层合板最先一层失效就认为整个层合板失效,首层失效可以计算得比较准确,能满足工程强度校核要求。层流实验机计算采用最大应变准则作为失效判据,最大应变准则如下:

$$\varepsilon_{\text{Max Principal 2D}} < \varepsilon_{\text{Tension Allowable}}$$

$$\varepsilon_{\text{Min Principal 2D}} > \varepsilon_{\text{Compression Allowable}}$$

$$\gamma_{\text{Max Shear 2D}} < \gamma_{\text{Shear Allowable}}$$

式中:$\varepsilon_{\text{Max Principal 2D}}$ 为最大工件主应变; $\varepsilon_{\text{Min Principal 2D}}$ 为最小工作主应变; $\gamma_{\text{Max Shear 2D}}$ 为最大工作剪应变。

应变许用包线如图 7-24 所示。

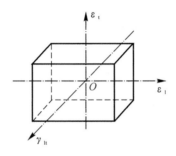

图 7-24　应变包线

也就是说,复材结构任一拉、压、剪应变超出设计值就认为结构破坏。

7.2.3.5　连接结构失效

1. 接头耳片连接

实验机各设计分离面、各舵面悬挂和作动连接主要采用耳片结构形式连接,校核此种连接时考虑 1.15 的接头系数,采用《飞机设计手册　第九册》(航空工业出版社,2001 年)的校核方法,对耳片分别进行轴向载荷分析、横向载荷分析后进行斜向载荷分析,分析情况包括极限载荷和限制载荷,对耳片的连接螺栓进行剪切失效和弯曲失效的分析。轴向载荷作用下失效形式如图 7-25 所示,横向载荷作用下失效形式如图 7-26 所示,螺栓受载形式如图 7-27 所示。

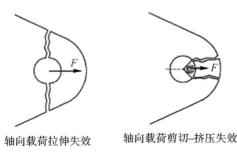

轴向载荷拉伸失效　　　　轴向载荷剪切-挤压失效

图 7-25　耳片在轴向载荷作用下的失效形式

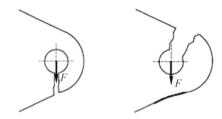

横向载荷剪切失效　　横向载荷挤压–拉伸失效

图 7 - 26　耳片在横向载荷作用下的失效形式

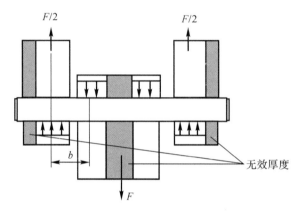

图 7 - 27　螺栓受载形式

2. 结构件连接

机身蒙皮与机身框、机翼尾翼蒙皮与翼梁和翼肋等结构的连接采用胶铆连接方式,在连接分析时不考虑胶接的影响,全部载荷由紧固件承受,这样是保守的。结构件连接失效形式主要有紧固件剪切破坏和结构件孔挤压破坏,如图 7 - 28 所示。

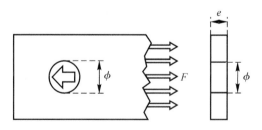

图 7 - 28　紧固件剪切破坏

安全裕度:

$$\text{安全裕度} = \frac{\tau_{Fs}}{\dfrac{4F}{\pi \cdot \phi^2}} \tag{7.1}$$

式中:τ_{Fs} 为紧固件许用剪切应力;F 为挤压载荷;ϕ 为紧固件直径。

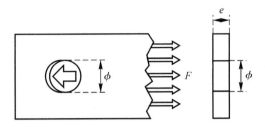

图 7 - 29 结构件孔挤压破坏

安全裕度:

$$安全裕度 = \frac{F_{bru}}{\dfrac{F}{\phi \cdot e}} \tag{7.2}$$

式中: F_{bru} 为材料许用挤压应力; F 为挤压载荷; ϕ 为紧固件直径; e 为连接板厚度。

7.2.3.6 结构稳定性

实验机除中央翼外其他部件蒙皮均为复合材料结构,复合材料层合板构件承受压缩、剪切、弯曲、扭转和侧向压缩载荷时可能丧失稳定性,甚至引起破坏,在设计中应对其稳定性进行分析计算。工程上层合板通常为层数较多的对称铺层板壳,采用正交各向异性板壳理论求解屈曲载荷。

(1)四边简支正交各向异性矩形平板的轴压屈曲:

$$N_{x,cr} = \frac{\pi^2 D_{22}}{b^2} \left[\frac{D_{11}}{D_{22}} \left(\frac{b}{a} \right)^2 m^2 + 2 \left(\frac{D_{12} + 2D_{66}}{D_{22}} \right) + \left(\frac{a}{b} \right)^2 \frac{1}{m^2} \right] \tag{7.3}$$

式中: $N_{x,cr}$ 为单位长度上轴压屈曲载荷; m 为沿板的 x 轴方向屈曲半波数; D_{11}、D_{12}、D_{22}、D_{66} 为板的弯曲刚度系数。

计算时,需取 $m=1,2,3,\cdots$,计算相应的一组 N_x,其中最小的 N_x 即为此板的临界屈曲载荷。四边简支正交各向异性矩形平板的轴压屈曲如图 7 - 30 所示。

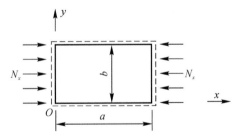

图 7 - 30 轴压作用下四边简支矩形平板

(2)四边简支正交各向异性矩形平板的剪切屈曲:

$$N_{xy,cr} = K_s \frac{\pi^2 \cdot \sqrt[4]{D_{11} D_{22}^3}}{b^2} \tag{7.4}$$

式中: $N_{xy,cr}$ 为单位长度上剪切屈曲载荷; K_s 为剪切屈曲系数, K_s 可以按无量纲参数 α、β 从 7 - 31 图中查取; D_{11}、D_{22} 为板的弯曲刚度系数。

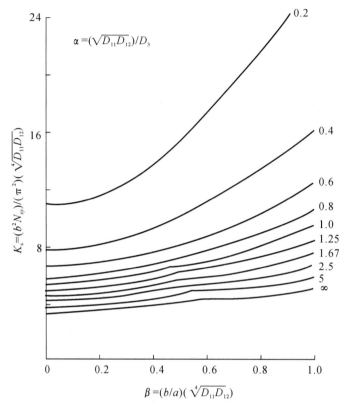

图 7 - 31　四边简支板的剪切屈曲系数

图 7 - 31 中，$\alpha = \dfrac{\sqrt{D_{11}K_{12}}}{D_{12} + 2D_{66}}$，$\beta = \left(\dfrac{b}{a}\right)\sqrt[4]{D_{11}/D_{12}}$。

(3)四边简支正交各向异性矩形平板的剪切屈曲如图 7 - 32 所示。

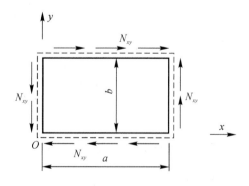

图 7 - 32　剪切载荷作用下的四边简支矩形平板

(4)四边简支正交各向异性矩形平板的压、剪联合屈曲：

$$R_x + R_{xy}^2 = 1$$

式中：

$$R_x = \frac{N_x}{N_{x,cr}}, \quad R_{xy} = \frac{N_{xy}}{N_{xy,cr}} \tag{7.5}$$

安全裕度：

$$安全裕度 = \frac{2}{R_x + \sqrt{R_x^2 + 4R_{xy}^2}} - 1 \tag{7.6}$$

7.2.3.7　有限元简化方法

层流双体实验机全机有限元模型简化：

机翼、尾翼结构包含蒙皮、梁、肋，使用 SHELL(QUAD4、TRIA3)单元建模；机身结构包含蒙皮、框、底板、桁条，使用 SHELL(QUAD4、TRIA3)单元建模；机翼与机身连接采用刚体(RBE2)单元，约束平动自由度；尾翼与后机身的连接采用刚体(RBE2)单元，约束平动自由度；襟翼、副翼、升降舵和升降舵与机翼和安定面的连接采用刚体(RBE2)单元，约束平动自由度；外翼、中央翼整流罩与机身蒙皮连接采用(RBE2)单元；尾流耙梁采用 BEAM(CBEAM)单元建模；舵面作动杆使用(RBE2)单元建模；飞机内部质量点使用刚体(RBE3)单元与机体结构相连。

有限元模型材料：模型中复合材料的 SHELL 单元用 MAT8 材料卡；模型中金属材料与泡沫材料用 MAT1 材料卡。

有限元模型属性：复合材料的 SHELL 单元用 PCOMP 属性卡；金属材料的 SHELL 单元用 PSHELL 属性卡；泡沫材料的 SHELL 单元用 PSOLID 属性卡。

7.2.3.8　全机有限元模型

机身结构包括蒙皮、纵梁、隔框、接头、设备底板。

机身蒙皮中机头罩与尾罩使用 1 mm 的玻璃纤维编织布预浸料，中段蒙皮使用 1.75 mm 的碳纤维单向带预浸料，等效模量 $E_{11}=77\,900$ MPa，$E_{22}=58\,200$ MPa，泊松比 $\upsilon=0.19$。机身左、右各 11 个隔框，每个机身布置 4 个纵梁，由 20 层碳纤维单向带铺贴而成，总厚度 2.5 mm，等效模量 $E_{11}=74\,300$ MPa，$E_{22}=60\,600$ MPa，泊松比 $\upsilon=0.19$。

外翼结构分为固定翼、襟翼、副翼。固定翼结构由蒙皮、梁、普通肋和发动机安装肋及整流罩构成。固定翼蒙皮由碳纤维单向带铺贴而成，分 3 种厚度：翼尖至外发厚度为 1.25 mm，等效模量 $E_{11}=75\,700$ MPa，$E_{22}=49\,000$ MPa，泊松比 $\upsilon=0.30$；外发至内发厚度为 1.75 mm，等效模量 $E_{11}=77\,900$ MPa，$E_{22}=58\,200$ MPa，泊松比 $\upsilon=0.19$；内发至翼跟厚度为 2.5 mm，等效模量 $E_{11}=74\,300$ MPa，$E_{22}=60\,600$ MPa，泊松比 $\upsilon=0.19$。

中央翼由蒙皮、梁、肋、中央翼-机身连接接头及整流罩构成。尾翼结构由垂尾、平尾及尾流耙安装结构组成。垂尾结构由水平安定面蒙皮，前、后梁、肋及方向舵组成。方向舵包含蒙皮、端肋、转轴及填充泡沫。平尾结构由水平安定面蒙皮，前、后梁，肋及升降舵组成。升降舵包含蒙皮、端肋、转轴及填充泡沫。

实验机全机有限元模型如图 7-33 所示。全机模型中共 155 136 个节点，188 607 个单元。

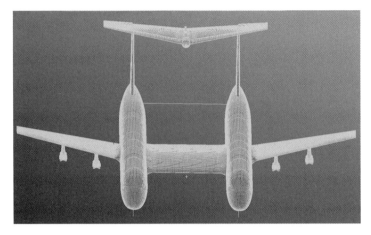

图 7 - 33　全机有限元模型

注:见彩插第 29 页。

7.2.3.9　强度分析结论

通过对层流机翼双体实验机强度计算,校核了在气动载荷、地面载荷工况作用下的复材结构与金属结构的材料强度、结构稳定性以及连接强度,分析结果表明,层流机翼双体实验机结构强度和刚度满足设计要求。

7.2.4　层流段强度分析

基于全机有限元模型的计算结果,得到层流段结构最大 Von Mises 应力云图和最大剪流云图,如图 7 - 34、图 7 - 35 所示。

图 7 - 34　层流段结构最大 Von Mises 应力云图

注:见彩插第 30 页。

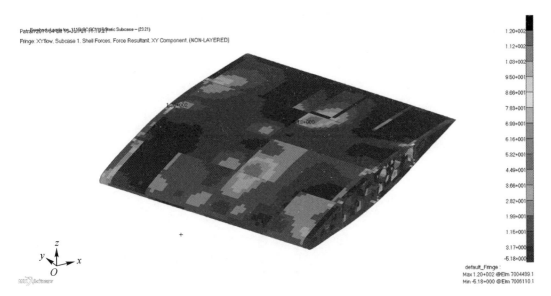

图 7 - 35　层流段结构最大剪流云图

注:见彩插第 30 页。

层流段结构蒙皮与翼梁采用直径 4 mm 牌号 HB8001 - 6 的铝合金 120°沉头抽芯铆钉,单剪破坏剪力为 3 433 N。中央翼蒙皮的最大剪流为 139 N/mm,最大剪力:

$$Q = FL = (120 \times 24)\text{N} = 2\ 880\ \text{N} \tag{7.7}$$

铆钉剪切破坏安全裕度:

$$\text{安全裕度} = \frac{Q_{\text{cr}}}{Q} - 1 = \frac{3\ 433}{2\ 880} - 1 = 0.19 \tag{7.8}$$

蒙皮孔挤压安全裕度:

$$\text{安全裕度} = \frac{F_{\text{bru}}}{\dfrac{Q}{Dt}} - 1 = \frac{970}{\dfrac{2\ 880}{4 \times 2}} - 1 = 1.69 \tag{7.9}$$

翼梁孔挤压安全裕度:

$$\text{安全裕度} = \frac{F_{\text{bru}}}{\dfrac{Q}{Dt}} - 1 = \frac{970}{\dfrac{2\ 880}{4 \times 2}} - 1 = 1.69 \tag{7.10}$$

经强度计算,层流段强度有一定安全裕度,在限制载荷作用下结构不失稳。

7.2.5　平尾测试段强度分析

平尾测试段结构主要由上、下蒙皮,左、右端肋,前、后梁方管和左、右端部方管接头组成。尾迹耙安装结构有限元模型如图 7 - 36 所示。

经计算,尾迹耙安装结构的位移如图 7-37 所示,结构应力如图 7-38 所示。

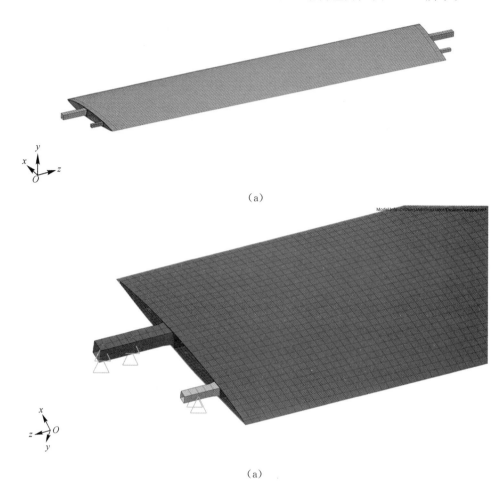

（a）

（a）

图 7-36　尾迹耙安装结构有限元模型

注:见彩插第 30 页。

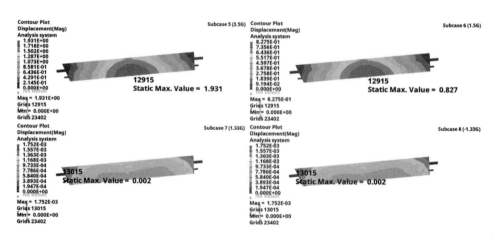

图 7-37　尾迹耙安装结构位移云图

注:见彩插第 31 页。

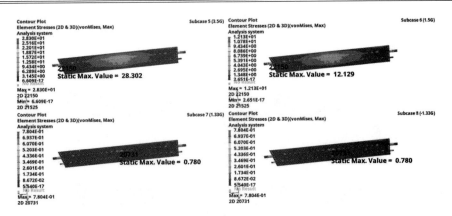

图 7-38　尾迹耙安装结构应力云图

注:见彩插第 31 页。

由图 7-37 和图 7-38 可知:尾迹耙安装结构的最大位移出现在中间位置,最大位移为 1.931 mm;最大应力出现在方管接头根部位置,最大 Von Mises 应力为 28.302 MPa。

尾迹耙安装复合材料结构的最大拉伸应变、最小压缩应变、最大剪切应变如图 7-39～图 7-41 所示。

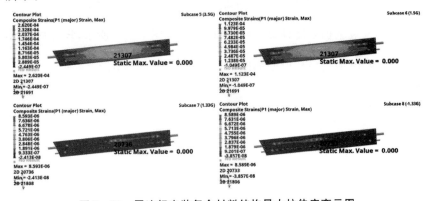

图 7-39　尾迹耙安装复合材料结构最大拉伸应变云图

注:见彩插第 31 页。

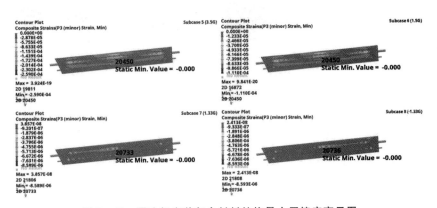

图 7-40　尾迹耙安装复合材料结构最小压缩应变云图

注:见彩插第 32 页。

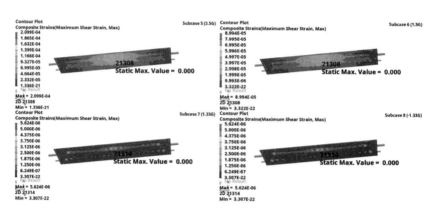

图 7 - 41　尾迹耙安装复合材料结构最大剪切应变云图

注:见彩插第 32 页。

通过对层流实验机的尾迹耙安装结构强度校核,计算结果表明:尾迹耙安装结构强度、刚度均满足要求,尾迹耙安装结构与机身连接结构的强度也满足要求。

经过平尾相机安装结构强度计算,金属结构应力如图 7 - 42 所示,复合材料结构最大拉伸应变、最小压缩应变、最大剪切应变如图 7 - 43～图 7 - 45 所示。

图 7 - 42　平尾金属结构最大 Von Mises 应力云图

注:见彩插第 32 页。

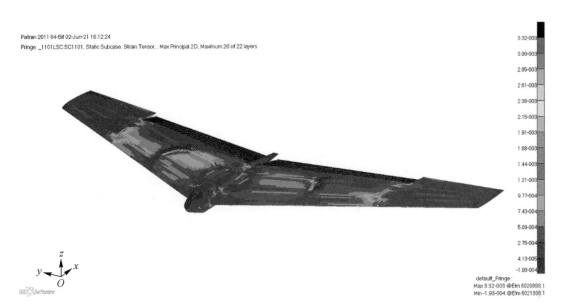

图 7 - 43　平尾复合材料结构最大拉伸应变云图

注:见彩插第 33 页。

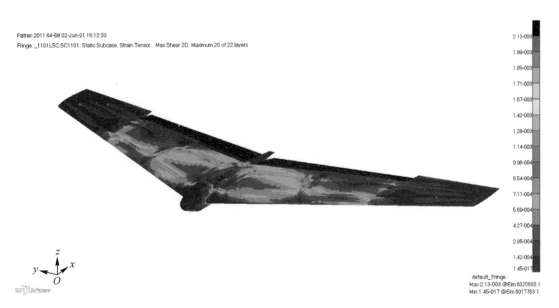

图 7 - 44　平尾复合材料结构最小压缩应变云图

注:见彩插第 33 页。

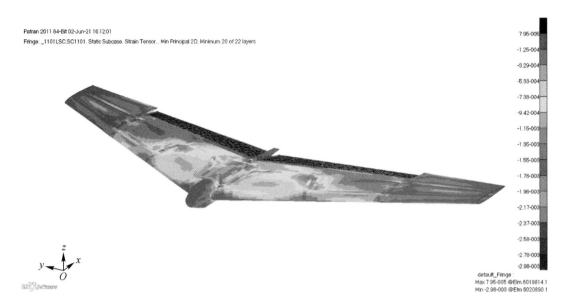

图 7-45 平尾复合材料结构最大剪切应变云图

注:见彩插第 33 页。

平尾蒙皮与翼梁采用直径 4 mm 牌号 HB8001-6 的铝合金 120°沉头抽芯铆钉,单剪破坏剪力为 3 433 N。平尾蒙皮的最大剪流为 65 N/mm,最大剪力:

$$Q = fL = (65 \times 24)\ \mathrm{V} = 1\ 560\ \mathrm{N} \tag{7.11}$$

铆钉剪切破坏安全裕度:

$$安全裕度 = \frac{Q_{\mathrm{cr}}}{Q} - 1 = \frac{3\ 433}{1\ 560} - 1 = 1.20 \tag{7.12}$$

蒙皮孔挤压安全裕度:

$$安全裕度 = \frac{F_{\mathrm{bru}}}{\dfrac{Q}{Dt}} - 1 = \frac{400}{\dfrac{1\ 560}{4 \times 1.25}} - 1 = 0.28 \tag{7.13}$$

翼梁孔挤压安全裕度:

$$安全裕度 = \frac{F_{\mathrm{bru}}}{\dfrac{Q}{Dt}} - 1 = \frac{970}{\dfrac{1\ 560}{4 \times 1.5}} - 1 = 2.73 \tag{7.14}$$

计算结果表明,平尾相机安装结构强度、刚度均满足要求,相机安装结构与平尾连接结构的强度也满足要求。在限制载荷作用下,平尾壁板不失稳,对满足相机测量要求是有利的。

参 考 文 献

[1] 沈真. 复合材料结构设计手册[M]. 北京：航空工业出版社，2001.

[2] 《飞机设计手册》编委会. 飞机设计手册：第九册[M]. 北京：航空工业出版社，2001.

[3] 崔德刚. 结构稳定性设计手册[M]. 北京：航空工业出版社，1996.

[4] 牛春匀. 实用飞机结构应力分析及尺寸设计[M]. 北京：航空工业出版社，2009.

[5] 《飞机设计手册》编委会. 飞机设计手册：第10册[M]. 北京：航空工业出版社，2001.

[6] CMH-17协调委员会. 复合材料设计手册[M]. 上海：上海交通大学出版社，2016.

第8章 层流专用双体实验机
——系统设计

层流实验机作为层流相关试验的任务平台,系统设计既要实现预定的飞行能力和保证足够的飞行安全,也要充分考虑其独有的使命和任务。现依据层流实验机的试验目标、验证方法、试验手段、飞行特点、综合保障等特点,设计了具有自身特点的系统组织和架构。本章节将详细地介绍层流实验机系统组成和具体实现形式。

8.1 系统架构设计

层流实验机系统部分主要包括层流测试系统、无人飞行平台常规机载系统和数据链路与地面站系统,具体如图8-1所示。其中,层流测试系统用于飞行试验阶段完成对验证段的层流特性测试及信息采集,常规机载系统和数据链路与地面站系统是保证实验机能够正常飞行并试验的有机组成部分。层流实验机的系统配置充分考虑了任务有效性、可靠性、经济性和环境适应性等需求。

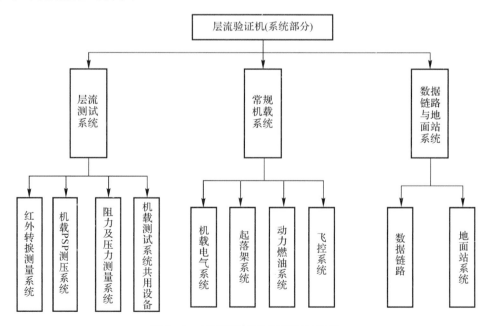

图8-1 层流实验机(系统部分)构成

8.2　层流测试系统

层流测试系统主要包括红外转捩测量、压力敏感漆测量、阻力测量以及共用设备 4 个子系统,可实现飞行试验中中央试验段的上表面压力分布、转捩位置测量,同时获得测试翼段的型阻。

如图 8-2 所示,机载测试系统布置在平尾中部的光学吊舱以及机身尾部,其中:红外转捩测量子系统位于光学测量吊舱中,包括红外相机和表面加热涂层,观测目标为测试翼段上表面;PSP 测压子系统位于光学测量吊舱中,包括光源和光学相机;阻力测量子系统布置在机身后体纵向对称面,包括尾迹耙和压力扫描阀。

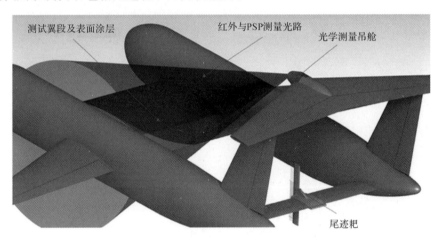

图 8-2　机载层流测试系统整体示意图

注:见彩插第 34 页。

8.2.1　红外转捩测量系统

针对实验机飞行条件,确定红外转捩测量系统设计要求,优化设计红外转捩测量系统光路布局,给出测试段机翼表面加热系统设计输入条件,完成红外转捩测量系统吊舱设计与研制。

在系统设计中充分考虑了实验机的典型飞行条件,即高度 7~10 km,大气温度为 220~240 K,飞行马赫数 0.5~0.8。在此条件下,要求转捩位置测量精度小于 3%c。根据使用环境以及测试目标,对红外转捩测量系统提出了如下要求:

(1)测试段机翼表面必须提供热源加热,使其湍流区表面温度可在测试过程中维持在273 K 左右,加热到达目标温度时间不超过 5 min;

(2)测量系统选用长波红外相机模块,波长范围包含但不限于 8~12 μm;

(3)红外相机温度灵敏度优于 50 mK;

(4)目标视场大小 1 500 像素×1 500 像素,分辨率不低于 640 像素×480 像素;

(5)红外相机观测角不应超过 80°。

实验机采用 π 尾翼,在总体布局设计小节,红外观测角的要求已经得到了落实。

下面对试验段表面加热技术进行预估。以大气高度 7 000 m 为例,当地温度 T_∞ 约等于 $-30℃$,此时大气换热参数为:

定压热容系数 $C_p = 1005.8(J/kg℃)$;

动力黏性系数 $\mu = 15.69 \times 10-6(kg/sm)$;

空气导热率 $k = 0.021\ 68(W/m \cdot ℃)$。

对流传热公式如下:

$$Q = (T_W - T_\infty) \cdot A \cdot \bar{h} \tag{8.1}$$

式中:$\bar{h}$ 为平均对流换热系数;A 为模型表面积,T_W 为模型表面温度;T_∞ 为气流静温。其中,T_W 初步设计为 $0℃$,中央试验段上表面面积估算值 $A = 1.2 \times 0.8 = 0.96\ m^2$。

利用 Blasius 解进行层流边界层对流换热估算,积分得到平均对流换热系数:

$$\bar{h} = 2 \frac{k}{c} \sqrt{Re_c} \frac{d\theta(0)}{d\eta} \tag{8.2}$$

式中:空气导热率 $k = 0.02\ 168[W/(m \cdot ℃)]$,弦长 $c = 1\ m$,$Re_c = 10^7$。$\frac{d\theta(0)}{d\eta}$ 与 Pr 相关,根据边界层理论,指定 $Pr = 1$,查表得 $\frac{d\theta(0)}{d\eta} = 0.332$,计算得到 $\bar{h} = 45.5[W/(m^2 \cdot ℃)]$。

将各参数代入式(8.1),得到换热量为 $Q = 1\ 175\ W$,加热功率需求约 $1.2\ kW$。

蒙皮材料按照铝进行估算,厚度 3 mm,蒙皮体积 $0.002\ 88\ m^3$,重量 7.776 kg,铝的比热是 $0.88 \times 10^3(J/kg℃)$,提高 30 K 所需的能量为 205 kJ。

直接估算加热时间预计为 170 s,保守估计加热时间 200 s。

不同高度下测试段翼面加热估算功率见表 8-1。

表 8-1 测试段翼面加热涂层功率以及加热时间估算

大气高度	大气温度	加热温度	估算功率	加热时间
5 km	256 K	273 K	0.6 kW	200 s
7 km	243 K	273 K	1.2 kW	200 s
10 km	223 K	273 K	2.0 kW	200 s

以往的表面加热方式主要是电加热丝/薄膜以及辐射加热,但是电加热丝/薄膜的加热均匀性以及辐射加热的效率都存在不足之处。相比之下,导电涂层具有良好的导电特性,可实现表面的均匀加热。因此,决定使用导电涂层对蒙皮进行电加热。

导电涂层制备工艺如下:

(1)首先在蒙皮表面喷涂一层绝缘涂层,选用 3M 三防漆作为绝缘涂层,该涂料具有耐高低温、耐腐蚀、绝缘性好等优点,喷涂厚度为 20 μm。

(2)在绝缘层上,测量目标区域两侧粘贴铜箔导电片,分别从展向两侧引至机身内部,用于连接电源。

(3)在被测区内喷涂碳纳米管(CNT)涂层,涂层覆盖铜箔,烘干。

（4）最终测量涂层两端电阻，地面测试，确认工作正常后，进行精细抛光，降低表面粗糙度，可进行转捩探测试验。初步估算，按照 50 μm 涂层总厚度，涂层面积 $1.2×0.8$ m^2（喷涂范围 $10\%c\sim80\%c$）进行估算，典型导电材料以及成膜后电阻值预估见表 8-2，不同功率、电阻下的电压需求如图 8-3 所示。

表 8-2　典型的导电材料性质

材料	电阻率/($\Omega \cdot$ mm^{-1})	应用预估电阻/Ω
导电银胶	$7.5×10^{-5}$	0.012 25
导电铜浆	0.0125	1.875
碳纳米管（CNT）	0.2	30
石墨导电胶	$0.01\sim0.1$	15

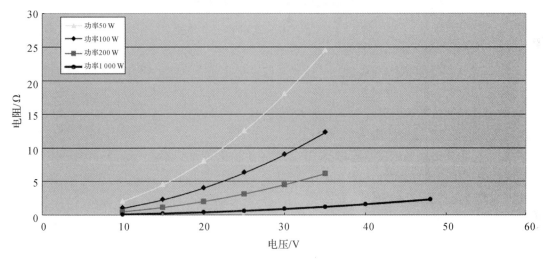

图 8-3　不同功率、电阻下的电压需求

注：见彩插第 34 页。

根据前述参数，采用导电铜浆涂层，电源的最高能量需求是 48 V-20 A，最高功率 1.2 kW，因此将按此参数选择机载电源。

红外测试设备包含红外相机、光学吊舱专用锗片、加热器电池组、功能涂层等，图像采集计算机等为共用设备，设备清单见表 8-3，红外相机如图 8-4 所示。

表 8-3　红外热像采集系统机载设备清单

序号	设备名称	外形尺寸	重量
1	红外相机（12 V，24 W）	35 mm×35 mm×35 mm	0.9 kg
2	光学吊舱锗片	直径 80 mm，厚度 10 mm	0.5 kg
3	加热器电池组	250 mm×565 mm×500 mm	20 kg
4	电加热涂层（最高功率 2 kW）	喷涂区域，宽度 0.8 m 总厚度 50 μm，表面抛光	

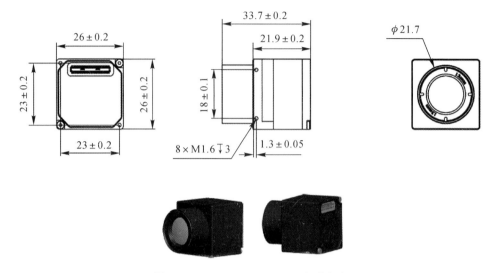

图 8 - 4　Xcore MicroⅢ 640T 红外相机

8.2.2　PSP 测压系统

针对常规测压孔诱发转捩等不利因素,结合红外相机系统吊舱布置 PSP 光学相机和光源,形成实验机飞行试验 PSP 测压系统。

根据使用环境以及测试目标,对 PSP 测量系统提出了如下要求:

(1)测试环境温度为 220~240 K;

(2)测量面积为 1.2 m×0.8 m;

(3)压力测量结果与扫描阀对比统计偏差不超过 1%。

压力敏感涂料测压技术是一种非接触式光学测量技术。将荧光探针与合适的黏合剂、溶剂互溶,制成涂料,随后喷涂于模型表面,待完全干燥固化后即形成了具备压力敏感特性的特殊涂层。使用指定波长的光源照射涂层、CCD 相机等光强检测设备拍摄荧光图像,荧光图像的亮暗变化即对应本地压力变化。通过后期数据处理,可以获得被测模型表面压力分布信息。

PSP 测压系统由涂层、激发光源、采集设备组成。涂层选用 ISSI Binary FIB 涂料进行制备,为 PtTFPP - FIB 类双分量稳态 PSP 涂料。双分量涂料在加入 PtTFPP 作为压力感受探针的同时,掺入了另一种感受温度的探针,两者混合均匀。PtTFPP 荧光为 650 nm 窄带,存于彩色 CCD 相机的红通道;参照探针荧光为 550 nm 宽带,大部分存在于绿通道。使用彩色相机进行捕捉,即可同时获得压力和温度信息,并对 PSP 温度效应进行校正。涂层压力灵敏度 0.7%/kPa。

光路布置完毕后需关闭激发光源采集暗图像,用以扣除背景光及暗电流影响。每个试验状态要采集对应无风状态图像记作和,并记录无风状态时压力和温度。

PSP 测试设备包含光学相机及镜头、UV 激光器、激光控制器、光缆、光学窗口等,图像采集计算机等为共用设备,设备清单见表 8 - 4,UV 激光器和光学相机如图 8 - 5、图 8 - 6 所示。

表 8 - 4　PSP 机载设备清单

序号	设备名称	外形尺寸	重量
1	光学相机(12 V,24 W)	86 mm×53.3 mm×33 mm	0.9 kg
2	镜头/滤镜(f＝12～24 mm)	ϕ31 mm×31 mm	0.1 kg
3	UV 激光器(48 V,200 W)	300 mm×150 mm×150mm	15 kg
4	激光控制器	160 mm×150 mm×60 mm	2 kg
5	激光导光光缆及光缆端头	直径 30 mm,长度 80 mm	1 kg
6	光学窗口	直径 50～80 mm,厚 10 mm	0.1kg

注:f 为焦距。

图 8 - 5　UV 连续激光器(405 nm)

图 8 - 6　光学相机

8.2.3　阻力及压力测量系统

针对层流机翼减阻特性验证需求,开展基于尾迹耙的层流实验机测试段机翼尾迹与阻力测量技术研究,形成实验机飞行试验阻力及压力测量系统。

尾迹耙的总压测点需要连接到常规测压系统进行测量,因此尾迹测量装置中,包含了尾迹耙以及压力测量系统。

阻力及压力测量系统的技术要求如下：

测压系统精度达到或优于量程 0.1%，量程 0~150 kPa(绝压)，测压点数至少 80 点。

尾迹耙总压点数量 81 个，4 个静压测点，如图 8-7 所示。

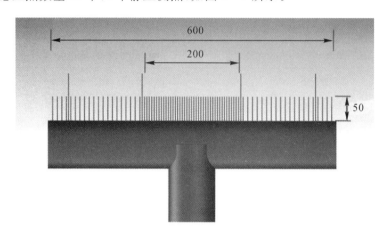

图 8-7　尾迹耙设计图

在双机身尾部安装翼型形状的整流横梁，横梁上有安装孔，用于定位和调整尾迹耙展向位置，整流能够辅助保护测压管路。采用航空铝合金加工尾迹耙主体，尾迹耙探针采用不锈钢毛细管，外径 1.6 mm，内径 1.2 mm。尾迹耙在实验机的安装效果图如图 8-8 所示，其中尾迹耙最底端不超处机身尾部范围，不存在起落过程中与地面碰触的风险。

图 8-8　尾迹耙安装效果图

采用国产化压力扫描阀，产品性能对标国外扫描阀，同时定制化的产品可在尺寸与质量方面进行优化，单个模块具有 16 通道，共使用 6 组模块。

扫描阀主要性能指标如下：

(1)单个设备重量：0.45 kg。

(2)测量精度：0.03%FS。

(3)工作温度(Kullite)：−55~120℃。

根据对压力扫描阀样机的初步检定结果,其测量精度符合技术指标,且具有尺寸小、重量轻等优点。阻力及测压系统设备清单见表 8-5。

表 8-5　阻力及测压系统机载设备清单

序号	设备名称	外形尺寸	重量
1	尾迹耙	100 mm×600 mm×16 mm	5 kg
2	压力扫描阀	339 mm×64 mm×30.5mm,共 6 组	3 kg

8.2.4　层流测试系统共用设备

机载测试系统共用设备主要技术指标:

工控机处理器:i5 以上。

内存:不低于 4 GB。

硬盘:固态硬盘,不低于 1 TB。

体积:无风扇紧凑型。

扩展能力:具有 PCIe 插槽,不低于 2 个。

供电电压:12~48 VDC。

电池组最大功率:不低于 500 W。

层流测试设备布置及设备工作关系如图 8-9~图 8-11 所示。

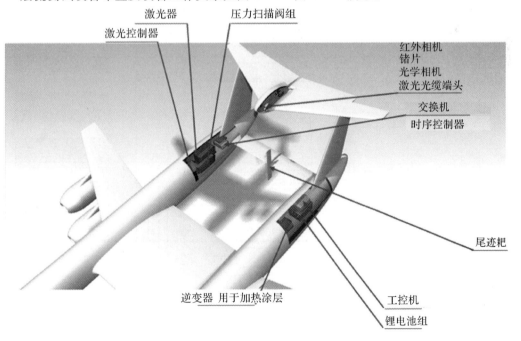

图 8-9　层流测试设备布置图

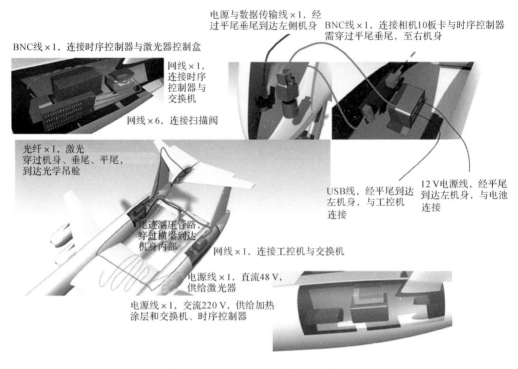

图 8 - 10　层流测试设备布置细节图

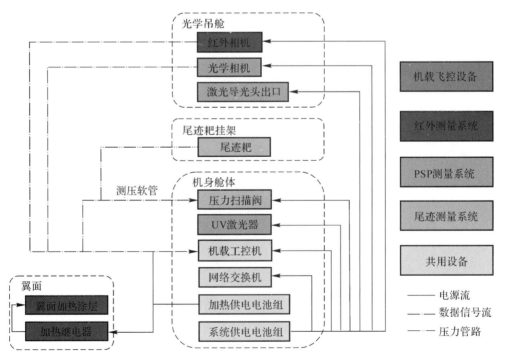

图 8 - 11　层流测试设备工作关系示意图

注:见彩插第34页。

8.3　常规机载系统

常规机载系统主要包括机载电气系统、起落架系统、动力燃油系统以及飞控系统,下面对其一一进行介绍。

8.3.1　机载电气系统

机载电气系统是实验机上产生、变换、控制保护、分配和传输电能的系统,其作用是向实验机上各常规机载系统用电设备提供所需的电能,以保证用电设备的正常工作,主要由供电系统、配电系统以及电气互联系统(简称 EWIS 系统)组成。

细心的读者可能已经发现,上述机载电气系统仅向常规机载系统供电,而未向层流测试系统设备供电。这是因为层流测试系统中的机载测试系统共用设备包含有多个电压的电池组,即层流测试系统"自成体系"。

8.3.1.1　供电系统

供电系统是实验机上产生或提供电能的装置或设备以及相应配套设备所构成的系统,主要由主电源系统、二次电源系统以及应急电源系统组成,具体如下:

(1)主电源系统:主要为 4 台发动机所自带的交流发电机,其输出为三相交流电,单台额定输出功率为 1 500 W。

(2)二次电源系统:主要为与发电机所对应的 4 套变压整流模块,即将发电机输出的三相交流电转变为稳定的 12 V DC、28 V DC 以及 56 V DC 3 种稳定的直流电。此外,较为特殊的是,为满足混合层流测试段试验要求,此处还通过一个逆变器模块将变压整流后的部分 56 V 直流电变换为 220 V 交流电,向层流测试系统中的大功率抽气真空泵供电。

(3)应急电源系统:主要为 1 块应急蓄电池,由 12 V、28 V 和 56 V 3 种电压的电池组构成,其容量满足关键用电设备不短于 30 min 的用电需求。此外,应急电池组还具备加热功能,即采用电加热方式以保证高空、低温环境下的正常工作。

为了提高实验机可靠性,供电系统工作模式分为正常和应急两种,其工作原理框图如图 8-12、图 8-13 所示。其中,正常模式即为发电机供电模式,应急模式为应急电池组供电模式,二者均通过配电系统向用电设备供电。

8.3.1.2　配电系统

配电系统是供电系统输出端至用电设备电源输入端之间的系统,起到电能的分配传输、控制管理和保护等作用,配电系统由配电盒、开关控制盒以及接地盒构成。其中,配电盒实现各供电通道的开关控制,开关控制盒实现全机上电的手动控制以及机电系统正常工作模式和应急工作模式的稳定顺利切换,接地盒实现不同电压的共地。

配电系统的工作模式可概括为:按照机载用电设备需求和飞控计算机输出指令将电分配给各用电设备,而当部分通道出现过流或过压故障时,立即采用"打嗝"保护或切电保护的方式保证该部分通道及其他通道用电设备持续稳定工作。

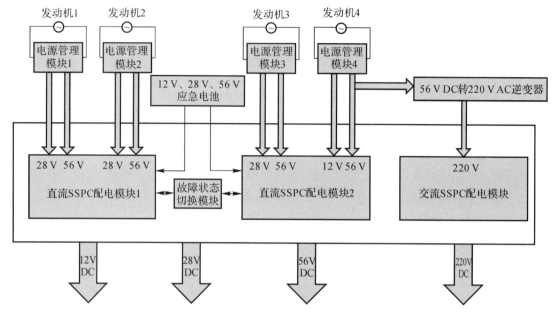

图 8-12　供电系统工作原理框图（正常模式）

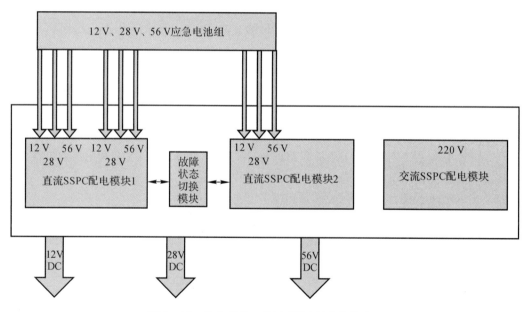

图 8-13　供电系统工作原理框图（应急模式）

为实现上述功能和需求，配电系统总体方案为：

（1）采用 CAN 总线进行通信，实现配电系统与飞控计算机的双向通信。

（2）采用 SSPC 方式对配电系统进行设计，通过主控模块、隔离驱动模块、开关器件和飞控计算机控制信号，实现通断控制功能。其中，主控模块用于接收飞控计算机下传的控制指令,解算并生成 SSPC 驱动指令,并采集电流、电压等重要信息反馈给飞控计算机。

(3)将直流供配电模块分为两部分,通过 BIT 设计和余度设计,使两部分互为故障备份,增加系统可靠性。

(4)将直流供配电模块和交流供配电模块进行物理隔离和接地隔离。

(5)在配电系统主控模块中设置自动故障隔离流程,能够根据飞行过程中的故障,自动采取相应的保护措施,同时考虑大功率感性负载在使用过程中可能出现的瞬态过载,采取特殊的保护模式。

8.3.1.3　EWIS 系统

EWIS 系统功能为实现实验机上各分系统用电设备间的电信号连接,主要涉及机上线束的安装和敷设,即根据机上各系统设备的安装位置及余度设置情况,协调确定机上供电线束和通信线束的敷设路径、分离面设置等,并采取合理的电磁/物理隔离防护措施确保相关机上各系统能够兼容、安全、可靠地工作,保证实验机的正常飞行。

实验机 EWIS 系统在机上的布置如图 8-14 所示。

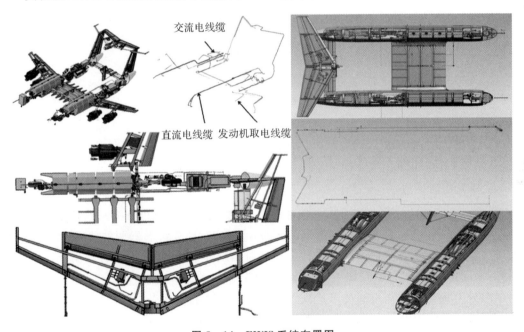

图 8-14　EWIS 系统布置图

注:见彩插第 35 页。

机载电气系统中的 EWIS 系统除供配电用的“强电”线束外,还包括通信系统的“弱电”线束,用于各分系统设备之间的信息交互。

实验机各分系统设备间的通信方式主要包括控制器局域网总线(CAN)通信接口、RS(Recomm eded Standard)422 通信接口、RS232 通信接口和晶体管-晶体管逻辑电平(TTL)高低电平等,即通过上述接口才能够实现飞控计算机同各机载用电设备间的数据交互与控制、配电系统变换控制以及各执行机构控制与参数调节等功能。

8.3.1.4　用电场景分析

全机用电场景可根据地面测试及飞行全流程分为以下阶段。

1.　地面静态测试阶段

地面静态测试阶段是实验机飞行前的地面调试准备阶段,其主要用电可由机载应急电池供电,具体步骤和内容为连接机载电源供电插头并闭合上电开关,首先为飞控计算机、机载测控主/副链路、配电系统等供配电与控制相关设备上电,其次为传感器系统、舵机系统和发动机系统等关键设备上电,最后根据飞控计算机指令对各系统进行静态测试。

2.　地面动态测试阶段

地面动态测试阶段主要为发动机开车动态测试和地面滑跑测试,在此过程中完成全机机载系统的动态校测。其中,同静态测试阶段不同的是,在完成地面起动发动机到达额定发电转速后,机电系统可进行供电切换管理,由原本的机载应急电池电源供电转为发电机输出供电。

3.　飞行阶段

飞行阶段即为试验任务执行阶段,按照实际工作流程可细分为以下步骤:
(1)滑跑:主要为飞控系统和动力燃油系统用电,保证其正常滑行并起飞。
(2)爬升:除上述系统外,主要用电内容还增加了起落架收起用电。
(3)巡航:主要用电设备为飞控、数据链系统和层流测试系统。
(4)降高:主要用电设备为飞控、数据链系统。
(5)下滑:类似爬升阶段,但其主要动作变为起落架放下。
(6)着陆滑跑:着陆后关闭发动机,切换为电池供电。同时,主要用电设备还增加了起落架刹车及前轮转向设备。

4.　异常应急状态

异常应急状态将切换为机上应急电池组供电,根据实际情况可分为到达指定高度的异常应急状态(异常状态 1)和未达到指定高度的应急状态(异常状态 2)两种情况,具体为:

(1)异常状态 1:在离地高度高于预定高度时出现异常状态,实验机将经历降高→着陆下滑→着陆滑跑 3 个阶段,具体用电同前述的飞行阶段。

(2)异常状态 2:在离地高度未达到指定高度时出现异常状态,实验机将经历平飞→迫降两个阶段,具体用电类同前述飞行阶段中的下滑和着陆滑跑步骤。

8.3.2　起落架系统

起落架系统包括前起落架、主起落架和起落架控制子系统。实验机采用双自行车式起落架布置,包括两个前起落架和两个主起落架。

8.3.2.1　前起落架

前起落架采用单腔油气式缓冲支柱结构,具备缓冲功能,能够吸收飞机在着陆和滑跑过程中产生的撞击和跳动能量,降低前起落架承受的冲击载荷,提高飞机着陆滑跑稳定性;前起落架具备收放功能,通过撑杆作动筒向前收入前起落架舱内,如图 8 - 15 所示;前起落架具备减摆功能,用于吸收前起落架在滑跑过程中的摆振能量;在由减摆器、连杆、缓冲支柱外筒和转筒构成的四连杆机构中安装有转向舵机,实现前轮转向和纠偏功能;在前起落架缓冲支柱外筒上安装有轮载开关,能够检测前起落架轮载信号。

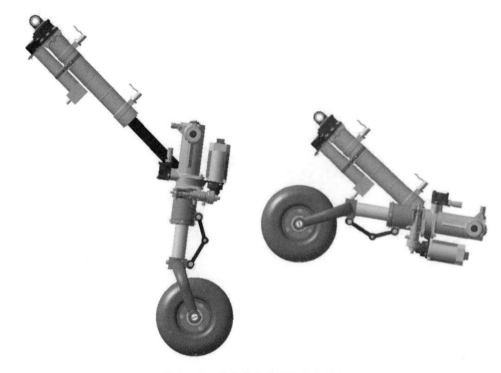

图 8 - 15　前起落架放下和收上状态

前起落架缓冲器主要由外筒、柱塞、活塞杆、上轴套、下轴套等构成,缓冲器有两个腔,上腔为气腔(工业氮气),下腔为油腔(航空液压油)。缓冲器的效率按 70% 设计,在飞机着陆重量下能够承受 2 m/s 的下沉速度和 3.5g 的着陆过载。

当压缩行程时:上腔变小,氮气受压缩,吸收能量;下腔变小,限位活塞向上运动,限位轴套上的油孔打开,油液经限位轴套上的油孔和阻尼座上的阻尼油孔流向上腔,摩擦生热,消耗能量。

当伸展行程时,限位活塞盖住限位轴套上的油孔,只有阻尼座上的阻尼油孔可以流油,油液高速通过此油孔,摩擦生热,消耗能量。这样往返多次,以减小撞击过载及振动。

正、反行程采用不同的阻尼油孔,以提高缓冲支柱的效率,改善起落架的地面适应能力。

8.3.2.2　主起落架

主起落架为单轮叉单轮支柱式结构,由撑杆作动筒、缓冲支柱、防扭臂组件、轮叉组件、轮载开关、机轮刹车和轮胎组件等组成,如图 8 - 16 所示。

主起落架采用单腔油气式缓冲支柱,具备缓冲功能,能够吸收飞机在着陆和滑跑过程中产生的撞击和跳动能量,降低主起落架承受的冲击载荷,提高飞机着陆滑跑稳定性;主起落架具备收放功能,通过撑杆作动筒向后收入主起落架舱内,如图 8-17 所示;主起落架具备刹车功能,主机轮包含刹车组件,在刹车控制系统控制下实现刹车功能,能够通过左右主起落架差动刹车实现飞机转弯功能。

图 8-16   主起落架结构

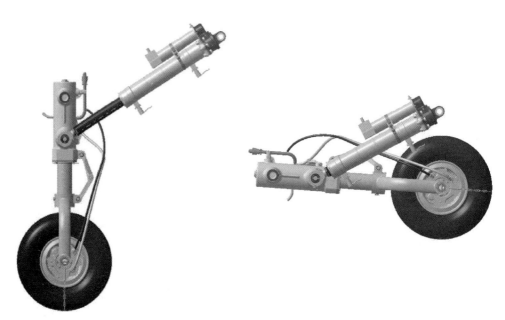

图 8-17   主起落架放下和收上状态

主起落架缓冲器的缓冲效率按 70% 设计,在飞机着陆重量下能够承受 2 m/s 的下沉速度和 3.5g 的着陆过载。主起落架缓冲器主要由外筒、柱塞、活塞杆、阻尼座、支撑件等构成,其缓冲原理与前起落架相同。

8.3.2.3 起落架控制子系统

起落架系统控制子系统由收放控制盒,无刷直流电机,齿轮箱,上、下位锁传感器,轮载开关传感器,刹车控制盒,电控刹车阀和线缆等组成。起落架控制子系统具备起落架收放控制功能,用于完成起落架放下/收起、起落架上位锁和下位锁的位置检测及轮载开关信号检测,与飞控机进行通信;具备电控刹车功能,通过 RS422 总线接收飞控机指令,实现刹车系统正常刹车和系统工作状态反馈。起落架控制子系统原理图如图 8-18 所示。

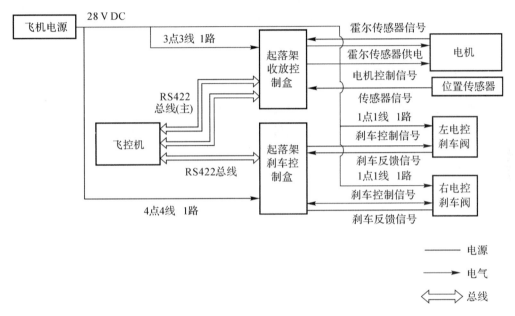

图 8-18 起落架控制子系统原理图

起落架控制子系统主要包括以下 6 种工况。

1. 起落架收工作过程

前起收,飞控机通过 RS422 总线向收放控制盒发出"起落架收"控制指令,收放控制盒接收该指令后驱动前起落架电机运动,使起落架下位锁开锁并使起落架收上,在起落架收到位后(通过到位判据综合判断)停止前起落架电机运行,完成正常起落架收过程。主起工作原理类似。

2. 起落架放工作过程

前起放,飞控机通过 RS422 总线向收放控制盒发出起落架放控制指令,收放控制盒接收该指令后驱动前起落架电机运动,使起落架上位锁开锁并使起落架放下,在起落架放到位后(通过到位判据综合判断)停止前起落架电机运行,完成前起落架正常"起落架放"过程。前、主起落架工作原理类似。

3. 起落架到位判断依据

起落架"上到位":收放控制器接收上位锁传感器上锁信号,同时电机堵转(电流值大于 15 A)或霍尔脉冲计数值连续 2 s 无变化,则电机停止转动。前、主起落架"下到位"判断原理类似。

4. 起落架上位锁非指令开锁

收放控制系统检测上位锁信号,若上位锁意外开锁,则首先向飞控机反馈系统状态,然后启动起落架电机使起落架向上运动至到位位置(通过到位判据综合判断)后停止电机运动,从而完成起落架上位锁"非指令"开锁工况的处理。

5. 余度功能工作过程

收放控制盒中包含两个收放控制组件,一个为主控组件,另一个为备控组件,每个组件包含一个中央处理机组合和一个驱动组件。当主控电路故障不能正常驱动电机运动时,可切换至备份控制电路。

6. 刹车功能工作过程

在刹车系统接通电源后,飞控机向刹车控制盒发出刹车指令,控制盒对两侧的电控刹车阀输入对应的控制信号。在电控刹车阀接收到控制信号后,使作用在刹车机轮的刹车压力同输入刹车指令线性对应,从而实现对飞机刹车、纠偏、停机刹车、松刹车控制。另外,在刹车过程中,电控刹车阀将刹车系统的压力对应的电压信号传到刹车控制盒,刹车控制盒将电压信号转换为数字信号传给飞控机,从而实现在线压力反馈。

8.3.3 动力燃油系统

动力燃油系统是实验机持续飞行的动力源泉,主要包括动力系统和燃油系统两部分。

8.3.3.1 动力系统

该型涡喷发动机如图 8-19 所示,由进气道、压气机、燃烧室、涡轮以及尾喷管组成。其中,进气道和压气机将外部空气进行压缩并送至燃烧室,燃烧室内压缩空气与航空煤油充分混合燃烧并膨胀做功,从而推动涡轮高速转动,高温气体经喷管排出,形成所需的推动力。

图 8-19 某型涡喷发动机

除发动机本体外,发动机系统还包括电子控制单元(ECU)、燃油泵、泵前油滤以及电磁阀。其中:ECU 主要功能为对发动机进行控制及状态信息采集;燃油泵将燃油系统内燃油泵给发动机并保证燃油入口压力;泵前油滤保证燃油的清洁状态,以保证发动机的正常工作;电磁阀主要控制燃油供给的通断,以实现紧急停车等功能。

该型发动机地面起动方式为电起方式,即通过地面起动箱向发动机供给交流电,带动转子旋转至一定转速后,高能点火器配合点火,从而实现发动机的地面起动。

8.3.3.2　燃油系统

燃油系统主要用于存储和传输发动机系统运行所需的燃油,要求其在实验机允许的一切飞行状态和工作条件下,能够按照一定的用油顺序向发动机不间断地供给规定压力和流量的燃油。此外,实验机燃油系统还需要保证燃油消耗和飞机姿态变化时飞机重心处于规定范围内。

根据发动机系统单台发动机主燃油泵入口压力要求 30~50 kPa、流量不小于 80 g/s 的增压供油需求,选择采用开式增压泵增压供油,即使用燃油泵作为增压源将燃油增压至发动机入口所需压力并泵给发动机。

燃油系统由燃油箱分系统、供输油分系统、加放油分系统、油箱通气分系统以及燃油测量管理分系统组成。其中,供输油分系统由供油单元、输油单元组成,加放油分系统由地面重力加油单元、地面放油单元组成。燃油系统构成如图 8 - 20 所示。

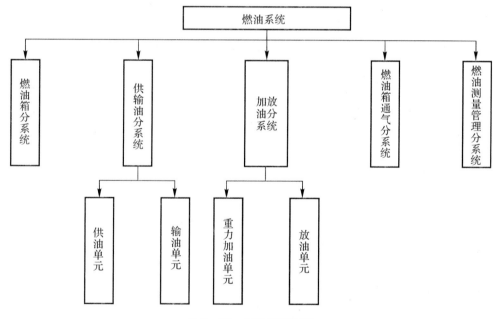

图 8 - 20　燃油系统构成

1. 燃油箱分系统

燃油箱分系统主要设计要求有:

(1)燃油箱容量应满足载油量要求;

(2)燃油箱应在正常的使用环境下保证密封;

(3)燃油箱应能承受飞机的过载、气动载荷、燃油晃动载荷、油箱内外的压差载荷;

(4)油箱和供输油系统的设计应尽量使得不可用油量最少;

(5)燃油箱应设置合理的维护通道,保证油箱内附件的安装维护;

(6)燃油箱上、下部应留有空间,用于燃油系统管路和成品的安装与固定。

根据设计要求,实验机燃油箱设计了左右两侧油箱,单侧燃油箱还分为 4 个小油箱,全机共 8 个油箱对称布置在机身隔框和左、右蒙皮所围成的空间结构内。单侧油箱之间通过油管连接,油箱外形随结构空间形状设计,以最大限度地增加油箱体积,提升燃油携带能力。油箱采用硬油箱,由玻璃纤维材质铺设制成。这是因为玻璃纤维具有绝缘性好、耐热性强、抗腐蚀性好、机械强度高等优点,是良好的航空油箱壳体材料。

2. 供输油分系统

供输油分系统主要设计要求有:

(1)供输油系统应保证在允许的各种地面与空中飞行状态下,不间断地向发动机稳定供油;

(2)供输油系统应以最简单、可靠的方式向发动机输送燃油;

(3)供输油系统的设计应尽量使得不可用油量最少;

(4)供输油系统应可以在发动机拆卸、维护等维修性操作状态下,实现发动机燃油供给的手动切断;

(5)供输油系统应具备紧急状态切断供油功能;

(6)供输油系统可满足发动机地面维护状态下的手动排油需求。

供油单元主要由电动燃油增压泵、燃油滤和燃油电磁阀组成,其主要用途是:按发动机主燃油泵对入口压力和流量的要求将油箱内燃油进行增压并输送至发动机主燃油泵入口,工作原理为:在电气系统收到任务机发出的供油指令后,立即向电动增压泵供电,电动增压泵开始工作对燃油进行增压,经增压泵增压的燃油通过电磁阀后进入发动机主燃油泵入口,多余燃油经增压泵内部循环返回增压泵入口。

输油单元主要包括输油管路,其管径及相关标准根据《飞机燃油系统管路安装要求》(HB 6483—1990)进行设计,其材质采用通用的铝合金薄壁管并进行表面处理。

3. 加放油分系统

加放油分系统主要设计要求有:

(1)所有油箱均应具有重力加油功能;

(2)所有燃油箱在地面状态下均应能完全排出余油;

(3)燃油箱满油时应留有 3% 的膨胀空间。

加油单元通过重力加油口盖实现,其安装在每个油箱的高点,即油箱上壁板上,以防止燃油溢出,并保证在油箱加满之后有足够的膨胀空间。

放油可通过 3 种方式实现:一是打开油箱底部放沉淀阀放出油箱燃油;二是开启燃油泵通过手动放油阀放出油箱燃油;三是利用抽油设备从重力加油口盖将油箱燃油抽出。

4. 油箱通气分系统

油箱通气分系统的功能是维持油箱与外界环境压差在允许的范围内,保证结构不会因过大压差而被破坏,其主要设计要求有:

(1)通气分系统应保证在地面使用阶段和飞行包线内的所有飞行状态下,燃油箱上部气

相空间与外界大气相连通;

(2)实验机加油时,使油箱中的空气排出机外,保证顺利加油;

(3)在飞行高度变化时,向油箱补充空气或自油箱排出空气,保持油箱中的压力在油箱强度允许范围之内;

(4)每个燃油箱必须从膨胀空间顶部通气;

(5)通气系统必须能防止正常运行时产生油箱间燃油虹吸和危险量燃油向机外的流出;

(6)通气分系统应满足地面加油状态下燃油蒸气和油箱内空气的快速泄放需求。

油箱通气分系统由通气管路和通气滤网组成,通气口靠近机身蒙皮的较高处。同时,为防止通气孔背压、油箱内燃油流出,需将通气孔沿航向打通。

5. 燃油测量管理分系统

燃油测量管理分系统主要针对状态检测需求,对燃油系统状态信息进行采集。

在实验机燃油系统中,在发动机入口总管路上设置有供油压力传感器,可实时监测流向发动机入口处燃油的供油压力,一旦出现异常则及时报警并进行处理。

综上所述,针对实验机所设计的燃油系统单侧油箱及管路等的布置如图 8 - 21 所示。

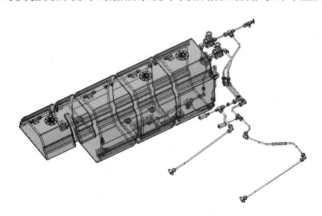

图 8 - 21　燃油系统单侧布置图

8.3.4　飞行控制系统

飞行控制系统即飞行控制与管理系统(简称飞控系统),是实验机完成起飞、空中飞行、执行试验任务、返场着陆等整个飞行过程最重要的核心系统,可对实验机飞行试验实施全权限控制与管理。

8.3.4.1　功能要求概述

飞控系统的功能与要求是基于飞行试验全过程所提出的,梳理其过程主要为:在飞行控制与管理系统的控制下,实验机以涡喷发动机为动力,采用滑跑起飞的方式升空,起飞后起落架收起并关闭起落架舱门;按照既定的试验科目要求,实验机爬升到一定高度后到达指定空域,当进入试验窗口并满足飞行试验各项条件时,即开展相应试验科目试验;试验完毕后,按照要求降低飞行高度,当飞行高度达到回收要求时,即进入返场着陆模态,开启起落架舱门并放下起落架,保持一定的飞行姿态对准跑道,以滑跑方式着陆。

因此,飞控系统的功能要求主要有:

(1)三轴控制增稳功能;

(2)遥控功能;

(3)自主导航飞行控制功能;

(4)构型控制功能;

(5)飞行管理功能;

(6)状态监测与故障处理功能。

8.3.4.2 系统总体方案

在上述飞行试验对飞控系统功能与要求的基础上,结合无人验证平台飞行试验总体技术指标要求和当前飞行控制与管理、飞控增稳设计、传感器与执行机构等技术现状与水平,可进一步对实验机飞控系统进行总体方案设计,给出飞控系统性能等方面的具体要求。

实验机飞控系统设计采用全自主飞行控制+人工遥控辅助的设计理念。其中,为提高可靠性,设计飞控系统故障诊断模块,即从系统加电自检至试验完成后的系统关机,全过程对飞控系统进行实时监测,以保障飞行安全和应急处置及时有效。同时,如果试验系统在一定距离范围内出现故障,还可由遥控操纵手实现人工紧急关闭发动机等应急操作以及在可能条件下实验机的姿态调整。

根据飞行试验全过程,飞控系统实行分段控制策略,其全过程可概括为如下6段——滑跑起飞段、爬升段、水平航迹机动段、机动试验段、下滑返航段以及进场着陆段,进而依据各段的特点分别设计相应的控制策略。

控制策略通过飞行控制律解算模块实现,其为飞行控制系统的核心功能模块,是实验机在飞行过程中实现姿态稳定、高度控制、航迹跟踪以及航向控制等的控制基础。其中,在控制律设计阶段,根据不同飞行阶段的控制策略确定不同的控制律结构,一般将纵向和横侧向的控制分开设计,并将纵向和横侧向的飞行模态归纳为几个确定的模态。

不同模态之间,飞控系统需要实现其平稳转换。因此,为了有效抑制由于模态转换而引起的舵面跳变,以及由此引起的飞机状态过载突变,需采取有效的瞬变抑制技术。

8.3.4.3 系统构成

飞控系统主要包括传感器、飞控计算机和执行机构3个部分,具体如图8-22所示。

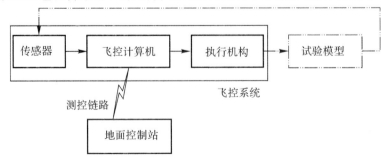

图 8-22 飞控系统构成框图

传感器主要包括加速度计、惯导、空速管等，用于测量实验机的姿态、航向、角速率、位置和速度等信息；飞控计算机主要分为设备软/硬件，用于进行信息采集与处理，并形成控制信号输出；执行机构主要为舵面舵机和起落架收放舵机等，用于接收飞控计算机所输出的控制信息，并进行功率放大，以驱动运动机构进行相应的动作。

其中，值得关注的是飞控计算机软件，其为一个实时多任务控制与管理的综合软件，对于遥控指令响应应当是即时、无延时的，对于周期性任务的输出应当具有较好的周期特性，确保时序特性完好无损。实验机采用结构化设计方法中"模块化"的思想进行飞控软件设计，即软件系统被分解为主要的子程序，每个子程序又被分解为更低一层次的主要功能模块。经分解设计，实验机软件系统主要包括以下几个功能模块：

(1)起飞与着陆控制模块；

(2)姿态稳定与控制模块；

(3)自主飞行与航迹控制模块；

(4)飞行管理模块；

(5)任务设备管理与控制模块；

(6)应急控制模块；

(7)数据传输记录模块。

飞控计算机软件通过底层驱动与飞控计算机硬件进行信息交互，获取实验机有关信息，又通过输出子系统和底层驱动向计算机硬件发送相应的指令，从而实现飞控系统预期的各项功能。

8.4　数据链路与地面站系统

数据链路与地面站系统包括数据链路和地面站两部分，具体工作原理示意如图 8-23 所示。其中：数据链路用于地面站系统和实验机机载系统的数据上下行传递，保证天地间信息的可靠传输；地面站用于实验机系统飞行状态的监视、指挥与干预，以确保试验过程完全可控。

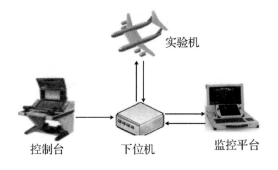

图 8-23　数据链路与地面站系统工作示意图

8.4.1 数据链路

数据链路是实验机系统的重要组成部分,承载着试验过程中的天地数据交互功能,以实现系统中任务平台、控制平台和监测平台之间数据的传输和处理,故数据链路的正常与否将直接影响实验机是否受控。

数据链路的工作原理如图 8-24 所示。

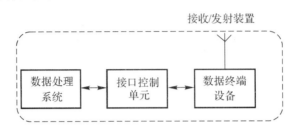

图 8-24 工作原理示意图

其中:①数据处理系统接收并处理飞控所发送的如各种传感器信息等的多种信息数据,并将其封装为标准的信息格式进行存储;②通过标准化的数据接口完成不同数据链的协议和接口转换,以达到实验机系统数据的准确传递和共享;③通过数据终端设备由发射和接收装置按照规定的通信协议实现数据的有效收发和处理。

实验机数据链路的构成主要通过机载遥控遥测链路设备实现,包括机载遥测遥控主设备和副设备,二者互为备份以提高链路可靠性,其主要功能为:

(1)接收机载测量设备数据并进行数据编帧;

(2)图像压缩和实时下传;

(3)接收地面飞控系统传输指令和卫星导航差分信息并向实验机遥控传输。

机载遥测遥控主设备主要用于实验机开展飞行试验时机载设备测量数据及图像的下传以及地面飞行遥控指令和卫星导航差分信息的接收,其遥测工作频率为 S 波段,遥控工作频率为 L 波段,如图 8-25 所示。

图 8-25 机载遥测遥控主设备图示

　　机载遥测遥控副设备同样可用于实验机开展飞行试验时机载载荷系统图像及数据的下传以及地面控制指令的接收,但其工作频率为 U 波段,和主设备的最大区别为该副设备工作距离远、工作带宽窄,如图 8－26 所示。

图 8－26　机载遥测遥控副设备图示

8.4.2　地面站系统

　　实验机地面站系统为自跟踪遥测遥控地面站,由天伺馈分系统、遥测分系统、遥控分系统、监控处理分系统、校验及监测分系统、载车分系统等构成,具体采用一辆集成方舱车实现,可实现灵活机动,相关测控设备、天线以及其他配套设备均安装到该方舱车上,以便在飞行试验过程中实时完成机载遥测信息和载荷系统图像接收、地面控制指令和卫星导航差分信息发送等。

　　其中,测控设备的主要功能为完成实验机系统遥控信号的发射、遥测信号的接收以及层流试验过程视频图像的显示等,其采用集中控制完成设备的参数配置与状态监测。

　　遥控发射采用全向和抛物面两种天线实现,可根据任务模式通过手动方式进行切换。遥测接收采用同样的全向和抛物面天线,其遥测接收机通过双天线左、右旋共四通道的分集合成,以实现对整个任务区域遥测信号的可靠接收。

　　此外,该地面站的跟踪方式包括自跟踪、程控、外引导、记忆跟踪和手动等多种,其方位跟踪可实现 360°范围内无限制跟踪,俯仰跟踪可实现 0°～90°范围内的限位保护跟踪。

8.5　主要系统测试及联调联试情况

　　为了确保层流实验机安全高效、保质保量地完成预定飞行计划,在开展飞行试验前,进行了一系列常规机载系统、数据链路和地面站系统的测试工作。

8.5.1 机载电气系统功能测试

8.5.1.1 试验情况

针对机载电气系统的不同分系统和系统综合特性,试验人员进行了一系列试验,其中包括主电源及二次电源供电系统试验、配电系统试验、机载蓄电池试验、电气线路互联系统检测和稳态供电特性及突加突卸供电性能试验等。

8.5.1.2 主要结论

主电源及二次电源供电系统试验结果表明:电源管理模块能够正常稳定输出 56 V ±1 V、28 V ±1 V 和 12 V ±1 V 3 种直流电压,且其供电期间各系统用电设备正常稳定工作,无其他异常情况,满足试验大纲中合格判据要求。

配电系统功能验证与测试结果表明:配电盒与飞控总线通信及交互功能正常;地面站能够控制各配电通道开关接通/关断且输出正常稳定,反馈数据信息正常;发生过流现象能够自动切断负载供电;各系统用电设备能够正常稳定工作,无其他异常情况,满足试验大纲中合格判据要求。开关控制盒功能验证与测试结果表明:开关控制盒 12 V、28 V 和 56 V 三通道上电开关功能正常;机载蓄电池与发电机三通道切换功能正常;配电系统及各用电设备可正常稳定工作,且无其他异常情况,满足试验大纲中合格判据要求。接线盒功能验证与测试结果表明:接线盒各接口符合系统定义;工作过程中,配电系统及各用电设备能够正常稳定工作,且无其他异常情况,满足试验大纲中合格判据要求。

机载蓄电池试验结果表明:电池组工作正常,加温功能正常;12 V DC 开路电压为 12.37 V,在 12.3~12.6 V DC 范围内;28 V DC 开路电压为 29.03 V,在 29.0~29.4 V DC 范围内;56 V DC 开路电压为 58.07 V,在 58.0~58.8 V DC 范围内;3 个电池组放电持续时间均不少于 60 min,满足试验大纲中合格判据要求。

电气线路互联系统检测结果表明:实验机所有机载设备与线缆安装及互联牢靠、稳固、无脱落,且无异常情况,满足试验大纲中合格判据要求。

稳态供电特性和突加突卸供电性能试验过程中,在实验机用电极限情况下,供电系统能够有效保障供电,各系统参试设备正常、稳定工作,且无突然掉电或其他异常情况,满足试验大纲中合格判据要求。

8.5.2 动力燃油系统试验

8.5.2.1 试验情况

动力燃油系统相当于实验机的"心脏"和"血液",必须对其进行充分测试与验证,其内容可分为燃油系统试验和动力燃油系统综合试验两部分。

其中,燃油系统试验主要包括 4 类共 8 项试验,具体项目见表 8-6。

表 8 - 6　燃油系统试验项目

序号	试验分类	主要试验项目
1	地面加放油试验	重力加油试验
2		燃油放泄试验
3	油箱容量测定试验	油箱容量测定
4		不可用燃油量测定
5	油密及通气	油密性试验
6	地面试验	通气性试验
7	燃油系统综合地面试验	供输油性能地面试验
8		燃油系统功能及性能试验

　　动力燃油系统综合试验即为燃发匹配试验,主要包括发动机启动、加速及关车等性能测试,是发动机系统和燃油系统的综合地面匹配试验。

8.5.2.2　主要结论

　　动力燃油系统试验结果表明:发动机能够正常启动、加速、减速及关车,发动机系统工作正常且各状态下无异常情况;动力系统运行期间,各设备工作正常且各状态下无异常情况,燃油系统管路各连接处无燃油渗漏现象且通气口无燃油流出,燃油系统供输油功能与性能正常,燃油系统各设备工作正常,满足试验大纲中合格判据要求。

8.5.3　飞控系统试验

8.5.3.1　试验情况

　　飞控系统中的飞控计算机相当于实验机的"大脑",传感器相当于实验机的"感官",执行机构相当于实验机的"四肢",同样需对其进行充分的功能测试与有效性验证,主要分为数字仿真、实物/半实物仿真和飞行试验 3 个阶段。

　　数字仿真验证主要侧重于导航制导与控制的方法、逻辑及效果等的考核验证与评估。其中,仿真模型中的机载飞行控制系统、传感器、执行机构以及被控对象等均为数学模型。此外,该阶段还对飞行过程中可能产生的故障(例如单一舵面失效、发动机推力减小等)、风干扰以及被控模型不确定性等条件下的控制鲁棒性进行设计和拉偏验证。数字仿真主要包括飞控计算机功能与性能测试、控制策略和控制律测试等。

　　实物/半实物仿真验证主要侧重于系统硬件性能及软件功能的考核验证与评估。其中,仿真模型中将难以建模的部分(例如执行机构和地面控制站)直接采用实物代替并接入仿真系统中,从而提高仿真模型精度,减小因建模不准所造成的误差。此外,该阶段还采用故障模拟和注入的方法,验证飞控系统故障诊断、容错及应急处置等功能的实现情况,判断其是否符合设计预期。实物/半实物仿真主要包括执行机构功能与性能测试、传感器功能与性能测试、飞控半实物仿真等。

飞行试验验证则是对飞控系统进行全面的综合评估，重点考核其在真实飞行环境下运行的可靠性及有效性，通过初步的试飞结果对控制结构、控制参数等不断优化和改进，以降低后续正式试验风险。飞行试验验证主要通过缩比飞行试验以及正式飞行试验时的不断优化进行。

8.5.3.2　主要结论

控制模态功能测试结果表明，飞控计算机各模态功能正常，飞控计算机各模态间切换正常，满足试验大纲中合格判据要求。故障分支功能测试结果表明，飞控计算机故障分支响应及时并能够正常处理故障，飞控计算机能够按照设计逻辑回归至正常分支，满足试验大纲中合格判据要求。控制指令测试结果表明：飞控计算机各项控制指令输出正常，满足试验大纲中合格判据要求。执行机构极性与标定测试结果表明，执行机构极性响应正常，舵面偏转角度范围符合要求（左、右副翼，左、右方向舵和左、右升降舵偏转角度范围要求±20°，左、右襟翼偏转角度范围要求为0°～30°），起落架收放到位正常，满足试验大纲中合格判据要求。执行机构动态性能测试结果表明，各舵机动态性能正常，响应无延迟，起落架收放同步，动态性能正常（收放总时间＜60s），满足试验大纲中合格判据要求。惯组精度与性能测试结果表明，加速度计性能测试正常，陀螺仪性能测试正常，惯组设备工作及输出数据正常，满足试验大纲中合格判据要求。卫星定位精度与动态性能测试结果表明，传感器设备、惯组设备和全球定位系统（GPS）天线工作正常，相关各项测试正常，满足试验大纲中合格判据要求。控制策略测试结果表明，控制模态切换策略测试正常、模态功能正常，满足试验大纲中合格判据要求。控制律测试结果表明，控制律工作正常，控制功能符合设计要求，满足试验大纲中合格判据要求。半实物仿真结果表明，全机系统功能正常，飞控策略和控制律正确，飞控控制性能和鲁棒性满足试验需求，满足试验大纲中合格判据要求。实验机缩比飞行试验也进一步验证了飞控策略和控制律的正确性。

8.5.4　遥控遥测系统试验

8.5.4.1　试验情况

数据链路和地面站系统同样需要通过功能与性能测试后才能投入使用，其测试分为地面测试和空中飞行测试两部分，二者遵循循序渐进的原则，可分阶段分任务进行测试。

地面测试包括链路通信功能与性能测试以及地面站系统功能与性能测试。其中：数据链路通信功能与性能测试主要为链路设备通信距离和性能的单机测试；地面站系统功能与性能测试主要为地面站控制、指挥与监视等功能测试，包括数据传输处理功能测试、数据链控制功能测试、实验机状态信息显示功能测试、任务规划功能测试、控制监视功能测试、系统设置功能测试、任务载荷视频图像监视功能测试以及数据记录回放功能测试等。

空中飞行测试主要为实验机在真实飞行运动中的功能测试，这是由于环境及通信数据的实际情况等影响，数据链的动态性能比静态性能要差，导致其数据丢帧率相比地面测试表现略差,这些因素需在实际飞行试验中进一步考核与验证。

图 8-27 为地面站网络连接测试界面。

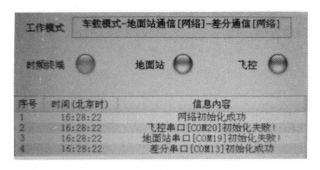

图 8-27　地面站系统测试

8.5.4.2　主要结论

S 链路拉距试验结果表明,S 链路最远通信距离不小于 50 km,该通信距离内 S 链路设备均工作正常。U 链路拉距试验结果表明:U 链路最远通信距离不小于 50 km,该通信距离内 U 链路设备均工作正常。数据传输处理功能测试结果表明,地面站与飞控计算机间数据组包、解包和发包功能正常,满足试验大纲中合格判据要求。数据链控制功能测试结果表明,数据链参数配置功能正常,S、U 链路数据上、下行功能正常,满足试验大纲中合格判据要求。实验机状态信息显示功能测试结果表明,实验机各状态信息显示功能正常,满足试验大纲中合格判据要求。任务规划功能测试结果表明:飞行航线设置正常,满足试验大纲中合格判据要求。控制监视功能测试结果表明,实验机对控制指令响应正常,地面站对实验机反馈变更状态信息及显示正常,满足试验大纲中合格判据要求。系统设置功能测试结果表明,实验机系统飞参设置正常,满足试验大纲中合格判据要求。视频图像监视功能测试结果表明,地面站视频图像显示正常,满足试验大纲中合格判据要求。数据记录回放功能测试结果表明,视频与交互数据记录回放功能正常,满足试验大纲中合格判据要求。差分数据上传功能与差分功能测试结果表明,差分数据包输出正常,传感器设备及惯组能够以差分状态正常工作,满足试验大纲中合格判据要求。手动遥控模式功能测试结果表明,手动遥控模式正常,实验机按照操纵杆指令响应正常,满足试验大纲中合格判据要求。

参 考 文 献

[1]　任泰明. TCP/IP 协议与网络编程[M]. 西安:西安电子科技大学出版社,2004.

[2]　裴海龙,常锐. 无人直升机监控平台设计与实现[J]. 微计算机信息,2006(5):92-94.

[3]　张治. 无人机地面站系统设计与开发[D]. 西安:西北工业大学,2007.

[4]　孙雨. 小型无人机通信系统的研究与构建[D]. 广州:华南理工大学,2011.

[5]　余宝意. 小型无人直升机数据链技术的应用研究[D]. 广州:华南理工大学,2013.

［6］ 王莹.战术数据链 Link11 的仿真研究［D］.成都:西南交通大学,2008.

［7］ 张磊.航空数据链组网技术研究［D］.西安:西安电子科技大学,2010.

［8］ 罗卫兵.无人机多链路中继的非对称数据链研究［D］.西安:西北工业大学,2002.

［9］ 李芸.面向小型无人机的空地数据链系统研究［D］.西安:西北工业大学,2005.

第9章 层流专用双体实验机
——飞行验证及数据分析

新技术在飞机上的工程应用一般经历理论基础研究、设计方法研究、地面试验验证、飞行试验验证以及工程应用5个阶段。本章所介绍的层流专用双体飞行实验机飞行验证及数据分析就属于第4个阶段飞行试验验证的一部分。

飞行试验验证是检查新技术成熟度和可靠性、推动技术创新的强有力手段,对新技术、新系统的验证能力明显强于数值仿真和地面试验,许多关键性的技术数据、物理现象只有通过飞行试验才能获得合理的解释。

在新技术的飞行验证过程中,具体采用哪种技术实验机的实现方式则要根据实际的试验目的、研究内容,以及现有条件来确定。针对层流技术工程应用的飞行试验研究来说,既可以参考国外利用现有民用客机为试验平台,在机翼上加装层流翼套来实现,也可以应用目前成熟的技术开发专用技术实验机来完成。

专门研制的层流专用双体实验机相当于将试验对象"搬至"空中进行试验,可以体现飞行试验的优势,例如飞行高度能够尽量贴近客机、公务机的巡航高度,飞行速度与验证目标可以基本一致,飞机尺寸可以保证飞行验证处于较高的雷诺数,等等。在真实大气环境中通过实际飞行获取所需验证的数据,是关键技术攻关及验证的一种重要技术途径,具有可信度高、综合性强和限制少等特点。

本章以层流专用双体实验机为例,主要对飞行验证的规划、组织与实施、飞行试验数据采集与处理等进行详细介绍。

9.1 飞行试验规划

9.1.1 规划总则

对飞行试验规划的总体原则如下:

(1)成品及系统试验由各系统根据自身的试验测试需求,独立组织开展。

(2)飞行试验大纲建立在各系统已经充分开展地面试验的基础之上,包含低中速滑行、高速滑行、首飞、测试试飞4个阶段的飞行科目。

(3)试验开展顺序依次为:①机上地面联试;②滑行;③首飞;④测试试飞。只有当前阶段试验完成,具备转入下一阶段试验条件时方可开展下一阶段试验工作。

(4)试验现场根据试验大纲编写试验任务书和试验计划,统筹组织安排飞行试验。

9.1.2　试验目的

1. 地面滑跑试验目的

(1)验证飞机滑行时各系统(设备)工作情况;

(2)验证飞机机载系统、动力系统工作的稳定性;

(3)测试飞机在不同速度下的纠偏能力,验证纠偏逻辑的正确性,验证高速时的纠偏能力,优化纠偏参数;

(4)测试飞机在达到终止速度、终止侧偏距、终止距离时的终止程序指令的有效性;

(5)在纠偏控制验证之后,通过做抬前轮的滑行试验,验证实验机的气动数据的准确度;

(6)根据地速,进行空速校正标定;

(7)检验传感器校准和数据采集是否正常;

(8)评价飞机在高速滑跑过程中的滑跑品质和操纵特性;

(9)检查飞机指挥控制系统和动力系统的工作情况及功能是否正常,暴露设计缺陷和排除产品故障,确保飞机能够安全执行试飞任务。

2. 飞行试验目的

(1)验证全机基本性能(包括爬升、下滑、起降性能等);

(2)验证全机操纵性、稳定性;

(3)验证指挥控制系统的工作稳定性;

(4)验证试验段的流场特性。

9.1.3　试飞试验内容

1. 机上地面联试

系统试验完成后应开展机上地面联试工作。机上地面联试对装机状态下的各机载设备进行功能及电磁兼容性测试,检验机载设备响应是否正常,航线规划是否合理,闭环仿真试验是否准确,各系统响应是否良好。

2. 滑行试验

测试实验机滑行时各系统(设备)工作情况;测试实验机在低、中、高速度下的控制能力;测试实验机在达到终止速度和在到达终止距离时的终止程序;测试实验机在到达终止侧偏距时的终止程序;验证纠偏逻辑的正确性,优化纠偏参数;根据地速,进行空速校正标定。在纠偏控制验证之后,通过滑行试验,校核实验机的气动数据。

3. 首飞

在实验机系统完成地面滑行试验后开展首飞试验,主要验证全机系统在首飞剖面的工作状态,验证起飞与着陆控制程序的有效性,动力系统工作特性,为后续测试试飞奠定基础。

4. 测试试飞

首飞之后开展测试试飞,包含但不仅限于以下试飞项目:

(1)实验机的飞行性能与品质试飞;

(2)中央试验段的流场特性试飞。

9.1.4 试飞试验流程

(1)飞行前技术交底;

(2)试飞任务分配;

(3)按照检查单进行机体检查;

(4)全机上电;

(5)动力控制检查;

(6)控制逻辑检查;

(7)检查舵面偏转;

(8)记录地面环境风速;

(9)飞机拖至起飞点;

(10)加大油门,准备起飞;

(11)起飞、滑跑、爬升;

(12)完成空中飞行;

(13)进入着陆通道;

(14)下滑,准备着陆;

(15)着陆;

(16)全机下电;

(17)飞行后讲评;

(18)试飞数据分析。

9.1.5 试飞试验要求

1. 一般要求

试验一般要求应从试验大纲、试验环境、试验对象、试验测试与改装、支持文件、试验人员、数据处理、试验报告、质量与安全等方面进行限定。

(1)试验大纲:试验大纲应涵盖实验机任务规划所需验证的全部内容,并按规定程序报批。

(2)试验环境:应对实验机试验高度、地面控制站停放位置、试飞场地及跑道条件进行要求。

(3)试验对象:对实验机和地面控制站的状态进行要求,对任务规划软件状态及基本功能和性能进行要求。

(4)试验测试与改装:对试验系统加装的测试设备进行要求。

(5)支持文件:对任务规划试验验证前所需提供的各类技术支持文件进行要求。

(6)试验人员:对参试的指挥、维护人员及实验机操作员资质进行要求。

(7)数据处理:对数据处理方面的一般通用性要求进行描述。

(8)试验报告:对试验报告编制要求及依据文件进行描述。

(9)质量与安全:规定试验验证应遵守实验机系统的使用限制要求,对任务规划试验验证的风险及降解措施进行描述。

2. 对被试品技术状态要求

参加设计、研制阶段飞行试验的实验机系统及设备必须是达到了各分系统的设计要求或者符合相关的产品制造验收规范,关键技术问题已经解决,完成了全部静态性能测试、仿真试验和环境试验,试验结果必须满足性能稳定、功能基本具备的要求,出具了相关的试验合格报告,具备进入外场试验的条件。

3. 对被试品齐套性要求

参加飞行试验的实验机系统应满足各阶段飞行试验的齐套性要求。

(1)具有完整的试验试飞组织结构;

(2)具备飞控、指控、飞行操作等专业人员进行试验试飞保障;

(3)具有完整的试验试飞方案策划能力;

(4)具有试验试飞场地、空域协调及气象保障的协调能力;

(5)方舱式地面站及保障设备包装运输方案合理可行;

(6)飞机系统设备可以在试验试飞场地维护与更换;

(7)提供试飞试验方案;

(8)提供试验试飞组织策划与实施程序;

(9)提供试验试飞应急预案;

(10)技术状态冻结。

4. 对测量设备要求

用于飞行试验的各种测量设备,经标定并处于有效期内。

5. 对试验环境的要求

进行地面试验时,地面站与被控目标之间应无明显遮挡物,并保持数据链通视,地面标准接收机定位精度应满足要求。

进行飞行试验时,空中无飞行干扰,地面人烟稀少,地面站与实验机之间应无明显遮挡物,保持数据链通视,电磁环境干净,选择跑道上空的试飞空域,飞行试验应安排在满足指标要求的能见度和气象条件下进行。

6. 试飞场地要求

(1)跑道要求:

1)飞行区等级至少为2B级别。

2)具有至少3 000 m长的平整水泥跑道,跑道宽度不小于30 m;跑道面平整度、坡度不影响飞机起飞降落滑跑的安全性。

3)机场周边应设有围栏或者警戒,可以有效防止外界对场内工作的干扰,同时也尽可能避免场内工作对场外的影响。

4)机场的使用要求和运行能力满足对实验机飞行安全的要求。

(2)机库要求:

1)机库长不低 15 m,宽不低于 20 m,高不低于 7 m,具备水电保障;

2)地面平整无砂石,并且方便飞机进出机库大门;

3)机库大门关闭后能正常防尘防潮,能保持机库内部整洁度和必要的温度、湿度;

4)机库具备抗 8 级风和一定的防晒能力。

(3)气象需求:

1)机场应具有稳定的风力风向,且每年适宜飞行时间较长;

2)为降低实验机飞行的危险性,飞行时机场风力应小于 4 级,风向与跑道方向夹角小于 30°。

3)机场起飞能见度不得小于 2.5 km,净空能见度大于 3 km。

9.2　飞行试验的组织与实施

9.2.1　试验单位及分工

试飞单位:负责试飞组织、策划、保障等工作,是试飞任务的总体责任单位。

飞行单位:负责飞行日计划制订、组织实施,并派出试飞指挥员、试飞员执行试飞任务。

场务:负责气象保障、空管协调、机库地面保障、地面站供电保障等。

9.2.2　主要试验岗位设置

针对飞行试验工作中所需的专业设置岗位,建立试验指挥体系,明确岗位职责,指定各岗位人员,定岗定责,确保试验过程中分工清晰、合理有序、指挥有效。岗位设置表见表 9-1。

表 9-1　岗位设置表

岗位	人员	代号	位置
试验总指挥		0 号(零号)	地面站或塔台或飞机
飞行指挥员		1 号	塔台
任务指挥员		02(洞两)	地面站
飞行操作员		03(洞三)	地面站
地面站操作员		01(洞幺)	地面站
飞行观察员		05(洞五)	跑道侧方
机务指挥员		21(两幺)	飞机

9.2.3　滑行试验组织与实施

1. 试验准备

(1)人员到岗；

(2)通信检查；

(3)地面站、数据链展开；

(4)飞机牵引至跑道指定位置。

2. 地面静态检查

地面静态检查主要有外观与内舱检查、结构检查、电气检查、数据链连通检查。

(1)检查实验机外观与内舱是否干净整洁，是否存在异物，是否存在活动件；

(2)检查蒙皮是否存在损伤与裂纹，是否存在强度异常部位；

(3)检查内部支撑结构是否存在损伤；

(4)检查结构接口是否紧固，胶接是否紧固；

(5)检查各电气接口(电池、天线、空速管等)是否紧固；

(6)检查线缆是否存在裸露、断路、短路等风险，要求屏蔽的线缆与接口处是否达到屏蔽要求；

(7)除舵机外实验机上电，检查数据链连通是否稳定；

(8)前视摄像上电，检查地面站指令上传是否正常，图像是否正常；

(9)检查惯导数据(姿态、位置、速度、加速度)、卫星导航(定位状态)、舵机电压、配电器状态是否正常；

(10)检查空速；

(11)检查油门数据是否正常；

(12)检查油量。

地面静态测试时，注意观察与记录此过程导航定位状态、姿态数据、空速、数据链通信稳定性、机内温度等是否存在异常。

3. 动力检查

4. 杆舵检查

(1)舵机上电；

(2)检查舵机电压是否正常；

(3)人员撤离；

(4)解锁；

(5)依次打舵，机务观察舵面工作是否正常，地面站观察舵面反馈是否正常；

(6)加锁。

5. 滑行

(1)人员撤离；

（2）根据滑行科目切换相应模式；

（3）解锁；

（4）根据不同模式操作飞机滑行，技术支持人员负责观察，地面站人员协助操作；

（5）飞机停稳后，加锁；

（6）切换地面模式。

6. 结束工作

（1）动力关闭；

（2）地面站、数据链撤收，飞机推回机库；

（3）数据下载；

（4）讲评。

7. 滑行试验合格判据

飞机平稳完成滑行试验，相关系统工作正常，具备开展飞行试验的基础。

9.2.4　飞行试验组织与实施

1. 试验准备

（1）实验机系统及设备已经达到了各分系统的设计要求或者符合相关的产品制造验收规范，关键技术问题已经解决，完成了全部静态性能测试、仿真试验和环境试验，试验结果已经满足性能稳定、功能基本具备的要求，出具了相关的试验合格报告，具备进入外场试验的条件；

（2）协调天气保障情况，明确飞行时间天气良好，满足飞行试验需求；

（3）试验开始前，所有相关人员应全部按岗位设置到位；

（4）试验应严格按照首飞操作规程进行，检查指挥通信质量，听从统一指挥；

（5）试验前应确认所有相关系统运作正常，无任何故障信息，务必确认数据链和地面站正常；

（6）试验开始前，应首先列出本次试验所有可能出现的紧急状况，并拟定应急预案；

（7）试飞员应多次模拟执行所有应急预案，确保在紧急情况时能第一时间妥善处置。

2. 机务检查

（1）按飞行试验组制定的机务检查标准执行；

（2）将飞机移到起飞点，确保飞机机头对准跑道中线，并确认为逆风或无风状态起飞；

（3）检查油量。

3. 起飞前准备事项及检查

（1）航线装订并仿真，将航点上传至飞控计算机，并通过飞行仿真确保航点的正确性。典型的五边航线如图 9-1 所示。

（2）飞机自检，确保各设备运转正常。

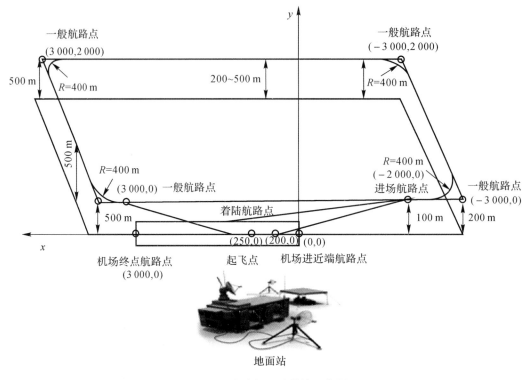

图 9 - 1   实验机五边航线示意图

4. 起飞

(1)启动发动机,飞机开始滑行,随后逐步加大油门;

(2)当滑跑速度处在决策速度之前的阶段,如有异常时,试飞员介入执行中断起飞程序;

(3)当滑跑速度达到抬前轮速度(当量空速)时,飞机抬前轮离地起飞。

5. 爬升

略。

6. 巡航

略。

7. 下降

略。

8. 着陆

略。

9. 试飞结束

(1)试飞数据下载;

(2)检查蓄电池剩余电量;

(3)全机下电;

(4)飞机运回机库；

(5)飞行员、指挥员等讲评；

(6)试飞数据处理与分析。

10. 飞行试验合格判据

(1)首飞：飞机平稳完成起飞、爬升、巡航、下滑、着陆。

(2)测试试飞：获得满足要求的测试数据。

9.2.5 试飞安全控制

(1)试飞员应听从试验现场总指挥指令，严禁违规操作；

(2)试飞过程中，层流实验机上跑道后以及未完全停稳前，均应清空跑道；

(3)每次试飞前后，需对全机各系统进行安全检查并详细记录检查结果，发现任何异常应立即中止试验；

(4)若实验机在地面起飞滑跑时出现异常，应立即中止试验；

(5)地面站等地面保障设备发生功能故障时，应立即中止试验；

(6)链路等信号丢失，按照相关应急程序处置。

9.2.6 试验风险预估及应对措施

1. 滑行试验风险

(1)一般性安全措施。

1)地面滑跑模式切换前应保证人员撤离；

2)中高速滑跑时，需在跑道端头开始滑行。

(2)跑道余量不足。

高速滑跑时跑道余量(待飞距)低于 1 000 m，中低速滑跑时跑道余量(待飞距)低于 500 m，认为跑道余量不足。

1)人工、增稳模式下，松杆，逐渐收油门；

2)自主模式下，若未减速，则终止起飞。

(3)侧偏过大。

当侧偏距离大于 6 m 时，认为侧偏过大。

1)人工模式下，松杆，快速收油门；

2)增稳、自主模式下，切换人工模式。

(4)意外离地。

1)人工、增稳模式下，需保持杆量，逐渐收油门；

2)自主模式下，终止起飞，人工介入增稳模式，密切观察飞机动态，及时干预。

2. 飞行试验风险

飞行试验主要风险点及应对见表 9-2。

表 9－2　飞行试验风险点及应对措施

序号	风险点	风险应对措施
1	失速风险	通过飞行控制系统和失速迎角监控,降低失速风险
2	机翼颤振	通过机翼姿态传感器监控,及时调整飞行状态
3	强突风天气	通过天气预报,提前规避强突风天气;偶遇时,降低飞机迎角,提高飞行速度,提高飞机抗突风能力,加快穿越突风区
4	链路丢失	通过飞控设计,飞机默认飞回着陆点,缩短机链距离,找回链路信号;确实无法找回链路信号时,按照设定航线应急着陆
5	部件结构失效	启动应急着陆程序,尽快着陆
6	结冰天气	该机无探冰、除冰系统,以尽可能规避结冰天气为主,或者快速脱离结冰天气区域。因结冰引起飞行非正常现象,启动应急着陆程序
7	自主控制失效	飞行员接管飞机,通过前视摄像和速度高度等数据,操纵飞机安全着陆
8	单发失效	启动应急着陆程序,尽快着陆
9	大侧风着陆	侧风超过限制又需要紧急着陆时,加强控制主轮着陆点
10	地面站断电	飞机按照预定航线飞行,同时开展地面站供电修复;确实无法修复时,地面无须处置,飞机自动返航、着陆
11	舵机故障	升降舵舵机、副翼舵机、方向舵舵机任一舵机发生一次故障,飞机立即返航
12	传感器故障	差分 GPS、导航组件、姿态传感器、高度传感器等如发生故障,飞行员时刻准备接管实验机
13	飞出安全空域	飞控及地面站指挥员应立即上报现场总指挥、塔台,地面站操作员将实验机切入应急返航,将实验机操作至空域范围内,如长时间无法返回,由塔台立即报告空管当局,空管雷达密切更新和实时报告实验机的位置、速度、方向,实施迫降
14	剩余油量不足	切入应急返航

　　一般把跑道端头的迫降带设置为应急空域,当实验机无法正常着陆时或者起飞失败时,降落至应急空域内。

9.3　飞行试验数据采集与分析

9.3.1　试验数据采集

试验一般所需要采集的实验机参数见表 9－3。

表 9-3 测试参数表

序号	参数名称	参数符号	测量范围	单位	精度
1	时间	t	0~4	h	
2	气压高度	H_p	0~12 000	m	1%
3	GPS 高度	H_{GPS}	0~12 000	m	
4	真空速	V_e	0~280	$m \cdot s^{-1}$	1%
5	GPS 速度	V_d	0~1 000	$km \cdot h^{-1}$	
6	迎角	α	±30	°	1%
7	侧滑角	β	±30	°	1%
8	俯仰角	θ	±180	°	1%
9	滚转角	φ	±180	°	1%
10	偏航角	Ψ	0~360	°	1%
11	滚转角速率	p	0~120	$° \cdot s^{-1}$	1%
12	俯仰角速率	q	0~120	$° \cdot s^{-1}$	1%
13	偏航角速率	r	0~120	$° \cdot s^{-1}$	1%
14	纵向过载	n_x	±2.5	1	1%
15	侧向过载	n_y	±2.5	1	1%
16	法向过载	n_z	−2~+6	1	1%
17	副翼舵偏角 1	De1	−30~+30	°	1%
18	副翼舵偏角 2	De2	−30~+30	°	1%
19	方向舵偏角 1	DaL1	−25~+25	°	1%
20	方向舵偏角 2	DaL2	−25~+25	°	1%
21	升降舵偏角 1	DaL1	−30~+30	°	1%
22	升降舵偏角 2	DaL2	−30~+30	°	1%
23	油门指令	Thr	0~100%		
24	左油门指令 1	LeftThr1	0~100%		
25	左油门指令 2	LeftThr2	0~100%		
26	右油门指令 1	RightThr1	0~100%		
27	右油门指令 2	RightThr2	0~100%		
28	剩余油量	M_{fual}	0~200%	kg	

9.3.2 试验数据分析

层流技术实验机分自然层流构型、混合层流构型和非层流构型 3 种气动布局。层流技术实验机如图 9-2 所示。

图 9-2 层流技术实验机

注:见彩插第 35 页。

由于 3 种不同构型的技术实验机飞行试验预设的是相同的航线,因此挑选自然层流构型技术实验机的飞行试验结果进行分析。

根据每个时刻采集得到的实验机经纬高数据,分析飞行轨迹和高度剖面,如图 9-3 和图 9-4 所示(红色线 H_{CMD} 表示飞行高度指令,蓝色线 Alt 表示实际飞行高度)。图 9-5 为飞行速度历程[红色线 $V_{a_{CMD}}$ 表示飞行速度指令(空速),蓝色线 V_a 表示实际飞行速度(空速),黑色线 V_{gnd} 表示实际飞行速度(地速)]。通过实际飞行的经纬高、速度等,可以检查飞行验证是否满足预期规划的飞行要求。

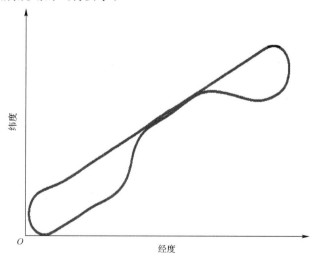

图 9-3 自然层流构型实验机的飞行轨迹

注:见彩插第 35 页。

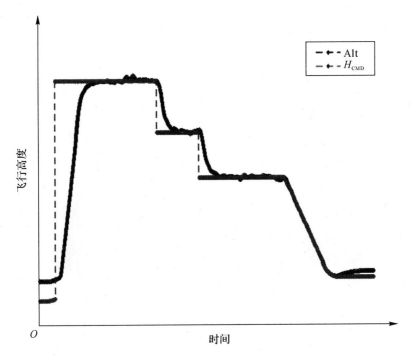

图 9 - 4　自然层流构型实验机的飞行高度

注:见彩插第 36 页。

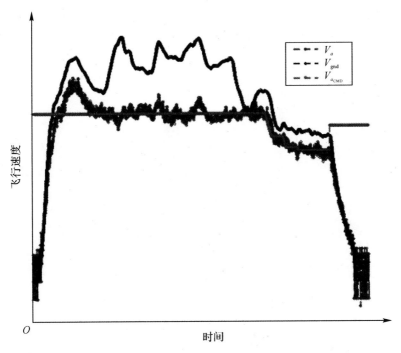

图 9 - 5　自然层流构型实验机的飞行速度

注:见彩插第 36 页。

实验机在飞行过程中的姿态角速度和姿态角历程如图 9-6~图 9-11 所示。可以看出,实验机在航线飞行过程中,滚转角在－26°～42°之间,俯仰角在－6°～11°之间,整个飞行过程中姿态角变化范围正常,变化过程平稳。同时也验证了实验机飞行控制方案的安全性和有效性。

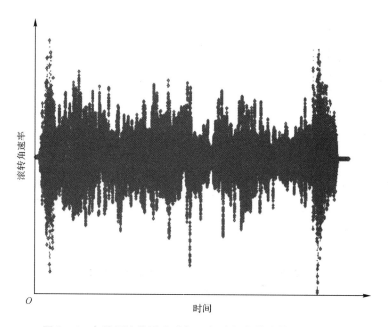

图 9-6 自然层流构型实验机飞行过程中的滚转角速率变化

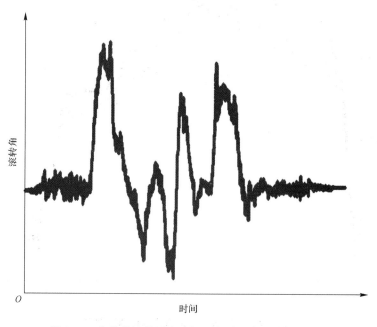

图 9-7 自然层流构型实验机飞行过程中的滚转角变化

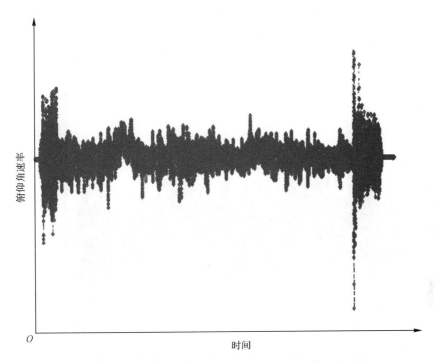

图 9 - 8 自然层流构型实验机飞行过程中的俯仰角速率变化

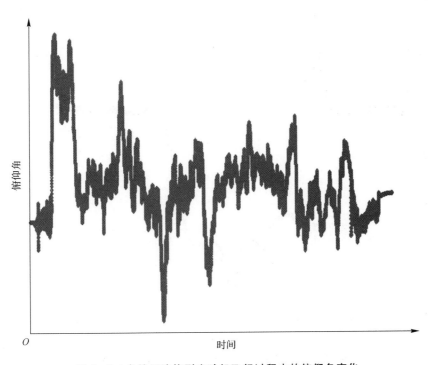

图 9 - 9 自然层流构型实验机飞行过程中的俯仰角变化

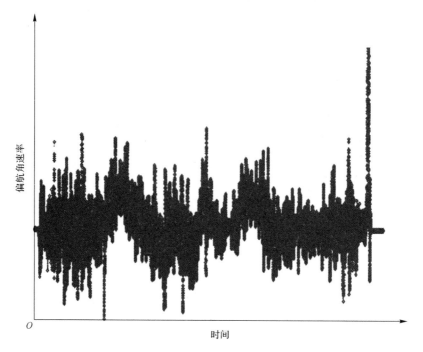

图 9 - 10　自然层流构型实验机飞行过程中的偏航角速率变化

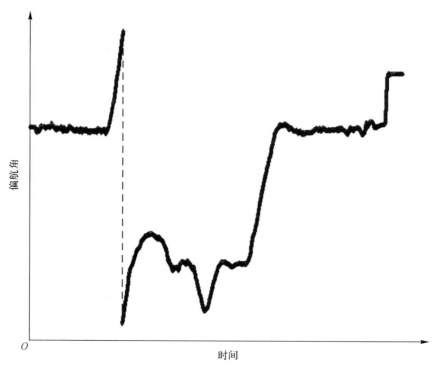

图 9 - 11　自然层流构型实验机飞行过程中的偏航角变化

参 考 文 献

[1] 拉尔夫. 固定翼飞机的飞行试验[M]. 北京:航空工业出版社,2012.

[2] 张守言. 模型自由飞试验[M]. 北京:国防工业出版社,2002.

[2] 何开锋,毛仲君,汪清,等. 缩比模型演示验证飞行试验及关键技术[J]. 空气动力学学报,2017,35(5):671-679.

第 10 章　总结与展望

本书对层流机翼设计应用的研究工作进行了系统论述,对机理、设计、数值仿真、风洞试验、飞行验证进行了逐步向工程应用的推进,现在做一个回顾:

(1)飞机表面如果能够保持大范围的层流,可以极大地减小阻力,节能减排。但是,要实现层流,需要苛刻的条件:需要精心设计层流机翼(自然层流、混合层流)实现大范围的层流,层流机翼设计对飞机的气动布局提出要求,要考虑高/低速设计点目标能否兼顾;分析真实环境(飞行雷诺数,以及表面粗糙、存在台阶、昆虫污染等情况)下翼面能否保持可接受的气动特性。飞机设计师在接到设计要求时,需要应用已验证的设计技术、分析手段进行研究,采用数值仿真以及试验验证进行评估,对上述问题进行综合权衡。

(2)层流机翼技术十分关注机翼表面层流区域和湍流区域的分布情况,而物体表面层流向湍流的转捩是一个复杂的非线性的流动现象,因此认识转捩现象和转捩机理是发展层流技术的前提。层流与湍流的流动机理研究在学术界方兴未艾,还需要不断深入。

(3)层流翼型设计经历了由低速向高速的发展,特别是跨声速层流翼型的诞生,将军民用大型运输类飞机的层流机翼技术推向了新的高潮。优化设计、系统工程等新的设计理论发展与实践,使得层流机翼技术得到应用可能。

(4)由于层流对流场状态和模型表面质量十分敏感,因此开展层流风洞试验对风洞条件和模型均提出了更高的要求。风洞中可能影响试验段层流环境的因素有雷诺数、湍流度、机械振动、风洞干扰等。由于层流机翼试验验证往往采用缩比模型,试验雷诺数与飞行雷诺数差距甚远,导致不能完全模拟大气飞行中的转捩位置、层流分离状态与湍流分离状态等现象,试验结果需要进行雷诺数修正。此外,风洞中流体的湍流度较真实飞行条件更大,试验中机械或声学的扰动也会进一步引起湍流度增加,这对于层流的维持是不利的,因此需要特别关注风洞流场品质,对影响扰动环境的各类因素加以控制和减弱。风洞试验研究一方面对流动特征进行了揭示,一方面表明了试验雷诺数下设计要求的满足与符合性。

(5)在层流机翼风洞试验的种种限制下,飞行试验通过各类测试技术,在真实飞行条件下对机翼的气动特性进行测量评估,以验证层流机翼的气动性能,成为研究和验证层流机翼技术的重要手段。国内外已经有成功地在已有飞机上进行改装,开展层流飞行试验研究的先例。

(6)本书选择了全新研制的双机身布局的无人实验机来进行层流机翼及混合层流机翼技术的试验验证,这架涂着航空蓝的无人实验机也成为我国第一架专用的层流试验飞机。先进的快速设计与验证技术成为飞行器设计领域的重要方向之一,未来层流机翼的飞行试验有望向着低成本、小规模、短周期、低风险的方向发展。

基于系统工程的设计思路进行层流机翼设计技术飞行实验机研制,实现的过程并非一帆风顺。从设计、制造、试验到飞行,攻克了很多的技术难题。已实现的飞行试验表明,实验机的总体设计、系统设计、测试技术能够满足层流飞行试验需求,也让本书的论述有了有力的支撑。

在搭载层流机翼的双体实验机验证飞行完成后,取得的技术收益包括:

(1)相对风洞试验验证,成熟度提升了 2 级;

(2)用于层流机翼设计的设计方法、分析方法、手段工具等得到了检验,这些方法可以应用于工程实践;

(3)形成的相关性分析方法以及数据可以应用于工程实践;

(4)层流机翼的减阻收益,在设计点、高低速综合权衡的设计方面,建立信心;

(5)层流应用中关注的稳定性、表面清洁等问题的处理措施得到了验证;

(6)为新型气动布局的层流机翼设计、宽速域适用的层流机翼设计探索提供技术基础。

层流机翼设计技术完成飞行试验后,还可以有哪些应用呢? 这架托起了层流验证段的双体无人实验机(TFF),因为其具有可便捷调整的测试设备、宽广的飞行包线,还可以有如下应用:

(1)托起其他的试验段来进行飞行试验(TFF - X);

(2)根据需求,挂载定制的任务载荷(N - TFF)。

我们在无人技术验证机上已迈出了关键的第一步,继续前行,天地辽阔!

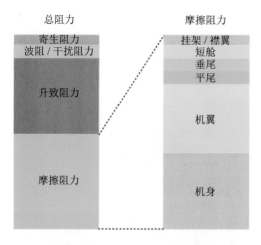

图 2-13　典型喷气式客机各气动部件摩擦阻力贡献占比

图 2-16　典型喷气式客机平面参数对比

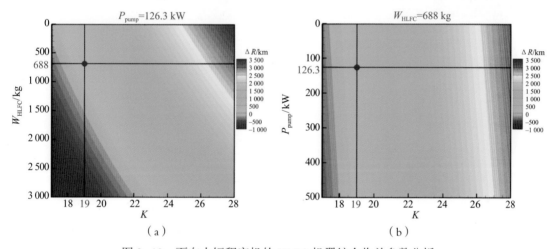

图 2-19　面向中短程客机的 HLFC 机翼综合收益参数分析

（a）K-W_{HLFC}；（b）K-P_{pump}

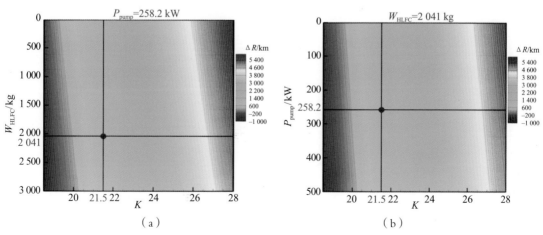

图 2-20　面向远程客机的 HLFC 机翼综合收益参数分析

（a）K-W_{HLFC}；（b）K-P_{pump}

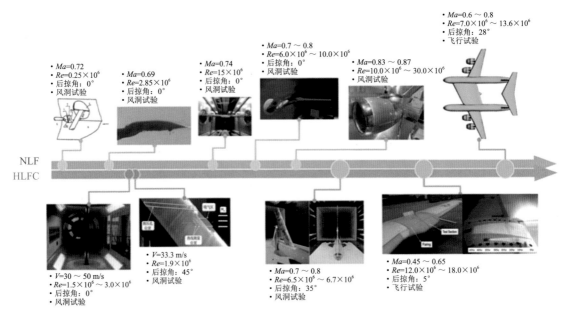

图 2-22　国内面向喷气式客机的 NLF/HLFC 技术发展

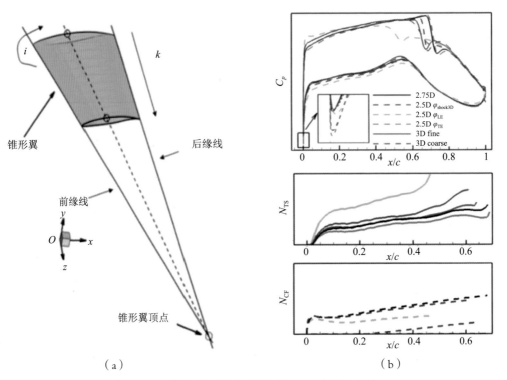

（a）　　　　　　　　　　　　（b）

图 2-25　基于截面锥形翼近似的层流翼设计方法

（a）锥形翼示意图；（b）方法比较

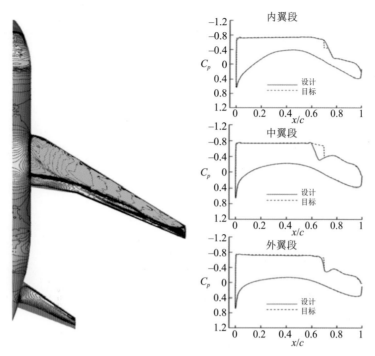

图 2-27　基于反设计方法的 CRM-NLF 气动设计

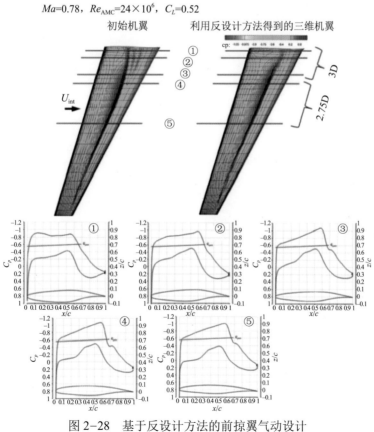

图 2-28　基于反设计方法的前掠翼气动设计

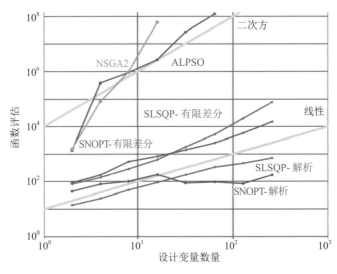

图 2-29　非梯度 / 梯度优化方法中 CFD 计算次数与设计变量的关系示意图

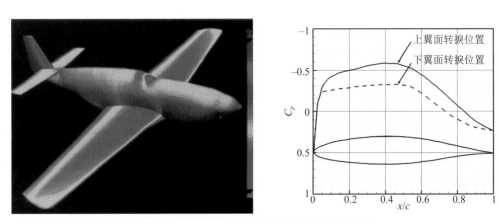

图 2-33　P-51 战斗机表面及截面压力分布

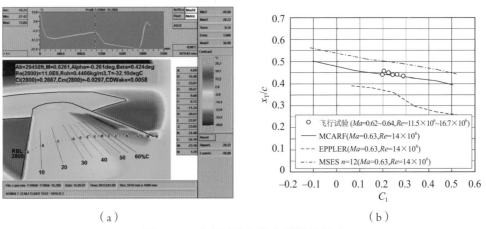

（a）　　　　　　　　　　　　　　（b）

图 2-38　飞行试验与数值预测结果对

（a）飞行试验转捩测量；（b）理论与飞行试验转捩位置的比较

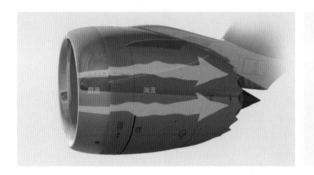

图 2-42　B787 层流短舱

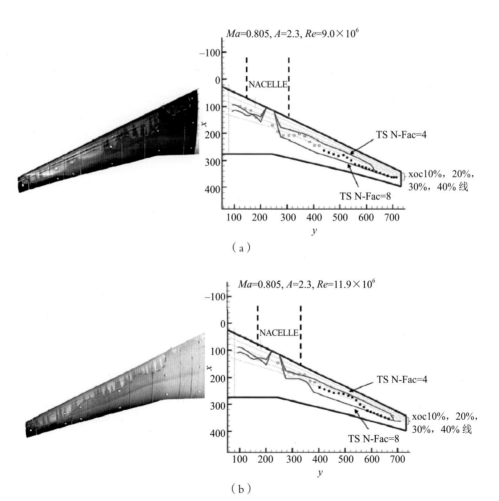

（a）

（b）

图 2-43　不同状态风洞试验与数值预测结果对比

（a）$Ma=0.8$，$Re=9.0×10^6$；（b）$Ma=0.8$，$Re=12.0×10^6$

注：xoc 指机翼弦的位置。

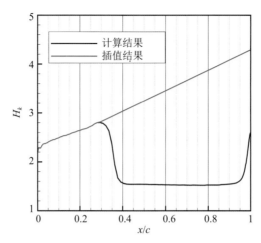

图 3-8　NLF0416 上表面计算和插值后得到的运动形状因子分布

（x_{tr}/c=0.3, Ma=0.2, α=2.03°, Re_c=4×10^6）

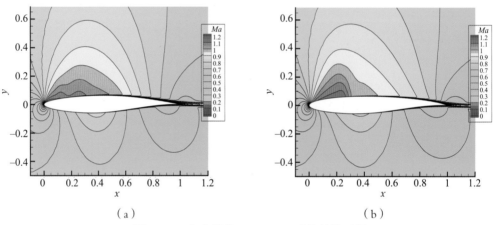

（a）　　　　　　　　　　　　　　（b）

图 3-24　多点优化 Ma = 0.70 时马赫数云图

（a）RAE2822 翼型；（b）多点优化翼型

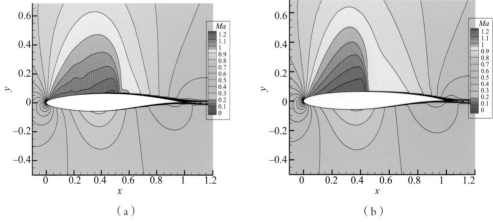

（a）　　　　　　　　　　　　　　（b）

图 3-25　多点优化 Ma = 0.725 时马赫数云图

（a）RAE2822 翼型；（b）多点优化翼型

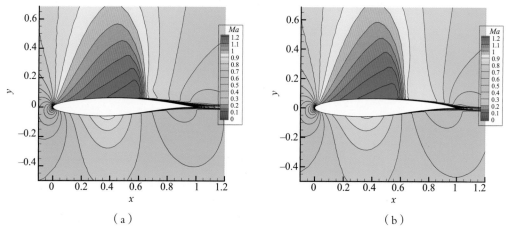

图 3-26 多点优化 $Ma = 0.75$ 时马赫数云图

（a）RAE2822 翼型；（b）多点优化翼型

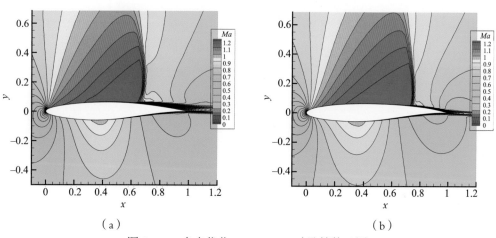

图 3-27 多点优化 $Ma = 0.775$ 时马赫数云图

（a）RAE2822 翼型；（b）多点优化翼型

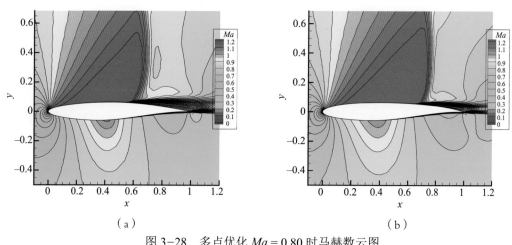

图 3-28 多点优化 $Ma = 0.80$ 时马赫数云图

（a）RAE2822 翼型；（b）多点优化翼型

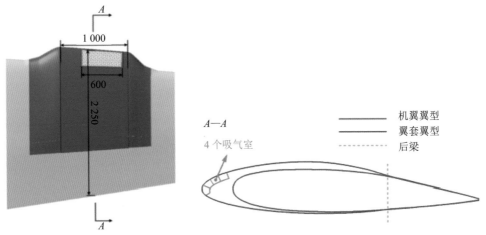

图 3-30 翼套几何和翼型

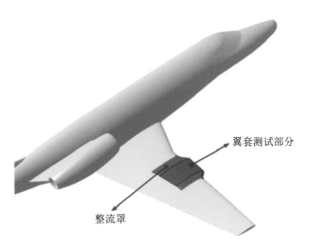

图 3-32 混合层流飞行试验平台

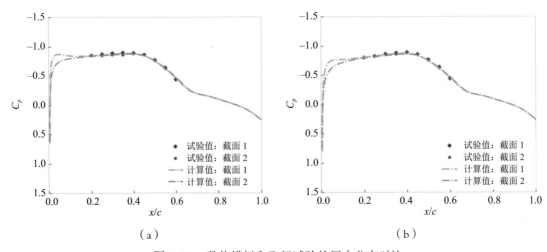

（a） （b）

图 3-34 数值模拟和飞行试验的压力分布对比

（a）Ma=0.45，H=7.00，Re_c=12.20×10^6；（b）Ma=0.49，H=6.99，Re_c=13.10×10^6

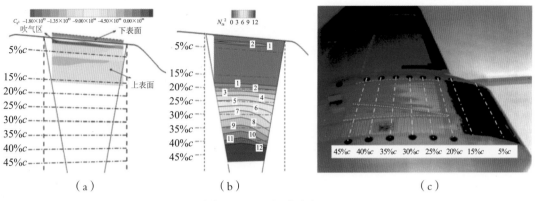

图 3-35　飞行试验点 P1

（a）吸气区域吸气控制强度等值线；（b）基于 LST 方法计算的 N 因子；（c）上表面翼套红外图像

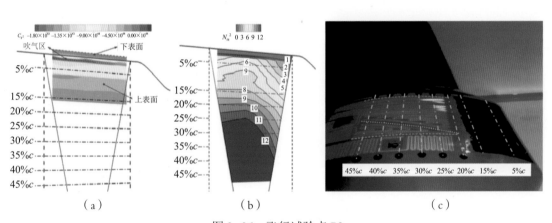

图 3-36　飞行试验点 P2

（a）吸气区域吸气控制强度等值线；（b）基于 LST 方法计算的 N 因子；（c）上表面翼套红外图像

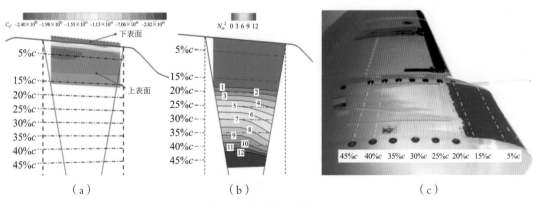

图 3-37　飞行试验点 P3

（a）吸气区域吸气控制强度等值线；（b）基于 LST 方法计算的 N 因子；（c）上表面翼套红外图像

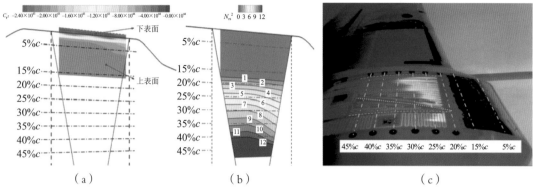

图 3-38　飞行试验点 P4

（a）吸气区域吸气控制强度等值线；（b）基于 LST 方法计算的 N 因子；（c）上表面翼套红外图像

图 4-4　欧盟 Pathfinder 层流标准模型

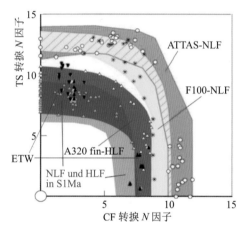

图 4-5　ETW 等风洞和飞行试验扰动水平标定结果

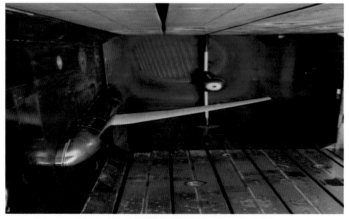

图 4-6　NTF 风洞的 CRM-NLF 模型

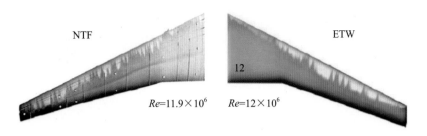

图 4-7　DLR-F4 模型在 NTF 和 ETW 的 TSP 转捩探测结果

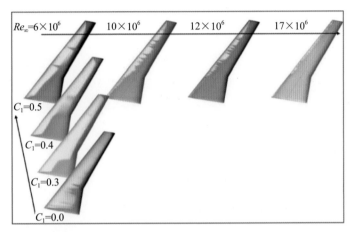

图 4-8　ETW 风洞 TSP 技术转捩探测典型结果

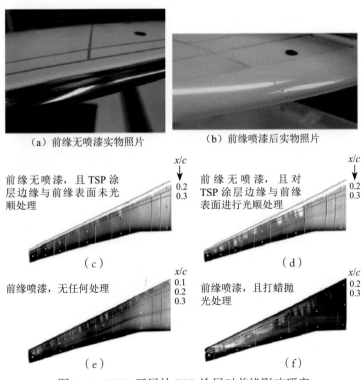

图 4-9　ETW 开展的 TSP 涂层对前缘影响研究

图 4-26　电阻丝加热蒙皮示意图

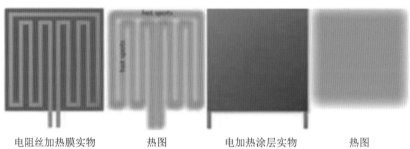

电阻丝加热膜实物　　　热图　　　电加热涂层实物　　　热图

图 4-27　电阻丝与涂层加热效果对比

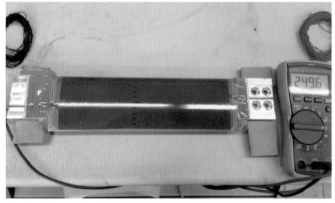

图 4-28　DLR 发展的基于 CNT-TSP 试验模型

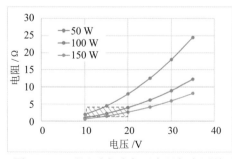

图 4-29　不同需求功率下电阻与电压关系

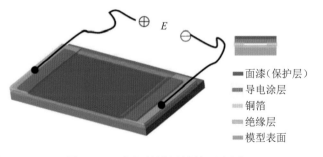

图 4-30　电加热涂层结构示意图

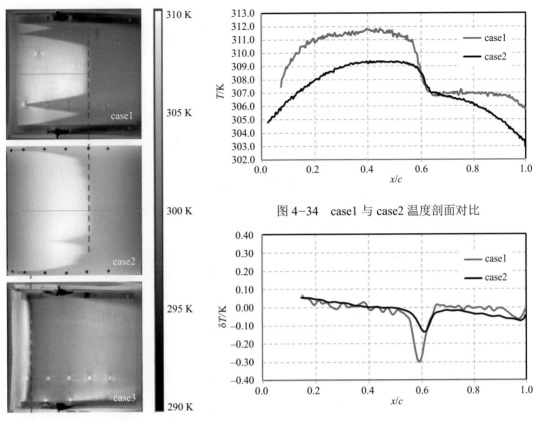

图 4-34　case1 与 case2 温度剖面对比

图 4-33　转捩探测结果，case1～case3

图 4-35　case1 与 case2 温度梯度对比

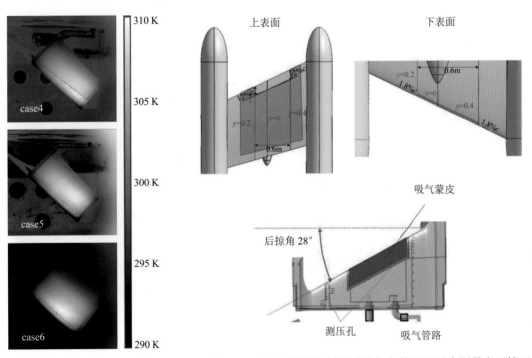

图 4-36　case4～case6 转捩探测结果

图 4-40　混合层流控制区域几何参数以及压力测量布局情况

7171 HLFC Ma=0.6，p_0=0.15 MPa，$C_q \approx -0.000\,4$　　7158 NLF Ma=0.6，p_0=0.15 MPa

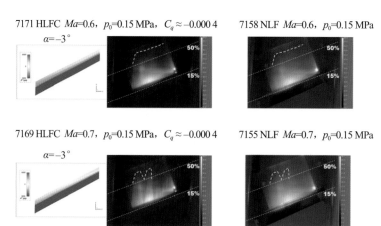

图 4-43　增压条件下混合层流与自然层流对比（α=−3°，p_0=0.15 MPa）

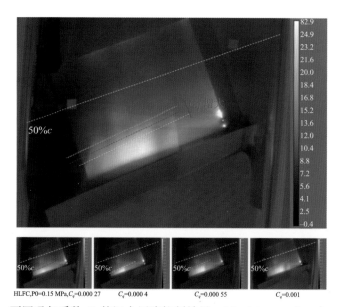

图 4-44　不同吸气系数 C_q 的混合层流控制效果，Ma=0.7，α=3°，p_0=0.15 MPa

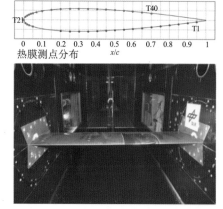

图 4-47　DLR 在翼型试验中利用热膜
阵列测量全局摩阻

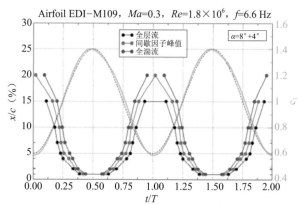

图 4-48　DLR 在翼型周期振荡非定常转捩探测结果

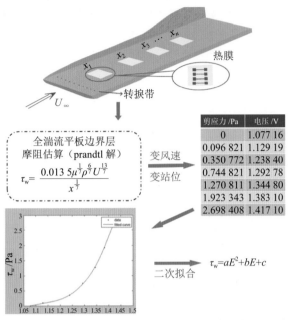

图 4-51　基于全湍流平板的热膜传感器摩阻标定方法

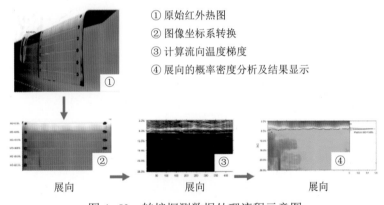

① 原始红外热图
② 图像坐标系转换
③ 计算流向温度梯度
④ 展向的概率密度分析及结果显示

图 4-53　转捩探测数据处理流程示意图

图 4-55　试验现场示意图

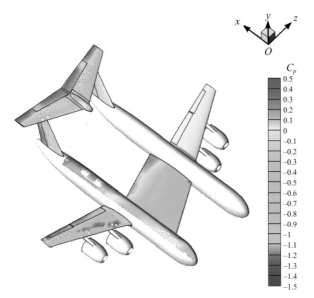

图 4-56　PSP 数据三维重建

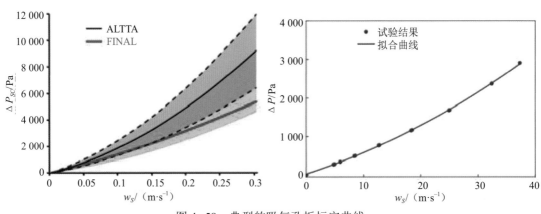

图 4-58　典型的吸气孔板标定曲线

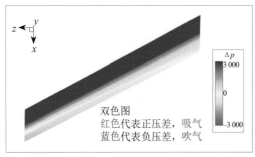

图 4-60　压差计算与显示

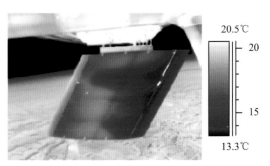

图 5-5　0°迎角测试段红外热像

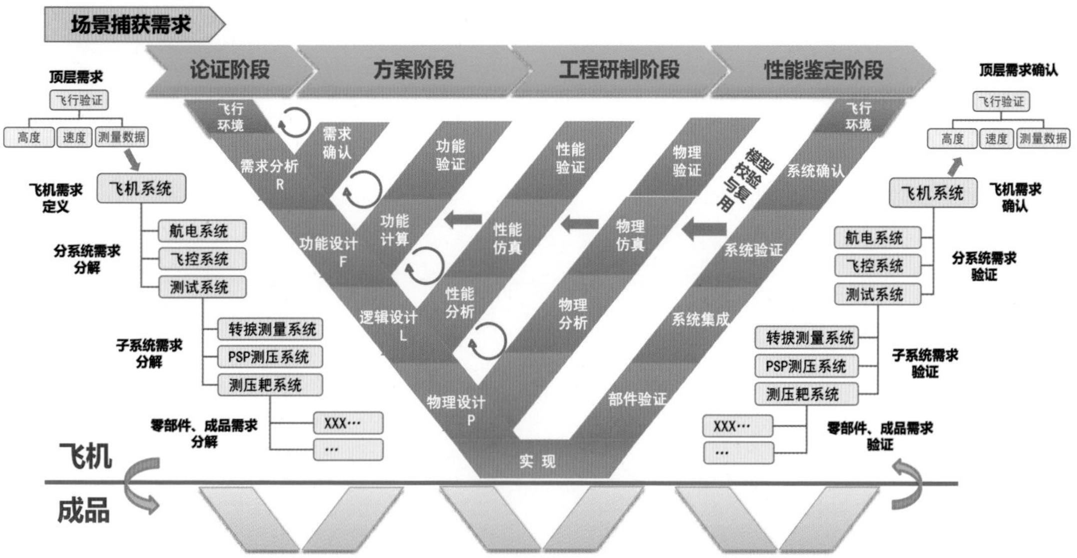

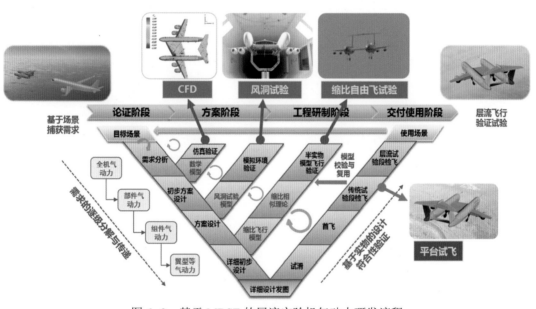

图 6-1　基于 MBSE 的创新产品研发流程

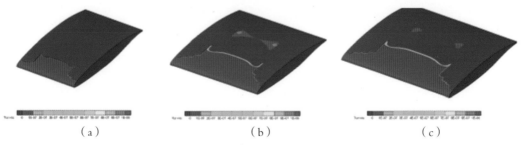

图 6-2　基于 MBSE 的层流实验机气动力研发流程

图 6-7　不同展弦比的试验段表面黏性系数云图

（a）b/c=0.53；（b）b/c=0.8；（c）b/c=1.0

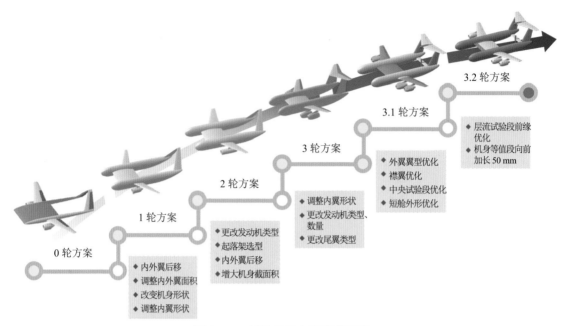

图 6-11　气动布局方案演变历程

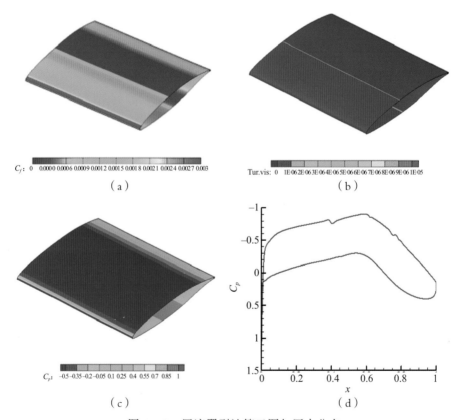

图 6-13　层流翼型计算云图与压力分布

（a）表面摩阻因数云图；（b）湍流黏性因数云图；（c）表面压力分布云图；（d）对称面压力分布

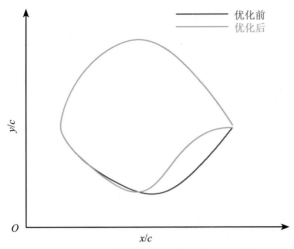

图 6-15 层流翼型第一轮优化前、后对比

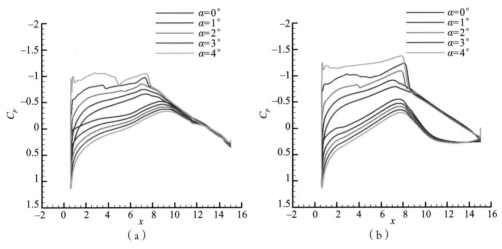

（a） （b）

图 6-16 翼型优化前、后的压力分布对比

（a）优化前；（b）优化后

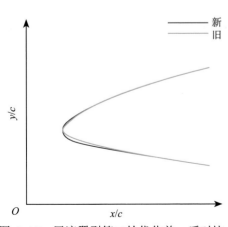

图 6-17 层流翼型第二轮优化前、后对比

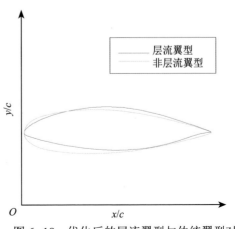

图 6-18 优化后的层流翼型与传统翼型对比

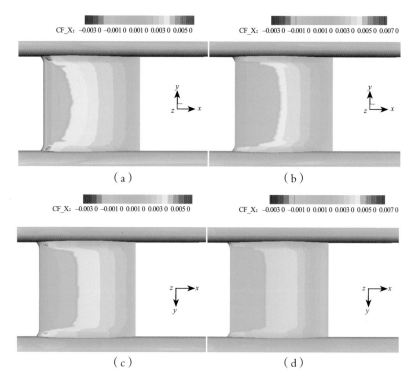

图 6-19 非层流翼段与层流翼段摩擦因数云图对比（0.7*Ma*，迎角 0°）
（a）非层流翼上翼面；（b）层流翼上翼面；（c）非层流翼下翼面；（d）层流翼下翼面

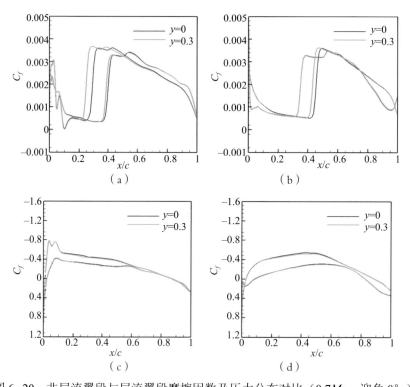

图 6-20 非层流翼段与层流翼段摩擦因数及压力分布对比（0.7*Ma*，迎角 0°）
（a）非层流翼摩擦因数；（b）层流翼摩擦因数；（c）非层流翼压力分布；（d）层流翼压力分布

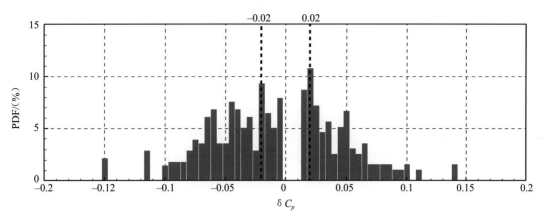

图 6-23 PSP 与压力扫描阀的相对偏差值统计

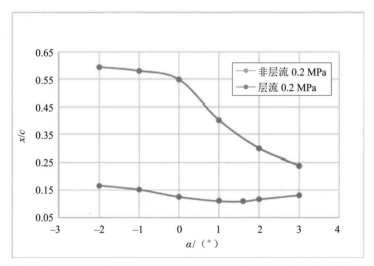

图 6-24 层流翼段与非层流翼段转捩位置对比（0.7Ma，Re=5.96×10^6）

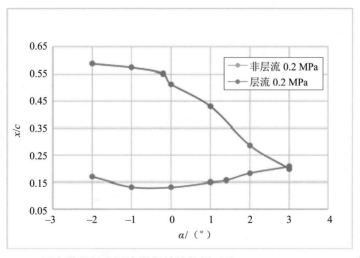

图 6-25 层流翼段与非层流翼段转捩位置对比（0.75Ma，Re=6.0×10^6）

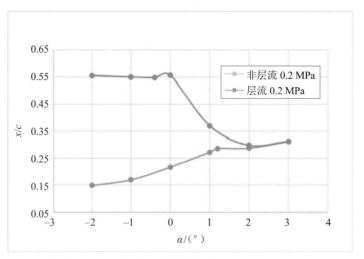

图 6-26　层流翼段与非层流翼段转捩位置对比（0.8Ma，Re=6.41×10^6）

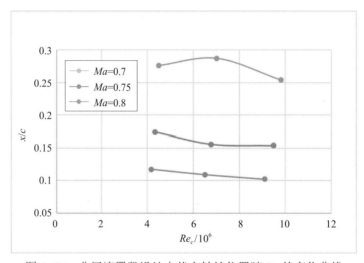

图 6-27　非层流翼段设计点状态转捩位置随 Re 的变化曲线

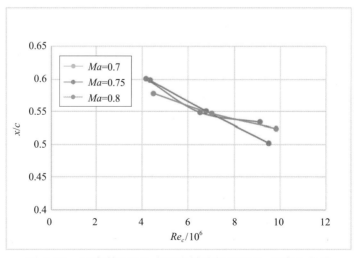

图 6-28　层流翼段设计点状态转捩位置随 Re 的变化曲线

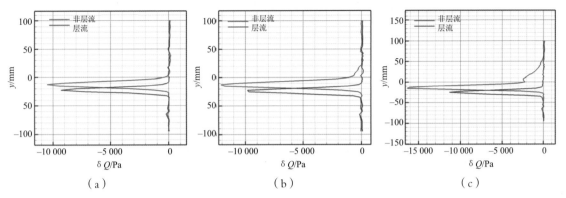

图 6-29 非层流翼段与层流翼段设计状态的尾迹总压剖面对比（0.8Ma，P_0=0.2 MPa）

（a）Ma=0.7；（b）Ma=0.75；（c）Ma=0.8

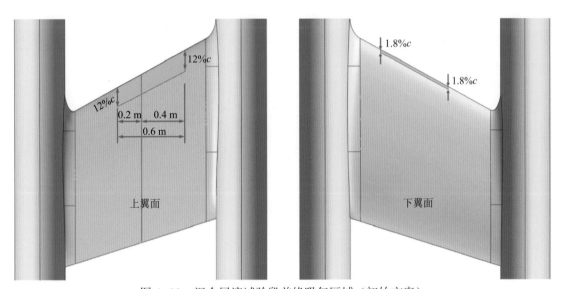

图 6-32 混合层流试验段前缘吸气区域（初始方案）

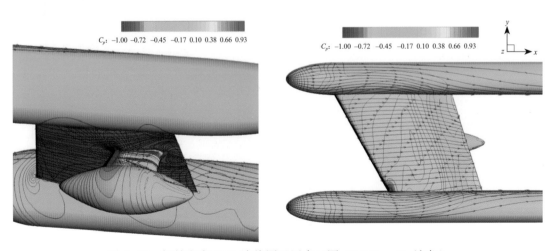

图 6-35 初始方案 CFD 流线图及压力云图（0.7Ma、0°迎角）

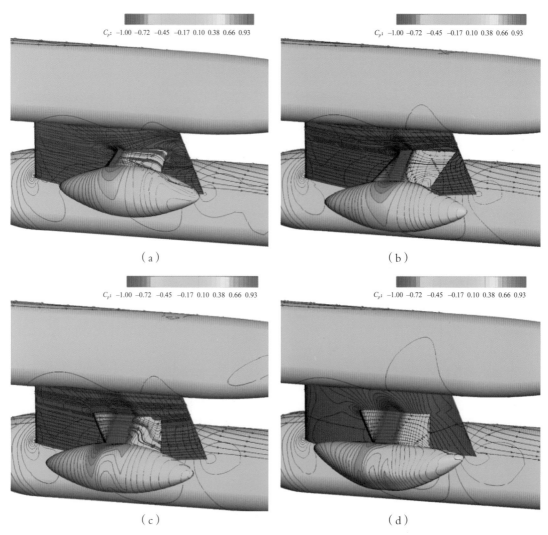

（a）　　　　　　　　　　　　　　　　　（b）

（c）　　　　　　　　　　　　　　　　　（d）

图 6-36　混合层流试验段及吊舱优化设计

（a）初始方案；（b）第 1 轮优化；（c）第 2 轮优化；（d）第 3 轮优化

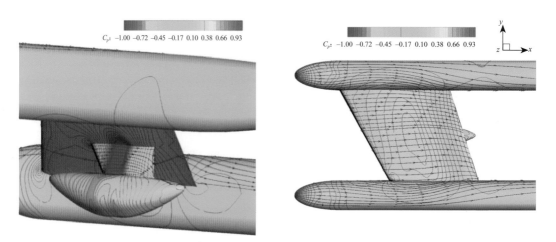

图 6-37　改进方案 CFD 流线图及压力云图（0.7Ma、0°迎角）

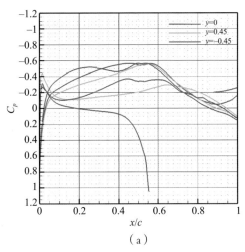

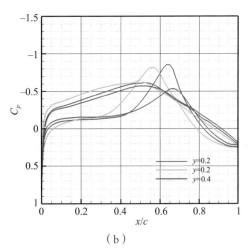

（a）　　　　　　　　　　　　　　（b）

图 6-38　试验翼段优化前、后的截面压力分布对比

（a）初始方案翼型截面压力分布；（b）优化方案翼型截面压力分布

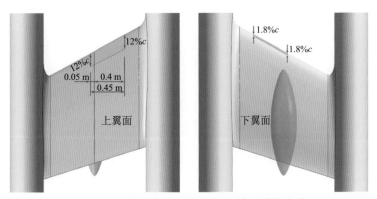

图 6-39　混合层流试验段吸气区域（最终方案）

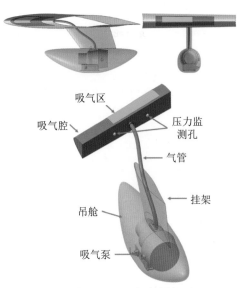

图 6-40　吸气装置组成

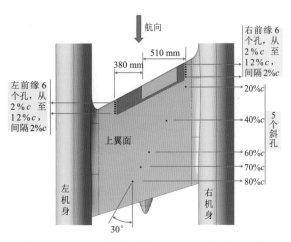

图 6-41　混合层流试验段上翼面的压力监测点

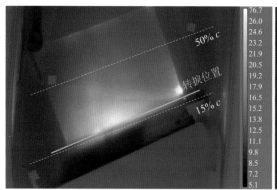
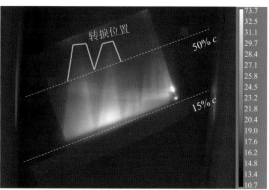

图 6-42　未吸气时的自然转捩红
　　　外热像图（0.7Ma）

图 6-43　吸气时的转捩红外热像图
　　　（0.7Ma、$C_p \approx -0.000\,4$）

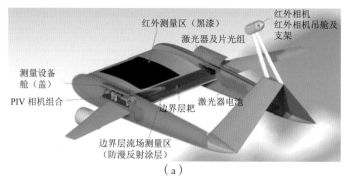

（a）

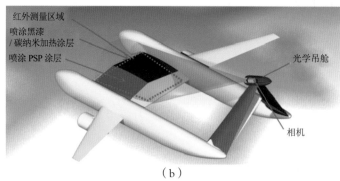

（b）

图 6-44　早期光学吊舱安装方案

（a）架设吊舱方案；（b）抬高尾翼方案

图 6-49　配装自然层流试验段的层流实验机　　　图 6-50　配装混合层流试验段的层流实验机

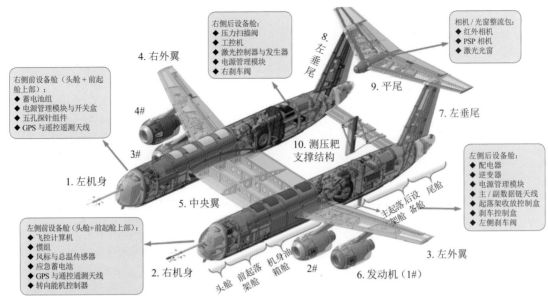

右侧后设备舱：
◆ 压力扫描阀
◆ 工控机
◆ 激光控制器与发生器
◆ 电源管理模块
◆ 右刹车阀

相机/光窗整流包：
◆ 红外相机
◆ PSP 相机
◆ 激光光窗

8. 左垂尾

4. 右外翼

右侧前设备舱（头舱+前起舱上部）：
◆ 蓄电池组
◆ 电源管理模块与开关盒
◆ 五孔探针组件
◆ GPS 与遥控遥测天线

9. 平尾

7. 左垂尾

4#

3#

10. 测压耙支撑结构

1. 左机身

左侧后设备舱：
◆ 配电器
◆ 逆变器
◆ 电源管理模块
◆ 主/副数据链天线
◆ 起落架收放控制盒
◆ 刹车控制盒
◆ 左侧刹车阀

5. 中央翼

主起落架舱 后设备舱 尾舱

左侧前设备舱（头舱+前起舱上部）：
◆ 飞控计算机
◆ 惯组
◆ 风标与总温传感器
◆ 应急蓄电池
◆ GPS 与通控通测天线
◆ 转向能机控制器

3. 左外翼

2. 右机身

头舱 前起落架舱 机身油箱舱 2#

6. 发动机（1#）

图 6-51　层流实验机全机总体布置（配装自然层流试验段）

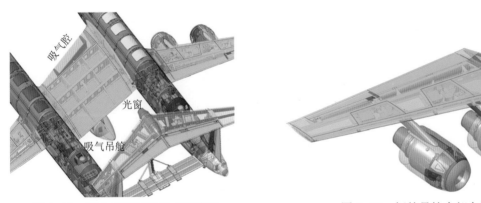

吸气腔

光窗

吸气吊舱

图 6-52　混合层流试验段内部布置

图 6-53　短舱吊挂内部布置

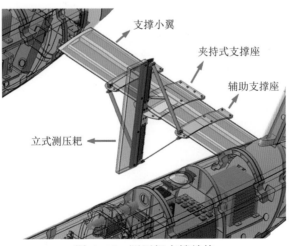

支撑小翼

夹持式支撑座

辅助支撑座

立式测压耙

图 6-54　测压耙支撑结构

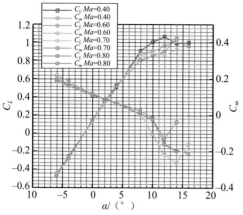

图 6-55 全机高速升力曲线与俯仰力矩曲线
（配装非层流中央翼）

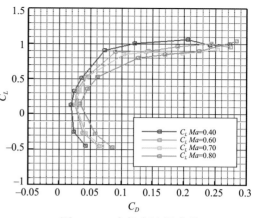

图 6-56 全机高速极曲线
（配装非层流中央翼）

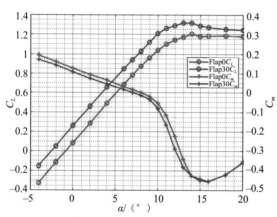

图 6-57 全机低速升力曲线与俯仰力矩曲线
（配装非层流中央翼）

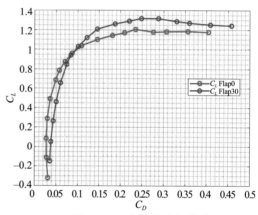

图 6-58 全机低速极曲线
（配装非层流中央翼）

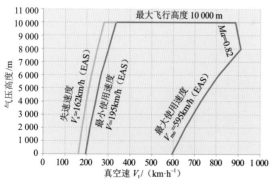

图 6-59 高度速度包线
（配装非层流中央翼，半油）

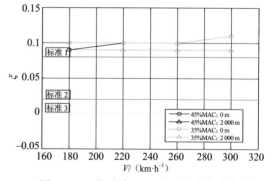

图 6-62 荷兰滚阻尼比随速度变化曲线

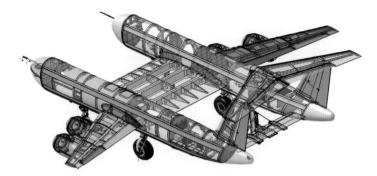

图 7-1　实验机结构总体布置图

图 7-2　机体分离面划分示意图

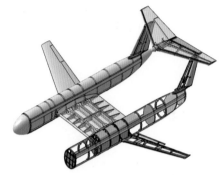

图 7-3　主传力结构示意图

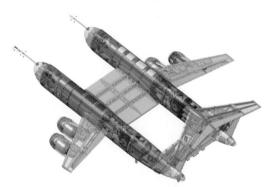

图 7-4　中央翼结构布局示意

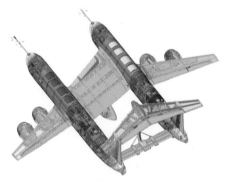

图 7-9　中央翼 – 混合层流结构图

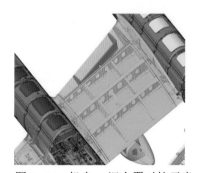

图 7-14　机身 – 混合翼对接示意

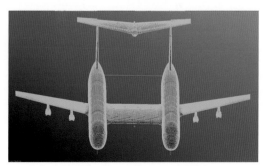

图 7-33　全机有限元模型

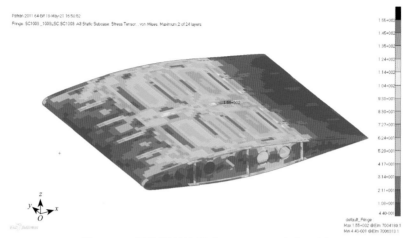

图 7-34　层流段结构最大 Von Mises 应力云图

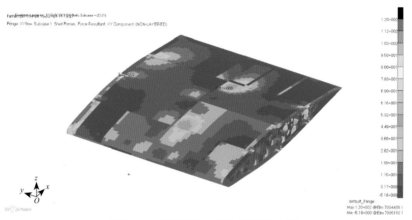

图 7-35　层流段结构最大剪流云图

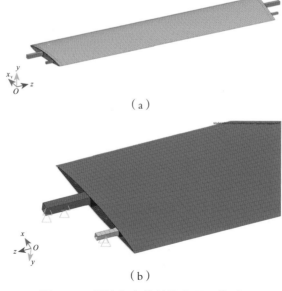

（a）

（b）

图 7-36　尾迹耙安装结构有限元模型

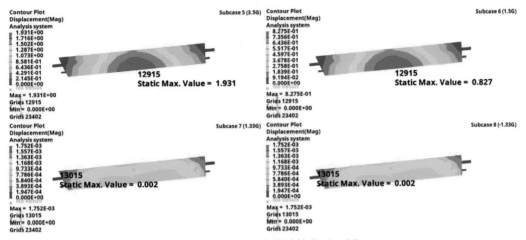

图 7-37　尾迹耙安装结构位移云图

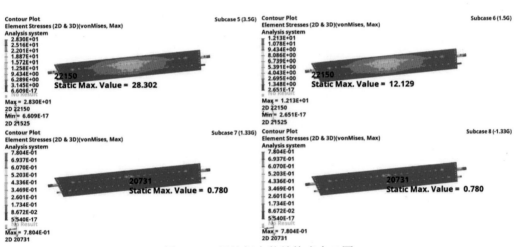

图 7-38　尾迹耙安装结构应力云图

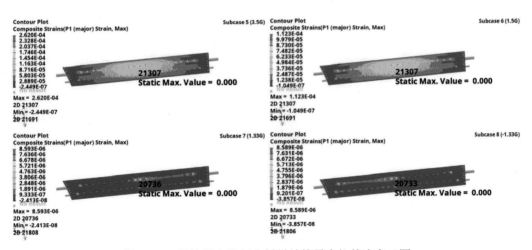

图 7-39　尾迹耙安装复合材料结构最大拉伸应变云图

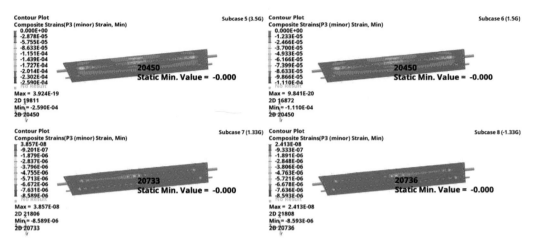

图 7-40　尾迹耙安装复合材料结构最小压缩应变云图

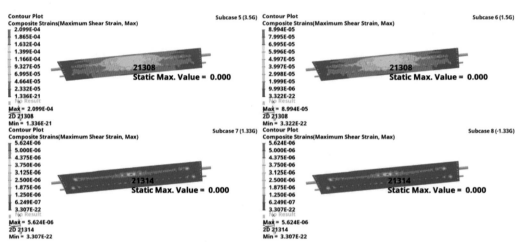

图 7-41　尾迹耙安装复合材料结构最大剪切应变云图

图 7-42　平尾金属结构最大 Von Mises 应力云图

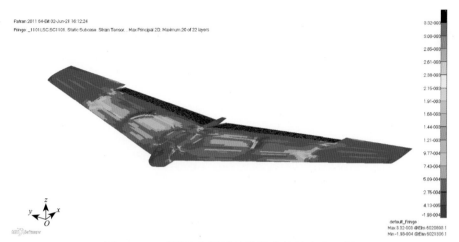

图 7-43　平尾复合材料结构最大拉伸应变云图

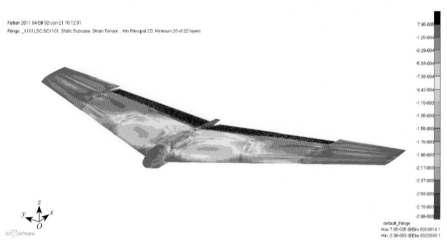

图 7-44　平尾复合材料结构最小压缩应变云图

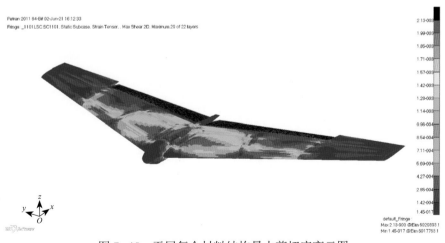

图 7-45　平尾复合材料结构最大剪切应变云图

图 8-2　机载层流测试系统整体示意图

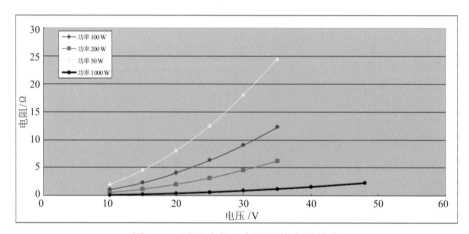

图 8-3　不同功率、电阻下的电压需求

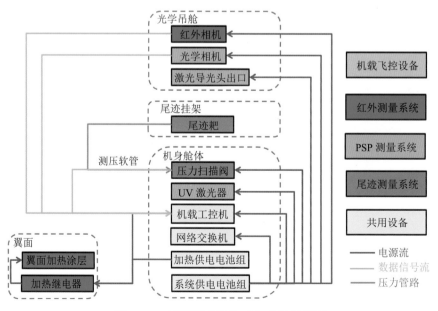

图 8-11　层流测试设备工作关系示意图

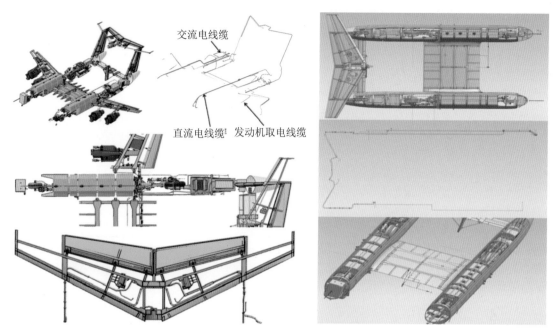

交流电线缆

直流电线缆

发动机取电线缆

图 8-14　EWIS 系统布置图

图 9-2　层流技术实验机

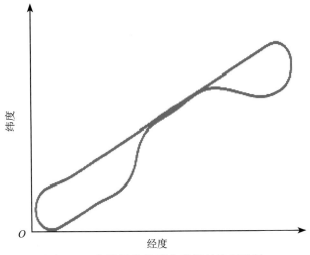

图 9-3　自然层流构型实验机的飞行轨迹

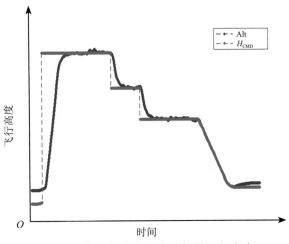

图 9-4　自然层流构型实验机的飞行高度

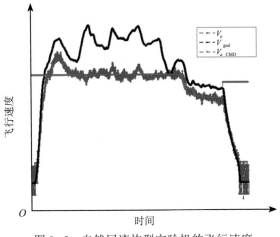

图 9-5　自然层流构型实验机的飞行速度